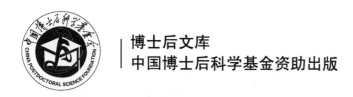

博士后文库
中国博士后科学基金资助出版

煤矿胶结充填材料性能需求设计

邓雪杰　著

科学出版社
北　京

内 容 简 介

本书针对煤矿胶结充填材料性能需求设计进行系统阐述。内容包括煤矿胶结充填开采技术进展、煤矿胶结充填材料输送与力学性能、胶结充填料浆屈服应力和分层指数等管输性能指标、煤矿胶结充填管道输送性能需求设计方法、煤矿胶结充填体早期强度需求与标定方法、胶结充填体后期强度需求及其对采空区充实率的影响机制、煤矿胶结充填材料配比超目标优化方法以及工程实例等。

本书是一本专注煤矿胶结充填材料性能需求研究的著作，可供煤矿开采、固废利用、材料科学等领域的科技工作者、工程技术人员、教师、研究生和本科生阅读参考，也可作为高等院校采矿工程及相关专业的教学参考书。

图书在版编目（CIP）数据

煤矿胶结充填材料性能需求设计 / 邓雪杰著. —— 北京：科学出版社，2025.3. —— ISBN 978-7-03-081608-5

Ⅰ. TD823.7

中国国家版本馆CIP数据核字第2025VJ5829号

责任编辑：李 雪 罗 娟 / 责任校对：王萌萌
责任印制：师艳茹 / 封面设计：陈 敬

科 学 出 版 社 出版
北京东黄城根北街 16 号
邮政编码：100717
http://www.sciencep.com
北京市金木堂数码科技有限公司印刷
科学出版社发行 各地新华书店经销

*

2025 年 3 月第 一 版 开本：720 × 1000 1/16
2025 年 3 月第一次印刷 印张：15 1/2
字数：310 000
定价：**120.00 元**
（如有印装质量问题，我社负责调换）

"博士后文库"序言

1985 年，在李政道先生的倡议和邓小平同志的亲自关怀下，我国建立了博士后制度，同时设立了博士后科学基金。40 年来，在党和国家的高度重视下，在社会各方面的关心和支持下，博士后制度为我国培养了一大批青年高层次创新人才。在这一过程中，博士后科学基金发挥了不可替代的独特作用。

博士后科学基金是中国特色博士后制度的重要组成部分，专门用于资助博士后研究人员开展创新探索。博士后科学基金的资助，对正处于独立科研生涯起步阶段的博士后研究人员来说，适逢其时，有利于培养他们独立的科研人格、在选题方面的竞争意识以及负责的精神，是他们独立从事科研工作的"第一桶金"。尽管博士后科学基金资助金额不大，但对博士后青年创新人才的培养和激励作用不可估量。四两拨千斤，博士后科学基金有效地推动了博士后研究人员迅速成长为高水平的研究人才，"小基金发挥了大作用"。

在博士后科学基金的资助下，博士后研究人员的优秀学术成果不断涌现。2013年，为提高博士后科学基金的资助效益，中国博士后科学基金会联合科学出版社开展了博士后优秀学术专著出版资助工作，通过专家评审遴选出优秀的博士后学术著作，收入"博士后文库"，由博士后科学基金资助、科学出版社出版。我们希望，借此打造专属于博士后学术创新的旗舰图书品牌，激励博士后研究人员潜心科研，扎实治学，提升博士后优秀学术成果的社会影响力。

2015 年，国务院办公厅印发了《关于改革完善博士后制度的意见》（国办发〔2015〕87 号），将"实施自然科学、人文社会科学优秀博士后论著出版支持计划"作为"十三五"期间博士后工作的重要内容和提升博士后研究人员培养质量的重要手段，这更加凸显了出版资助工作的意义。我相信，我们提供的这个出版资助平台将对博士后研究人员激发创新智慧、凝聚创新力量发挥独特的作用，促使博士后研究人员的创新成果更好地服务于创新驱动发展战略和创新型国家的建设。

祝愿广大博士后研究人员在博士后科学基金的资助下早日成长为栋梁之才，为实现中华民族伟大复兴的中国梦做出更大的贡献。

中国博士后科学基金会理事长

序

  长期以来，煤炭作为我国最主要的能源矿产，在国民经济的发展中起到压舱石和稳定器的作用，但煤炭地下开采遗留的采空区对地下环境、地表生态等造成一定破坏。充填开采技术是煤炭开采领域的一项重要技术创新，通过对采空区进行充填，能够有效降低开采对覆岩的扰动，从而减少对生态环境的影响。国家能源局、财政部、国土资源部、生态环境部四部委联合发布的《煤矿充填开采工作指导意见》中明确指出国家支持鼓励煤矿企业开展充填开采技术改造和技术研发，并加大对充填开采技术的资金支持力度。但是，不同地域、不同矿区对充填开采的需求不尽相同，选择符合煤炭企业自身需求的充填方法显得尤为重要。然而，当前充填开采技术实施过程中，往往过度依赖工程经验，缺少针对企业自身情况科学、系统的成套设计理论与方法。特别是如何立足煤矿的实际需求，综合考虑充填成本，科学合理地设计胶结充填材料的全周期性能，成为充填开采技术在工程实践中亟待解决的关键问题。

  煤矿胶结充填材料全周期性能主要包括胶结充填料浆的输送性能和充填体的强度性能。合理的胶结充填材料全周期性能，不仅能够保障充填料浆的正常输送和充填开采的岩层控制效果，还能节约充填材料成本，是煤矿胶结充填推广应用的核心影响因素。该书旨在深入探讨煤矿胶结充填材料的全周期性能需求、设计原理以及配比优化方法，以期为推动煤矿充填开采可持续发展提供有力的理论支撑，具有一定的创新性与前瞻性。该书从煤矿胶结充填材料的全周期性能需求出发，提出煤矿胶结充填料浆管输性能需求设计方法，给出充填管道输送关键性能指标，建立充实率控制导向的胶结充填体强度设计理论，解决煤矿充填体强度设计难题，避免强度不足造成的安全隐患和因强度过高造成的成本浪费，为煤矿胶结充填料浆管输性能和充填体强度需求设计提供理论依据，具有较好的推广应用前景。

  值得一提的是，该书作者及研究团队长期以来就煤矿胶结充填全周期性能需求设计进行相关研究，形成了一套科学、系统的煤矿全周期性能需求设计方法，并开展了大量工程实践，取得了良好的技术与经济效果。该书在撰写过程中注重理论与实践相结合，既有深入的理论探讨，又有丰富的工程应用。同时，该书还吸收国内外最新的研究成果和技术进展，可为读者提供全面、系统、前沿的煤矿胶结充填材料性能需求的知识体系，也可为从事煤矿充填材料研究、设计、生产、施工以及管理等方面的工作人员提供实用参考，同时也为相关领域的研究人员提供有益的借鉴和启发。

随着充填开采技术的不断进步，煤矿胶结充填材料的性能设计将面临更大的挑战。期待该书的出版能够引起更多学者和工程技术人员的关注和思考，共同推动煤矿胶结充填材料性能理论与设计方法的进步，实现煤炭绿色开采技术的可持续发展。

2025 年 1 月 25 日

前　言

　　我国经济的快速发展离不开基础能源的支撑，富煤缺油少气的先天条件决定了煤炭占据能源结构的主导地位。复杂多变的国际形势，更加凸显煤炭作为我国能源安全压舱石的作用。在今后很长的时间里，我国以煤炭为主的能源布局将保持不变。当前，我国超过 3/4 的煤炭产量来源于地下开采，而煤炭地下开采会导致覆岩破断、地表沉陷、地下水系破坏、大宗固体废弃物排放等一系列环境问题，煤炭的绿色开采面临着巨大的挑战。充填开采技术将固体废弃物充填至井下采空区支撑覆岩，阻止地下采空空间向上发育，从而减缓覆岩移动变形和地表沉陷、减少固废地面排放、降低采矿造成的生态损害，是一种绿色开采技术。

　　经过多年发展，胶结充填已成为煤矿充填开采技术的一个重要分支，在中国、澳大利亚、加拿大等国家乃至世界范围内得到广泛应用。胶结充填材料由骨料、胶凝材料和水按照一定配比拌和制备而成，以料浆的形式通过管道输送至井下进行充填，料浆在胶凝材料的作用下固化，在采空区形成具有良好承载性能的胶结充填体。煤矿胶结充填材料的骨料一般为煤矸石、粉煤灰、风积沙等大宗固体废弃物，胶凝材料一般为水泥或类水泥材料。按照胶结充填料浆浓度等特征，胶结充填材料包括膏体充填材料、似膏体充填材料、高浓度胶结充填材料等。

　　煤矿胶结充填开采的全周期可以划分为料浆制备、料浆输送、井下充填、岩层控制四个阶段，前两个阶段主要关注胶结充填料浆的输送性能，后两个阶段主要关注胶结充填体的力学性能。长期以来，胶结充填材料从料浆状态到固结充填体状态的全周期中，究竟什么样的充填料浆可以输送？胶结充填体的强度究竟需要多高？煤矿胶结充填材料的配比如何确定？这三个问题直接困扰着煤矿胶结充填开采的推广应用。一方面，充填料浆的输送性能和力学性能在一定程度上是矛盾的，输送性能好的材料往往力学性能不足；另一方面，充填材料的性能与充填成本和效率密切相关，而成本和效率又是当前制约胶结充填技术发展的主要因素。因此，煤矿胶结充填材料的全周期性能需求设计是应用胶结充填开采技术时亟待解决的关键问题。

　　作者自 2010 年从事充填开采相关研究以来，在导师张吉雄教授的悉心指导与大力支持下，持续开展充填材料性能需求的相关研究，近几年取得了一些阶段性的进展。这些进展得益于团队成员刘浩在充实率表征方法和充填体强度设计理论方面的深入研究、葛伟和贾凝在煤矿充填料浆流动性方面的试验和模拟研究、牛少堃开展的大量试验和现场测试工作。本书得到石孝明、刘庆祥、焦源、杨述鑫、李士聪、赵逸乐等团队成员的支持和帮助，在此一并表示感谢。最后，本书包含作者博士后期间的重要研究成果，特别感谢开滦（集团）有限责任公司和赤峰西拉沐沦集团在科研项目和工程实践方面给予的大力支持，感谢博士后合作导师王家臣教授、郑庆学总工程师和刘义生副总工程师在研究过程中给予的指导和帮助，感谢田秀国主任、吴培益总工程师、谢晋副总工程师、毕岚主任、白宇工程师的全方位支持，感谢开滦集团组织部耿世友科长、李彦涛工程师在博士后管理方面给予的帮助。

本书共七章，针对煤矿胶结充填材料性能需求设计进行较为系统的研究和讨论。研究煤矿胶结充填材料力学与输送性能，从料浆稳定和输送工艺角度分析管道条件对充填料浆管输性能的需求，得到充填料浆黏度、屈服应力和分层指数等管道输送性能指标，形成煤矿胶结充填管道输送性能需求设计方法；提出以自稳强度为核心的充填体凝结时间维卡仪标定方法，分别从巷式和壁式两种充填工艺需求出发设计充填体早期强度；阐明煤矿胶结充填开采充实率的科学内涵，揭示胶结充填体强度对采空区充实率的影响作用机制，形成充实率控制导向的胶结充填体后期强度动态设计理论；基于 NSGA-Ⅲ 遗传优化算法建立多性能指标和配比之间的超目标优化计算模型，提出满足全周期性能需求的充填材料配比动态调控方法；分别针对综采长壁胶结充填和巷式胶结充填工程实例，进行具体条件的充填材料全周期性能需求设计和配比优化。

本书是一本专注煤矿胶结充填材料性能需求研究的著作，在撰写过程中注重理论成果的工程应用性，试图成为在煤矿胶结充填系统工程设计、运营与管理方面有价值的参考书，希望能为煤矿胶结充填材料性能需求设计提供科学系统的成套方法，进而促进煤矿胶结充填开采技术的进步。

在本书内容研究和出版过程中，受到中国博士后科学基金优秀学术专著出版资助，受到中国博士后科学基金面上资助项目"煤矿采空区充实率控制导向的胶结充填体强度需求研究"（批准号 2020M670689）、国家自然科学基金面上项目"高孔隙负碳胶结充填体碳化-水化互馈与性能增强机理"（批准号 52474162）、中国矿业大学（北京）"越崎青年学者"资助计划（批准号 2020QN03）、中央高校优秀青年团队项目"煤炭流态化开采与原位低碳利用"（批准号 2023YQTD02）的支持，在此特做说明和感谢。

由于作者水平有限，相关理论研究和工程实践需要持续完善和推进，衷心期盼同行专家、读者给予指导和批评指正。

邓雪杰

2025 年 2 月 20 日

主要符号表

C：充填体的黏聚力，MPa

C_a：距料浆底部高程 $y=a$ 处的固粒质量分数，%

C_d：固粒质量分数，%

C'：颗粒剪切阻力系数，非规则球形颗粒，取 $1.2\sim2$

c'：充填体与两侧岩壁的黏聚力，MPa

c_2：升力系数，$16\pi^3/3$

c_3：充填体与非充填体侧黏聚力，MPa

c_t：从管道底部算起的任意点悬浮颗粒的体积浓度，%

$\text{cov}(X, Y)$：X 与 Y 的协方差

C_1：围岩黏聚力，MPa

C_v：料浆浓度，%

C_s：剪切强度，MPa

C_D：曳力系数

C_{avg}：混合物中浓度的平均值

C_{max}：混合物中浓度的最大值

C_{min}：混合物中浓度的最小值

D：管径，m

d：颗粒直径，m

D'：小圆柱微元直径，m

D_n：第 n 段管道直径，m

d_u/d_r：剪切速率，s^{-1}

E：顶梁弹性模量，Pa

$E_r I$：梁的抗弯刚度

F：可输送和稳定性综合表征指标

F_B：浮力，N

F_D：曳力，N

F_m：Magnus 升力，N

F_v：Saffman 升力，N

F_p：压力梯度力，N

F_S：安全系数

$F_{阻}$：黏滞阻力，N

F_x：附加质量力，N

f：形状系数

G：重力，N

G_k：平均速度生成的湍动能

G_b：浮力生成的湍动能

G_v：湍流黏性产生项

g：重力加速度，m/s^2

H：充填体高度，m

H_h：煤层埋深，m

h_1：滑动体与非充填体侧接触面的高度

H'_1：料浆高度，mm

H_3：坍落度筒高度，mm

h'_0：变形段的高度，mm

H_1：入口标高，几何水头，m

H_2：出口标高，几何水头，m

h_d：顶板最终下沉量，m

H_a：人工矿柱高度，m

H_p：采空区顶板的变形深度，m

H_e：泵机的机械水头，m

H_i：导水裂隙带高度，m

h：实际采高，m

h_k：充填体的压缩量，m

h_q：充填体欠接顶量，m

h_t：顶底板提前下沉量，m

H_v：输送阻力，m 水柱

H_w：管输沿程阻力，Pa

H_z: 等价采高, m

i: 摩阻损失, Pa/m

I: 顶梁截面的惯性矩, m^4

$K_{阻}$: 阻力系数, 一般取值 $1.05\sim1.11$

k': 地基系数

k: 侧压系数

k_c: 煤的弹性地基系数, N/m^3

k_g: 胶结充填体弹性地基系数, N/m^3

L: 充填体长度, m

L': 小圆柱微元长度, m

L_n: 第 n 段管道长度, m

m_2: 浓度变化率

m_p: 颗粒质量, kg

n: 流动指数

n_1: 反映固液两相特性对颗粒跳跃特征长度影响指数

n_2: 管道中心的浓度

p: 单位面积上的压力强度, MPa

P_1: 入口压强, Pa

P_2: 出口压强, Pa

P_e: 最大泵送压力, Pa

P_g: 料浆所受重力压强, Pa

q: 地基梁的上部载荷

q_1: 下沉系数

r: 主要影响半径, m

R_c: 充填体单轴抗压强度, MPa

Re: 雷诺数

s: 坍落度, mm

s_2: 角速度, s^{-1}

s': 无量纲坍落度

S: 小圆柱微元的圆面面积, m^2

SI: 料浆分层指数

v: 料浆流速, m/s

v_s: 分子运动黏度系数

v_c: 临界流速, m/s

V_1: 入口速度, m/s

V_2: 出口速度, m/s

v_n: L_n 段料浆流速, m/s

V_t: 颗粒的沉降终速度, m/s

v_p: 颗粒体积, m^3

$V_{(y)}$: 模型输出的总方差

W: 充填体的宽度, m

w_{max}: 地表最大下沉量值, mm

y: 顶板岩层挠度

Y: 目标变量

z: 距离管道底部的距离, m

Z_1: 薄块距离上表面距离

β: 煤层倾角, (°)

ψ: 总阻力系数

γ: 充填体容重, kN/m^3

γ_1: 岩体平均容重, $25kN/m^3$

γ_2: 非充填体侧容重, kN/m^3

γ_3: 料浆容重, N/m^3

ε: 湍流扩散率

ε_s: 颗粒的扩散系数, m^2/s

η: 充填体压缩率

μ_B: 宾汉黏度, Pa·s

ρ: 料浆密度, kg/m^3

ρ_g: 固粒密度, kg/m^3

ρ_1: 粗骨料密度, kg/m^3

ρ_p: 颗粒密度, kg/m^3

ρ_{XY}: X、Y 的相关系数

σ_0: 充填体上部岩层载荷, MPa

σ_1: 原岩应力, MPa

σ_2: 斜截面上的正应力, MPa

σ_F: 充填体底部的垂直应力, MPa

σ_h: 充填体横向应力

τ: 剪切应力, Pa

τ': 无量纲屈服应力

τ_0: 屈服应力, Pa

τ_w：管壁边界剪切应力，Pa

φ：充填体内摩擦角，（°）

φ_1：充填体与两侧岩壁的内摩擦角，（°）

φ_2：充填体与非充填体侧内摩擦角

φ_c：采空区充实率

φ_d：导水裂隙带目标充实率

φ_s：地表沉陷目标充实率

φ_m：目标充实率

μ：流体黏度，Pa·s

μ'：表观黏度，Pa·s

ω：地基沉降

λ：非充填体侧侧压系数

$[\sigma_{max}]$：岩层的许用拉应力

目　　录

第1章 绪 论

1.1 充填开采技术发展历程

1.1.1 矿山充填开采技术分类

充填开采是将煤矸石、粉煤灰、尾砂等物料充填入采空区，达到控制岩层移动及地表沉陷目标的绿色开采技术，在矿山生产中得到广泛应用。由于矿山生产技术条件的差异性，选用的充填材料和充填方法不尽相同。按照充填材料、充填位置、充填范围、充填动力以及运输方式的不同，可划分为不同的类别，见表1-1。

表 1-1 矿山充填开采技术基本分类

分类依据	充填开采技术	参考文献
充填材料	废石充填、水砂充填、赤泥胶结充填、膏体充填、高水充填、微生物胶结充填	[1]~[8]
充填位置	采空区充填、离层注浆充填、冒落区注浆充填、邻面注浆充填、嗣后空间注浆充填	[9]~[11]
充填范围	全采全充、全采局充、局采局充、局采全充	[12]~[15]
充填动力	风力充填、水力充填、机械充填	[3]、[16]
运输方式	管道输送充填、胶带输送机充填、刮板输送机充填、其他输送方式充填	[17]~[19]

矿井采用充填开采的目的各有不同，从工程需求角度而言，采用充填开采主要有三方面的需求，即岩层控制需求、采矿工艺需求和固废处置需求。具体到要实现的目标，在岩层控制方面主要是为了解决地表沉陷、顶板灾害和水体下开采等工程问题，在采矿工艺方面主要是为了解决分层开采、矿柱回收和过空巷等问题，固废处置方面主要是解决尾矿、建筑垃圾等大宗固废的排放问题。具体工程问题的解决离不开科学问题的突破，而关键科学问题可以同时服务一个或多个工程需求或目标，如图 1-1 所示。胶结充填材料性能需求设计原理是围绕充填材料输送、力学性能和材料配比优化等方面的关键科学问题，是胶结充填开采技术面临的关键问题，该问题的突破可以对岩层控制、采矿工艺和固废处置等工程需求提供理论支撑及技术指导。充填体的力学性能极大地影响覆岩的移动规律，充填体的输送和力学性能是充填开采工艺能够成功实施的关键，充填材料配比决定了

固废处置效率和充填材料成本，因此亟须在胶结充填材料性能需求设计方面开展深入研究。

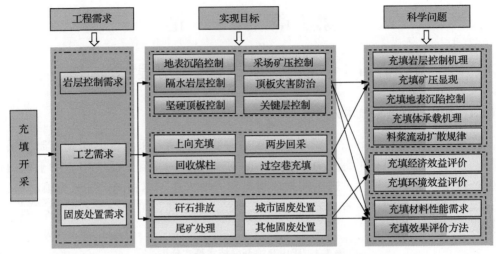

图 1-1　充填开采的工程需求及科学问题

1.1.2　国外充填开采技术发展历程

充填采矿法已有百余年的发展历史，最早有计划地进行矿山充填是 1864 年美国宾夕法尼亚州 Shenandoah 的一个煤矿，采用水砂充填以保护地表的一座教堂[20]。矿山充填最初以简单处理废石等矿山固体废弃物为目的，逐渐发展为一种可以控制地压、改善采矿环境、降低矿石贫损指标、形成完整回采工艺的综合性技术。

国外充填开采技术的发展大致经历了四个阶段，如图 1-2 所示。

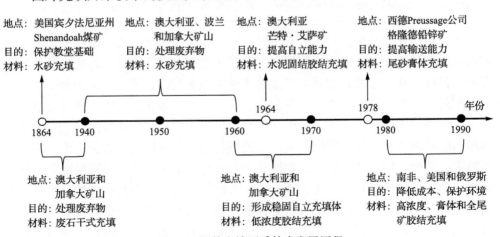

图 1-2　国外充填开采技术发展历程

20 世纪 40 年代以前，是充填采矿技术的发展初期。国外少数矿山开始将矿区的废石以及其他废弃物充入采空区。这时候的充填是在不完全了解固体充填材料特性以及具体抗压效果的背景下开展的[21,22]。1915 年，澳大利亚的北莱尔矿及塔斯马尼亚芒特莱尔矿通过废石充填矿井采空区[23]；加拿大诺兰达公司的霍恩煤矿在 20 世纪 30 年代把炉渣等废物运送到矿区地下的采空区[24]。

20 世纪 40 年代至 60 年代，加拿大和澳大利亚等国设计了利用水力将尾砂等充入井下采空区的技术，将充填作为矿井开采系统的一部分，并开始了对充填材料及其性质的研究，逐步形成了水砂充填[25]。这种充填方法主要是借助水力将尾砂充入采空区，大大降低运输成本和劳动强度。当时世界上水砂充填应用最普遍、技术最先进的国家是波兰，该国 1967 年水砂充填法采煤占到总产煤量的一半以上。加拿大的一些矿山和澳大利亚的布罗肯希尔矿也采用了水力充填技术[26,27]。

20 世纪 60 年代至 70 年代，水力充填的缺点逐渐凸显，由于非胶结充填体无自立能力，难以满足采矿工艺高采出率和低贫化率的需要，因而水砂充填工艺的推广应用陷入停滞，开始发展胶结充填技术。胶结充填法一般以碎石、河砂、尾砂、戈壁集料或块石为骨料，普遍采用硅酸盐水泥或其他胶凝材料作为胶凝材料，充填料浆的质量浓度为 60%～68%，水泥的水化产物可以为充填体提供足够的强度，骨料与水泥类材料拌和形成浆体或膏体后，以管道泵送或重力自流方式输送到采空区对围岩进行支撑[28]。胶结充填始于 20 世纪 50 年代末的加拿大鹰桥镍矿，该矿应用水泥尾砂浆取代充填料浆上铺垫板作为工作面底板[29]。1960 年，加拿大镍矿公司开始试验波特兰水泥固结水砂充填技术，并于 1962 年在 Frood 矿投入生产应用。1964 年，澳大利亚芒特·艾萨矿采用胶结充填工艺回采矿柱，其水泥添加量为 13%[30]。随着胶结充填技术的发展，在这个阶段已开始深入研究充填材料的特性、充填材料与围岩相互作用和充填体稳定性等[31]。此时的胶结充填开采技术对比干式充填或者水砂充填而言具有显而易见的优点，但是该工艺在使用中出现料浆凝固慢、离析分层、强度低且不均匀等现象，而且还存在井下脱水时胶凝材料及细粒级尾砂易流失，井下废水、细泥造成环境污染，排水、排泥费用高，采场回采周期长，生产能力低下等问题。

20 世纪 80 年代至 90 年代，原充填工艺已不能满足回采工艺、生产成本和环境保护的需要，因而发展了高浓度充填技术，如膏体材料充填、碎石砂浆胶结充填和全尾矿胶结充填等技术[32]。高浓度充填是指充填料浆到达采场后，虽有多余水分渗出，但渗透速度很低、浓度变化较慢的一种充填方式。制作高浓度充填料浆原料，包括天然集料、岩石料和选矿尾砂。高浓度，一般是指质量浓度达到 75%及以上的充填料浆。膏体充填的充填料浆呈膏状，在采场不脱水，其胶结充填体具有良好强度；碎石砂浆胶结充填是指以碎石作为充填集料；全尾矿胶结充填是指尾矿不分级，全部用作矿山充填材料，这对于尾矿产率低和需要实现零排放目标的矿山十分有价值[33-36]。1973 年，澳大利亚芒特·艾萨矿 1100 铜矿开始应用块石胶结充填工艺，取得了很好的效果，提高了胶结体的强度和稳定性，并节约了水泥使用量。1978 年，西德 Preussage 金属公司格隆德铅锌矿为了解决低浓度胶结充填泌水严重等问题，首次进行了全尾砂膏体泵送充填试验[37]。该矿通过 6 年的建设和系统试验，形成泵送充填新工艺，并先后在南非等国家的金属矿推广使用，效果良好。1991 年，德国矿冶技术公司与鲁尔煤炭公司合作，首次把膏体充填技术应用于煤矿，在 Walsum 煤矿进行长壁工作面的充填试采。之后，德国的格隆德矿、加拿大的奇莫太矿、奥地利的布莱堡矿，以及南非、俄罗斯和美国一些矿山均相继选择了以上新型充填开采工艺[38,39]。相比低浓度料浆而言，高浓度料浆不易发生离析和沉淀，采场脱水量少，胶结充填材料的用量大幅度降低，形成的充填体具有力学性能更加优秀等优点，因而得到了一定程度的发展。但生产实践中依然存在制浆技术难度大的问题，尤其是利用全尾砂造浆时，难以达到预期的浓度；另外，高浓度料浆对输送控制的要求更高，更容易发生堵管事故。

1.1.3 国内充填开采技术发展历程

国内充填开采技术的发展历程也大致经历了四个阶段，如图 1-3 所示。

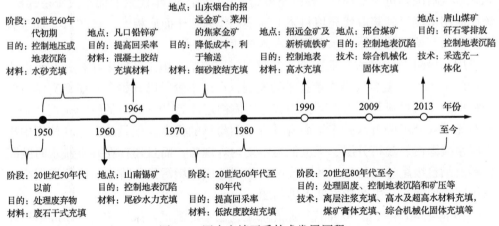

图 1-3 国内充填开采技术发展历程

在 20 世纪 50 年代以前，国内均采用以处理废弃物为目的的废石干式充填工艺。这种方法用于矿石稳固、围岩不稳固的倾斜矿床开采时具有以下优点：矿石回收率高，贫化率低，能适应矿体产状的复杂变化，作业比较安全，是我国非煤矿山主要的采矿方法之一[40]。1955 年在有色金属矿床地下开采中占 38.2%，在黑色金属矿床地下开采中可达到 54.8%。这一方法的缺点在于生产力不高，同时劳动消耗非常大，并没有在煤矿中得到推广。在 50 年代之后，这种方法所占的比例慢慢下降，直至逐渐被淘汰，在 1963 年，这种方法在国内有色金属矿业中占的比例低于 1%[41-43]。

20 世纪 60 年代，国内矿山开始应用水砂充填工艺。我国的水砂充填技术应用可追溯到 1951 年，抚顺煤矿率先采用长壁水砂充填采煤法成功开采了工厂保护煤柱[44]。在 1952 年之后，该项技术逐渐在全国范围内推广开来，如辽源、蛟河、井陉、抚顺、扎赉诺尔、阜新、鹤岗、新汶等矿区均先后应用了水砂充填法。1957 年，我国水砂充填采煤量达 1117 万 t，占全国煤炭总产量的 15.58%[45]。1960 年，山南锡矿为了控制大面积的地压活动，首次采用尾砂水力充填工艺，有效地减缓了地表沉陷[46]。20 世纪 70 年代，一些金属矿山先后成功应用了尾砂水力充填工艺，如山东烟台招远金矿、湖北大冶铜绿山铜矿和广东韶关仁化凡口铅锌矿等。进入 80 年代，分级尾砂水力充填工艺应用更加广泛，有 60 余座有色、黑色和黄金矿山都推广应用了该项工艺技术[47]。

20 世纪 60 年代至 80 年代，胶结充填采矿法在国内得到大量的研究与推广。国内矿山最初选择的充填原材料主要是混凝土，按照建筑行业的相关标准来制作和运输这些原料。1964 年，广东韶关仁化凡口铅锌矿首次开展低浓度尾砂胶结充填实验，整个充填过程中对于混凝土的消耗为 240kg/m³；1965 年，甘肃省金川公司的龙首镍矿也引进了胶结充填工艺，将戈壁滩上的一些集料作为井下充填原材料，采用这一方法对混凝土的消耗为 200kg/m³[48-50]。由于混凝土充填输送工艺复杂，同时对充填原材料要求较高，在 20 世纪 70 年代之后，细砂胶结充填工艺慢慢取代上述充填工艺成为主流。细砂胶结充填以尾砂、天然砂以及棒磨砂等材料作为集料，以水泥为胶结剂。集料与胶结剂通过搅拌制备成料浆后，以两相流管输方式输入采场进行充填[51]。20 世纪 70 年代至 80 年代，山东烟台的招远金矿、莱州的焦家金矿和广东韶关仁化的凡口铅锌矿率先应用细砂胶结充填工艺。因细砂胶结充填兼有胶结强度和适于管道水力输送的特点，于 20 世纪 80 年代得到广泛推广与应用。目前，我国有 20 多座金属矿山仍在应用细砂胶结充填技术[52]。

20 世纪 80 年代以后，我国经济快速发展，对能源需求量很大，煤炭行业迎来了新的发展期，但是大规模的煤炭开采也带来了一系列的环境和社会问题，充填开采技术作为重要的绿色开采方法被放在重要位置。在此背景下，煤矿充填技术得到快速发展，进入了新一代绿色充填开采阶段。离层注浆充填、高水及超高水材料充填、煤矿膏体充填、综合机械化固体充填、采选充一体化技术等技术工艺开始涌现，多项研究成果达到煤矿充填领域国际先进或领先水平[53]。

离层注浆充填法是通过在煤矿开采之后，从地面到地下采空区上方的覆岩离层部分打钻孔，依靠高压泵等装置，往离层空间充入之前已经调配完成的充填原料,充分填满整个区域,减少采动影响向上延伸,对上面的岩石起到一定的支持作用,减慢它的沉降速度,进而实现降低地面沉降速度的目标[10,54,55]。在 20 世纪 80 年代后期,抚顺矿务局和阜新矿业学院合作开展了离层区注浆试验,获得了初步成功。此后,在大屯徐庄煤矿、新汶华丰煤矿和开滦唐山煤矿等进行了离层区注浆试验,减缓地表沉陷效果良好[56]。

高水充填和超高水充填技术是通过高水速凝材料 A 和 B 混合得到的,拥有出色的固水性能,并且很快就凝结,可以迅速完成大面积较高浓度的胶结充填工艺[4]。该方法不强调提高充填料浆的质量浓度,而是利用高水速凝材料混合后形成的钙矾石固水多且速凝早强的特性,实现较广范围内快速胶结充填。我国在 20 世纪 90 年代开始研究高水充填材料,招远金矿、新桥硫铁矿及小铁山矿等在 90 年代末进行了高水充填的现场试验研究,取得了突破性的进展;2008 年,超高水材料充填技术在陶一矿首次进行了工业试验,控制地表沉陷的效果很好。之后又在田庄矿、城郊矿进行了技术推广[57-59]。

煤矿膏体充填开采技术是将煤矿生产过程中产生的煤矸石、电厂产生的粉煤灰和工业炉渣等固体废弃物,在地面加工制成不需要脱水处理、如同牙膏状浆体的充填材料,然后通过专用充填泵加压,利用充填管道将充填物料输送至井下,实现充填采空区的煤矿充填开采方法[60]。2006 年 5 月,膏体充填示范工程在我国太平煤矿首次取得工业试采成功,随后,冀中能源小屯矿及焦作煤业朱村矿也开展了膏体充填工业性试验并获得成功[61]。煤矿采用膏体充填技术,一方面可以提高资源回收率,解放部分“三下”煤柱以提高矿井的服务年限,还可以降低煤矸石处理费用。而且由于膏体充填料浆可以根据材料的配比调节凝结时间,特别适用于工作环境比较特殊的煤矿,如岱庄煤矿[62]。高浓度胶结充填技术在控制顶板下沉和地表沉陷方面具有很好的效果,对解放压煤资源、提高煤炭资源回收率、保护矿区生态环境具有积极作用,在山西新阳煤矿得到了应用[63]。似膏体胶结充填技术也属于高浓度胶结充填,料浆质量浓度为 74%~76%,其充填体力学性能接近膏体充填材料,输送性能优于膏体充填材料,可自流充填,在井下仅需少量脱水或不脱水,在山东孙村煤矿成功应用,似膏体充填技术减少了充填材料的用量,降低了充填成本,提高了采空区充实率,实现了煤炭的安全、绿色、经济回收,具有广阔的应用前景[64,65]。

在我国矿山企业、高校和科研设计单位的共同努力下,胶结充填技术的发展已经日臻成熟,如块石胶结充填、高浓度尾砂胶结充填、全尾砂膏体泵送胶结充填及高水速凝固化胶结充填技术已在许多矿山推广应用,取得了显著的进展。其中,如大厂铜坑锡矿、红透山铜矿和鱼儿山金矿等,均采用了块石胶结充填技术进行开采;望儿山金矿、吴庄铁矿等一些金属矿山采用高浓度尾砂胶结充填技术,为企业带来了可观的经济效益;金川有色金属公司二矿区采用全尾砂膏体泵送胶结充填技术成功建成了具有代表性的膏体泵送充填系统，在理论与工艺两方面都取得了斐然成绩；凡口铅锌矿和招远金矿等金属矿山，应用高水速凝胶结充填技术，取得了较为显著的经济和社会效益，同时为我国矿山建设高水速凝充填系统积累了丰富的经验。经过几十年的发展，我国胶结充填技术在工艺和装备上都已处于国际先进水平。

综合机械化固体充填采煤技术就是将经过相应处理的固体充填材料通过运输设备，转运到采空区充填工作面，在采煤与充填一体化液压支架的作用下对采空区进行充填的采煤技术。充填固体材料一般为地面煤矸石、粉煤灰、建筑垃圾等固体废弃物[66]。2009 年，综合机械化固体充填采煤技术在邢台矿进行了首次工业试验[67]。其后，综合机械化固体充填采煤技术在我国多个矿区进行了推广，其中比较有代表性的是唐山煤矿花园煤矿、济三煤矿、唐口煤矿、五沟煤矿等，充填后对地表沉降的控制效果显著，减沉率在 75%以上[68]。

井下采选充一体化技术是将井下采煤、井下煤矸石分选、井下固体充填三个部分有机集成为一体，在井下形成"采煤→分选→充填→采煤"的循环闭合开采体系[69]。该技术不仅可以提高"三下"压煤资源采出率、减轻矿井辅助提升和地面洗煤厂压力，同时可以达到有效处理煤矸石、控制地面下沉和降低矿区生态环境破坏的效果。2013 年，井下采选充一体化技术成功应用于我国唐山煤矿和翟镇煤矿，后推广应用至新巨龙煤矿、平煤十二矿等煤矿，实现了煤矸石零排放和岩层移动地表沉陷有效控制的低环境损伤目标[70,71]。

1.2　煤矿胶结充填开采方法

1.2.1　煤矿胶结充填材料及制备输送系统

1. 胶结充填材料

1）胶结充填材料分类

胶结充填技术是煤矿充填开采技术的一个重要分支，该技术将胶结材料充入采空区支撑围岩，减少采矿对上覆岩层的扰动，提高资源回收率，并且减少废弃物在地表的排放，降低环境污染，因而在煤矿开采领域得到了广泛应用。胶结充填材料由骨料、胶凝材料和水按照一定配比拌和制备而成，以料浆的形式通过管道输送至井下进行充填，料浆在胶凝材料的作用下硬化，在采空区形成具有良好承载性能的胶结充填体。煤矿胶结充填材料的骨料一般为煤矸石、粉煤灰、风积沙等大宗固体废弃物，胶凝材料一般为水泥或水泥基材料，料浆质量浓度一般为 70%～85%。

当前胶结充填材料主要包括膏体充填材料、似膏体充填材料、高浓度胶结充填材料等。膏体充填材料指是以骨料与胶凝材料、矿物掺合料及外加剂和水拌和在一起配制而成的一种膏状、不泌水、经凝结固化后具有一定强度的水泥基材料，通常料浆质量浓度大于 75%，最高可达到 88%左右。似膏体充填材料组成和膏体材料类似，不同的是似膏体材料是一种浓度低于膏体材料、流动性优于膏体材料、有一定泌水率的胶结充填材料。高浓度胶结充填材料和似膏体充填材料类似，一般以破碎后的煤矸石作为骨料、水泥和粉煤灰作为胶结材料，再加入减水剂、保水剂、早强剂等外加剂和水，按一定的比例混合、搅拌后而制成质量浓度为 74%～82%的胶结充填材料。需要说明的是，不同的胶结充填材料名称之间并没有严格的界限，更多的是不同学者从不同角度对胶结充填材料进行命名。此外，针对不同类型胶凝材料开展研究是当前的热点，众多学者尝试了多种方法降低水泥基胶凝材料的用量，如矿渣基胶凝材料、机械活化胶凝材料、微生物胶凝材料等。

2）胶结充填料浆输送性能

胶结充填料浆和固结后的充填体如图 1-4 和图 1-5 所示。

图 1-4　胶结充填料浆实拍　　　　　图 1-5　胶结充填体标准试件实拍

胶结充填料浆的输送性能表征方法可以参照《普通混凝土拌合物性能试验方法标准》（GB/T 50080—2016）[72]，通过坍落度、扩展度、泌水率、离析度等指标衡量。另外，胶结充填料浆的流变性能对其输送行为影响显著，一般通过剪切流变试验对其进行测试。煤矿胶结充填材料的流变性能一般采用 Bingham 模型或Hershel-Bulkley（H-B）模型描述，如图 1-6 所示。

Bingham 模型的流变方程为

$$\tau = \tau_0 + \mu_B \left(\frac{d_u}{d_r} \right) \tag{1-1}$$

式中，τ 为剪切应力，Pa；τ_0 为屈服应力，Pa；μ_B 为宾汉黏度，Pa·s；d_u/d_r 为剪切速率，s^{-1}。

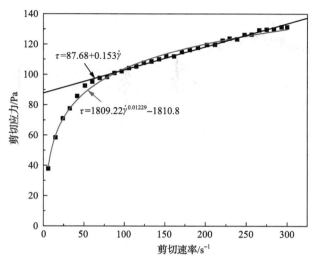

$\tau=87.68+0.153\dot{\gamma}$

$\tau=1809.22\dot{\gamma}^{0.01229}-1810.8$

图 1-6 胶结充填材料剪切应力与剪切速率的关系曲线

H-B 模型的流变方程为

$$\tau = \tau_0 + \mu_B \left(\frac{d_u}{d_r} \right)^n \tag{1-2}$$

式中，n 为流动指数；d_u/d_r 为剪切速率，s^{-1}。

屈服应力产生的原因是颗粒在水中发生物理化学作用形成絮团，絮团发育成长，互相搭接形成网状结构，这种絮网具有一定的抗剪能力，即屈服应力。屈服应力的大小与细颗粒的含量有密切关系。需要注意的是，流变模型选取直接影响充填料浆的测试屈服应力和黏度，采用不同的流变模型描述胶结充填料浆流变特性时，所得出的流变参数不同，因此需要根据胶结充填料浆的具体特征选择合适的流变模型对其进行表征。

3）胶结充填材料力学性能

胶结充填材料的力学性能一般通过单轴抗压强度、内聚力、内摩擦角等力学参数表征，一般通过单轴压缩试验、剪切试验、劈裂试验等材料力学试验测得，具体测试方法可以参考《混凝土物理力学性能试验方法标准》（GB/T 50081—2019）[73]。胶结充填材料的力学性能决定了充填体的承载特性，其力学性能受配比、龄期、养护条件等多因素影响。单轴抗压强度是最常用的衡量胶结充填材料力学性能的指标，典型胶结充填材料单轴抗压强度试验结果见表 1-2。

以表 1-2 的试验数据绘制不同质量浓度（76%，78%，80%）和不同水泥掺量（质量分数 6%，7%，8%，9%，10%）对充填体单轴抗压强度的影响曲线，如图 1-7（a）和（b）所示。一般而言，料浆质量浓度和水泥掺量是两个对充填体强度影响敏感性最高的因素，随着料浆质量浓度和水泥掺量的增加，各龄期的胶结充填体强度明显增加。影响充填体力学性能的因素还有很多[74]，在此不再赘述。

表 1-2　典型胶结充填材料单轴抗压强度试验结果

序号	材料配比(水泥:粉煤灰:煤矸石)	料浆质量浓度/%	抗压强度/MPa				坍落度/cm
			1d	3d	7d	28d	
1	10:15:55	80	0.57	1.10	1.89	3.97	28.5
2	10:20:50	80	0.55	1.19	2.19	4.68	24.3
3	10:25:45	80	0.55	1.01	1.74	4.01	22.4
4	10:30:40	80	0.54	0.90	1.81	4.11	16.1
5	10:20:46	76	0.46	0.95	1.34	4.06	26.4
6	10:20:48	78	0.52	1.07	1.56	4.07	25.1
7	10:20:50	80	0.55	1.19	2.19	4.68	24.3
8	6:20:54	80	0.15	0.35	0.74	2.02	22.5
9	7:20:53	80	0.27	0.60	1.19	2.90	23.5
10	8:20:52	80	0.35	0.69	1.61	4.05	21.5
11	9:20:51	80	0.40	0.78	1.75	4.30	25
12	10:20:50	80	0.55	1.19	2.19	4.68	24.3

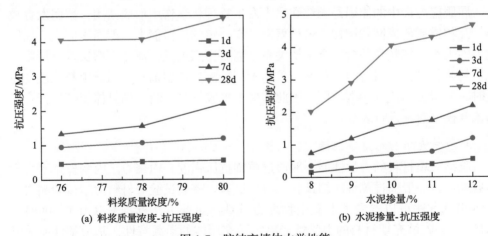

(a) 料浆质量浓度-抗压强度　　　　　(b) 水泥掺量-抗压强度

图 1-7　胶结充填体力学性能

2. 胶结充填材料制备输送系统

1) 胶结充填材料制备系统

胶结充填材料制备系统通常布置在地表，其功能是将胶结充填原材料按照特定比例配制成满足工程需要的充填料浆，主要包含骨料破碎系统、配料系统、供水系统、搅拌系统、输送系统等模块，典型胶结充填材料制备系统布置如图 1-8 所示，胶结充填材料制备系统实拍如图 1-9 所示。

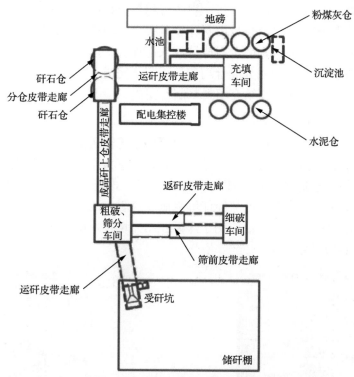

图 1-8 典型胶结充填材料制备系统

图 1-9 典型胶结充填材料制备系统实拍

2) 胶结充填材料制备工艺

胶结充填材料制备流程如下。①干料准备：将煤矸石等骨料运至充填车间，破碎至所需粒径，另外将胶凝材料、粉煤灰运至料仓备用。②配料混合：按照设计的胶结充填材料配比，通过计量配料装置将各干料成分按照比例混合，间歇式系统一次制备胶结充填材料总量由料斗容量决定，而连续式系统可以实现连续制备。③加水搅拌：将混合好的干料成分放入搅拌机，按照设计的胶结充填材料浓度加水进行搅拌，使各种成分混合均匀。④制备完成：将充分搅拌后制成的料浆放入料浆斗内等待泵送，胶结充填料浆制备完成。

3) 胶结充填材料输送系统

胶结充填料浆制备完成后，通过充填管道系统输送至井下充填采场。充填料浆管道输送主要包括两种方式：一种是依靠料浆重力作用的自流输送方式，另一种是借外力的泵压输送方式。相对而言，自流方式应用较早，适用于管路长度较短、阻力不大、竖直管道的势能能够克服管道阻力的情况；泵压输送在长距离输送方面应用较广，已经广泛应用于煤矿胶结充填技术中。两种胶结充填料浆输送方式如图 1-10 所示。

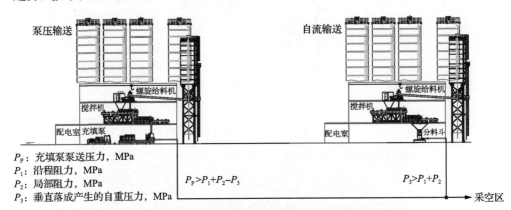

P_P：充填泵泵送压力，MPa
P_1：沿程阻力，MPa
P_2：局部阻力，MPa
P_3：垂直落成产生的自重压力，MPa

图 1-10　胶结充填料浆输送方式

自流输送依靠料浆自重克服管道阻力进行输送。深井矿山由于有足够的高差，为胶结充填料浆的自流输送创造条件，该方式节约能源、工艺简单、设备少，应该是深井矿山充填系统的首选方案。料浆输送浓度的提高，解决了深井矿山充填中的许多技术难题，如满管输送问题、管道磨损问题、充填质量问题、排泥排水问题等。但自流充填系统目前只在充填倍线介于 1.2～3 的少数矿井使用，因此将其使用范围扩大到深井矿山，具有十分重要的现实意义。

胶结充填料浆泵送充填系统利用泵压克服管道阻力进行输送。其工艺流程主要包括物料准备、定量搅拌制备膏体、泵压管道输送、采场充填作业几部分。使用该系统，需要着重考虑料浆的可泵性，即流动性、可塑性和稳定性。由于采用泵压输送，充填不受倍线限制，可很好地实现远距离、大倍线输送。充填料浆可制备成高浓度料浆，而且稳定性好、不沉淀、不离析，可在较低的流速下实现管道输送，对管壁磨损较小。

4）充填泵

充填泵是胶结充填输送工艺的关键设备，在泵压输送工艺中，要根据充填料浆的输送参数，合理地选择充填泵的类型和泵压参数。胶结充填料浆一般采用柱塞泵进行充填，实物如图 1-11 所示，其工作原理如图 1-12 所示。

图 1-11　柱塞型充填泵实物图

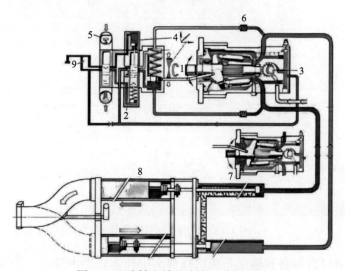

图 1-12　胶结充填柱塞泵工作原理图

1-可反转液压泵；2-平稳流量调整器；3-吸油泵；4-伺服油缸；
5-转换/关闭阀；6-调节阀；7-驱动缸；8-输送缸；9-输送控制阀

充填泵工作时，料浆斗内的胶结充填料浆在重力和液压活塞回拉吸力作用下进入第一个输送缸，第二个输送缸的液压活塞推挤料浆使其流入充填管道；通过液压驱动换向阀换向后，第二个输送缸中的液压活塞开始后退并吸入胶结充填料浆，而第一个输送缸中的液压活塞推挤料浆使其流入充填管道。输送泵运转过程中，总有一个输送缸与换向阀相连通，阀的另一端则始终保持与泵送管道相连接。

当一个活塞行程结束后，与输送缸连接的转向阀迅速转接到另一输送缸上。因此，在两个输送缸往复工作过程中，总有一个输送缸通过换向阀与输送管道相连通。

换向阀的位置和两个输送缸活塞动作的转换之间同步，通过电磁/液压来完成。输送缸的活塞在液压活塞的推动下向前推进，将缸内的胶结充填料浆通过换向阀向外排出。与此同时，另一个缸的活塞向后退回吸入胶结充填料浆。如此反复动作，使胶结充填料浆源源不断地流入输送管道并继续向前运动。

1.2.2　煤矿综采长壁胶结充填开采方法

1. 煤矿综采长壁胶结充填开采系统

胶结充填开采系统一般含有充填材料制备系统、充填材料输送系统和井下充填开采系统。总体系统如图 1-13 所示。

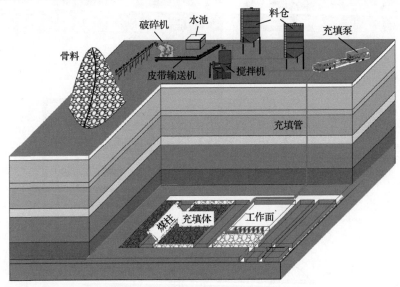

图 1-13　胶结充填开采系统图

胶结充填材料制备和输送系统已在前文中介绍，不再赘述。井下充填开采系统和普通长壁综采系统类似，主要的区别是增加了架后充填的环节。由于充填工艺的需求，工作面需要采用专用的胶结充填开采液压支架，在专用充填开采液压支架的支撑作用下实现架前采煤、架后充填、采充一体化平行作业。综采长壁胶结充填工作面的巷道布置与普通垮落法综采类似，无需专门布置充填巷道，充填管路布置在运输巷或者回风巷均可。

2. 胶结充填开采液压支架

胶结充填开采液压支架是实现采煤与胶结充填一体化的核心设备，其结构如

图 1-14 所示。与普通综采液压支架相比，支架前部结构类似，后部设有后顶梁和挡板，用于维护充填空间。支架间还预留铺设充填管路的通道，挡板上间隔设置布料口。

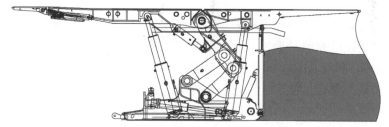

图 1-14　胶结充填开采液压支架

3. 胶结充填开采工艺

充填工作面每推进一个充填步距，需要沿工作面方向在支架后方以及两端头做隔离，在工作面后方采空区形成封闭隔离空间，称为待充填区。当前通常的做法是通过充填袋将待充填区按照需要划分为若干区域，随后将胶结充填料浆输送至充填袋中，分段充填全部待充填区[75]。待充填材料凝结固化达到设计早期强度以后，再进行下一循环的采煤与充填。胶结充填工作面充填工艺如图 1-15 所示。

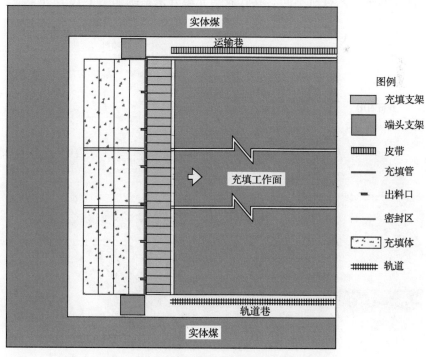

图 1-15　长壁胶结充填工作面充填工艺图

1.2.3　煤矿巷式胶结充填开采方法

1. 煤矿巷式胶结充填开采系统

当前的煤矿巷式胶结充填开采主要是指在具备完整进回风系统的区段中实施的现代化巷式胶结充填开采技术。煤矿巷式胶结充填开采技术发展的过程中，有多个技术名称，如采掘充一体化胶结充填开采技术、长壁逐巷胶结充填开采技术、连采连充胶结充填开采技术、短壁胶结充填开采技术、窄条带胶结充填开采技术等，其技术内涵实际并无本质区别。

巷式胶结充填开采技术，是利用由采区上下山、工作面两巷和切眼构成的长壁采煤法的生产系统，用综掘机（或连采机）代替采煤机破煤，通过施工工作面运输平巷和回风平巷之间的充填采煤联络巷进行煤炭开采，联络巷贯通后，利用胶结充填技术充填联络巷，在充填联络巷的同时，掘进另外一条联络巷，实现工作面"掘巷出煤，巷内充填"循环作业的胶结充填开采技术。技术具有系统简单、充实率高、采出率高、控制覆岩移动效果好等优点，适用于开采"三下"等特殊条件下的煤层。

巷式胶结充填开采的材料制备和输送系统与长壁胶结充填开采一样，仅井下巷道布置和回采工艺有所不同。巷式胶结充填开采系统如图1-16所示。

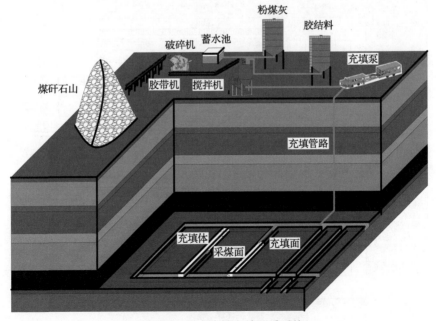

图 1-16　巷式胶结充填开采系统

2. 煤矿巷式胶结充填开采工作面巷道布置

巷式胶结充填开采工作面按照单一长壁采煤法进行独立的回采巷道布置，生产系统形成后采用掘进区段两巷联络巷的方法采煤，并在掘出的联络巷内进行充填。例如，煤层厚度比较大，则将煤层划分为若干分层，待本分层充填开采完毕后，将本分层的充填体作为底板，在上分层重新布置巷道，分层之间的开采活动互不影响。以第一分层开采巷道布置为例，特厚煤层巷式胶结充填开采工作面巷道布置如图 1-17 所示。

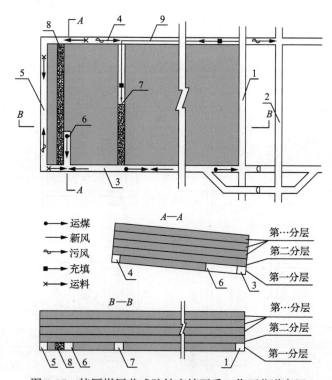

图 1-17 特厚煤层巷式胶结充填开采工作面巷道布置

1-采区运输上山；2-采区轨道上山；3-区段运输平巷；4-区段回风平巷；
5-边界回风巷；6-正开采采煤联络巷；7-正充填采煤联络巷；8-已完成充填充填体；9-充填管路

针对每个分层独立布置生产系统，首先施工采区运输上山和轨道上山，然后施工区段运输平巷和区段回风平巷以及边界巷，形成区段完整的运输和通风等生产系统后，从区段运输平巷开始向区段回风平巷掘进充填采煤联络巷(图 1-17 中 6、7、8 所示巷道)进行采煤。区段倾斜长度一般为 $100\sim250\text{m}$，走向长度根据充填泵的运输范围确定上限，巷式开采工作面巷道(充填采煤联络巷)宽度为 5m 左右。

3. 煤矿巷式胶结充填开采工艺流程

巷式胶结充填开采工艺可以从工作面内充填采煤顺序和充填采煤联络巷巷内充填工艺两方面进行说明。

1) 工作面内充填采煤顺序

巷式胶结充填开采工作面内充填采煤顺序如图 1-18 所示。

工作面采煤与充填工艺流程如下。

(1) 工作面形成长壁生产系统后，从区段运输平巷向区段回风平巷施工充填采煤联络巷进行采煤，如图 1-18(a) 所示。

(2) 待充填采煤联络巷与区段回风平巷贯通后，在本巷道内进行充填作业，同时间隔一定距离 (x) 掘进下一条充填采煤联络巷，如图 1-18(b) 所示。

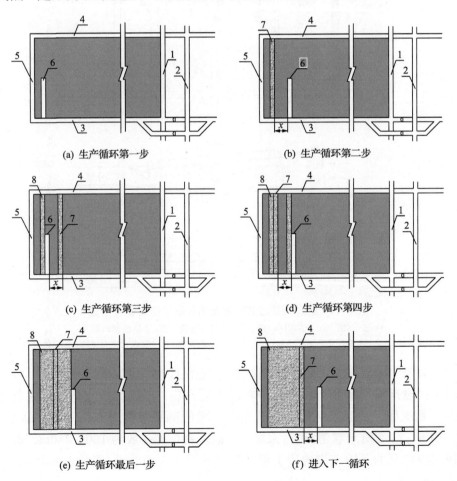

(a) 生产循环第一步　　　　　　　　　(b) 生产循环第二步

(c) 生产循环第三步　　　　　　　　　(d) 生产循环第四步

(e) 生产循环最后一步　　　　　　　　(f) 进入下一循环

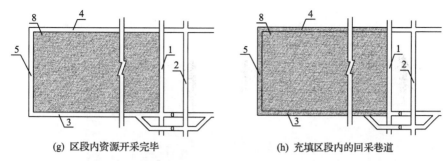

(g) 区段内资源开采完毕　　　　　(h) 充填区段内的回采巷道

图 1-18　巷式胶结充填开采工作面采煤与充填工序示意图

1-采区运输上山；2-采区轨道上山；3-区段运输平巷；4-区段回风平巷；
5-边界回风巷；6-正开采的联络巷；7-正充填的联络巷；8-已完成充填的充填体

　　(3)待当前掘进的充填采煤联络巷与区段回风平巷贯通后，在联络巷内进行充填作业，同时紧贴已经稳定的充填体掘进下一条充填采煤联络巷，如图 1-18(c)所示。

　　(4)重复步骤(2)、(3)直至本循环内的煤柱开采完毕，如图 1-18(d)和(e)所示。

　　(5)本循环开采完毕后，再次间隔一定距离(x)掘进下一条充填采煤联络巷，开始下一个循环作业，如图 1-18(f)所示。

　　(6)经过若干开采循环后，整个区段内资源开采完毕，如图 1-18(g)所示；区段开采完毕后将区段运输平巷和回风平巷以及边界巷等回采巷道都进行充填，如图 1-18(h)所示；待整个采区开采完毕后将采区上山等准备巷道也进行充填。

　　2)充填采煤联络巷巷内充填工艺

　　充填前首先在充填采煤联络巷下端和区段运输巷交汇处安装充填挡墙，在需要充填的联络巷内形成独立的充填空间，保证充填料浆不会跑漏到区段运输平巷内。将采煤联络巷设计一定的仰角(α)，使得胶结充填材料能够更加轻松地实现高充实率。充填开始前，先在位于区段回风平巷内的充填管路上接分路，建立充填管路和充填采煤联络巷之间的连接，为充填作业的实施提供必要的条件。为了减小充填过程中充填料浆对充填挡墙产生的侧向压力，降低因挡墙失稳而产生充填料浆跑浆事故的风险，巷内充填分三次完成。第一次充填，待充填挡墙端充填料浆高度达到 2m 左右时停止，待胶结充填材料硬化后进行第二次充填；第二次充填，待挡墙端充填料浆高度超过整个挡墙时停止，等待胶结材料硬化后进行第三次充填；第三次充填，到胶结充填材料充满整条巷道时停止。为了防止堵管事故的发生，每次充填工作结束后都需要用清水清洁管路内的余料，清理出的余料可排放至下一条需要充填的巷道内。具体巷内充填工艺如图 1-19 所示，巷式胶结充填工艺流程如图 1-20 所示。

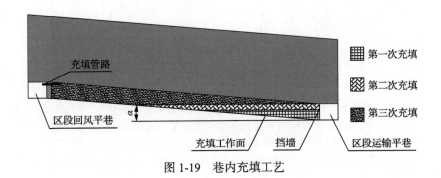

图 1-19　巷内充填工艺

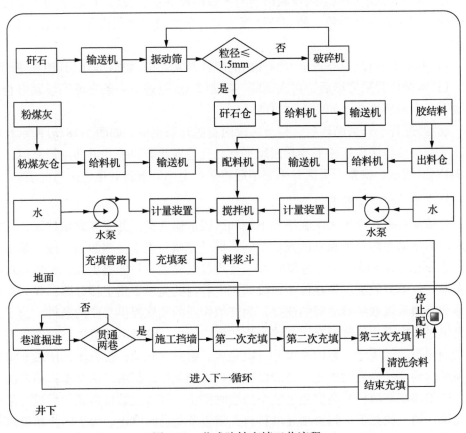

图 1-20　巷式胶结充填工艺流程

1.3　煤矿胶结充填材料全周期性能需求设计工程与科学问题

1.3.1　胶结充填材料全周期性能需求设计工程问题

　　煤矿胶结充填开采从开始到结束可以分为料浆制备、料浆输送、井下充填、岩层控制四个阶段。前两个阶段需要关注料浆的输送性能，后两个阶段需要关注充填体的力学性能，而充填材料的配比设计要确保充填材料同时满足输送性能和力学性能需求。煤矿胶结充填全周期如图 1-21 所示。

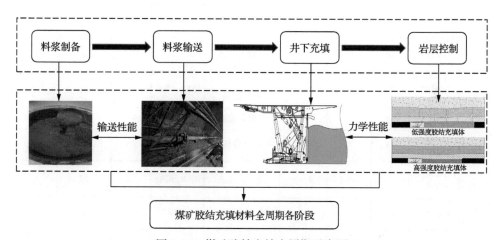

图 1-21　煤矿胶结充填全周期示意图

　　胶结充填料浆的输送性能关系到特定的管道条件下料浆是否能够正常输送，主要受料浆骨料的沉降性能、料浆流变性能等因素的影响。当前煤矿胶结充填料浆输送性能设计方法主要借鉴非煤矿山充填开采的经验，而很多非煤矿山的料浆输送理论模型和经验公式并不适用于煤矿胶结充填料浆，煤矿胶结充填料浆输送性能设计缺乏系统科学的成套方法。

　　表征胶结充填体力学性能最直接和最常用的指标是充填体强度，充填体强度是所有矿井实施充填开采必须关注的指标。但是，煤矿胶结充填体强度需求设计也没有形成一套完整的设计方法，大部分还是基于经验进行设计，造成相似条件下的采场充填体强度差别很大，有的矿井充填体强度不足，造成岩层移动控制效果不好，有的矿井充填体强度过高，造成严重的胶结材料浪费。充填材料强度设计在金属矿开采领域相对关注得更多，世界范围内金属矿胶结充填体强度统计见表 1-3。针对我国应用胶结充填开采技术的煤矿各矿采用的胶结充填体强度数据进行了统计，具体数据见表 1-4。由表 1-4 可知，煤矿胶结充填体强度差别较大，并没有一个成体系的充填体强度设计方法，因此亟须在这方面进行深入研究。

表 1-3　世界范围内金属矿胶结充填体强度统计

国别	矿山	高/m	长/m	房宽/m 柱宽/m	胶结充填体强度的设计方法	充填材料	水泥含量/%	充填体强度 养护时间/d	充填体强度 强度/MPa
中国	凡口铅锌矿	40	35	7～10 / 4～8	经验类比法	尾砂、棒磨砂	11.0	28	2.5
	金川锡矿	60	51	50	经验类比法	戈壁集料	9.5	28	2.5
	锡矿山矿	18～36	20～30	10 / 8	工程分析法	尾砂、碎石	10.0	28	4.0
	焦家金矿				经验类比法	尾砂	9.0	28	1.0
	新城金矿	30, 40	20～30	8 / 7	经验类比法	尾砂	8.0	28	1.5
	柏坊铜矿	30	15	4～8 / 4～6	经验类比法	碎石、河砂	10.0	28	4.0
加拿大	吉科矿	122	50～80		限制充填体暴露面积	尾砂、碎石	3.3	28	1.75
	鹰桥矿	80			经验类比法	尾砂、碎石	3.2	28	0.6
	洛各比矿	45	72	11 / 11	有限元分析法	尾砂	8.5	28	1.2
	基德克里克矿	60～90	4～5	4～5	经验类比法	尾砂、碎石	5.0	28	4.1
	诺里达矿	65	11	25 / 25	经验类比法	尾砂	10.0	28	0.95
	福克斯矿	120	22	30.5 / 13.5	岩土力学分析法	尾砂、碎石	3.0	28	0.45
澳大利亚	芒特·艾萨矿	100	40	30 / 30	经验类比法	碎石、尾砂	10.5	28	2.2
	芒特·艾萨矿	40	10	30 / 30	经验类比法	尾砂	10.5	28	0.85
	芒特·艾萨矿	50～100		8～10 / 10	岩土力学分析法	废石、尾砂	7.0	28	3.0
	布劳肯希尔矿	35		20	数值分析法	尾砂	9.1	28	0.78
芬兰	奥托昆普矿	20	6	8 / 8	经验类比法	尾砂、碎石	7.5	90	1.75
	洼马拉矿	50	40～70	5～30	经验类比法	尾砂	5.5	240	1.5
	客里迪矿	20	60		经验类比法	碎石	7.0	30	2.15
	威汉迪矿	100	60		经验类比法	尾砂、火山灰		365	1.05
独联体各国	捷克利矿	50	55	9～12 / 9～12	覆盖岩层承重理论	碎石、砂	9.0	28	5.0

续表

国别	矿山	高/m	长/m	房宽/m 柱宽/m	胶结充填体强度的设计方法	充填材料	水泥含量/%	充填体强度 养护时间/d	充填体强度 强度/MPa
独联体各国	杰兹卡兹甘矿	10~12		8~10 6~7	覆盖岩层承重理论	尾砂	12.0	28	15.0
	共青团矿	4	25	8 8	覆盖岩层承重理论	尾砂、砂	10.0	28	6.75
	灯塔矿	10~40	45	8 8~24	覆盖岩层承重理论	砾石、砂	10.0	28	8.0
	季申克矿	40	40	15 15	覆盖岩层承重理论	砂，炉渣	10.0	28	5.0
瑞典	卡彭贝里矿	4.5	6	4 4	经验类比法	尾砂	15.0	28	2.0
印度	I.C.C.矿山	30	10	6	经验类比法	尾砂	7.0	28	11.0
日本	小坂矿	3.5	30	30	经验类比法	尾砂、炉渣	3.0	28	0.5
意大利	夸勒纳矿				岩土力学分析法	碎石	11.0	28	10.2
南非	黑山矿物公司	70	28	45 45	经验类比法和物理模拟	尾砂	7.5	28	7.0
	黑山矿物公司	70	28	45 45	数值模拟分析法	尾砂	5.0	28	4.0

表 1-4　我国煤矿胶结充填体强度统计

省份	矿山/集团	工作面平均埋深/m	工作面实际情况	充填材料	水泥含量/%	充填体强度 养护时间/d	充填体强度 强度/MPa	充填体强度 养护时间/d	充填体强度 强度/MPa
山西	汾西矿业集团新阳煤矿	200	长壁开采/工作面长度100m/采高2.2m/走向长度347m	粉煤灰、煤矸石	10	7	4.2	28	8.8
内蒙古	裕兴煤矿	298	煤厚约3.2m/工作面倾斜长约80m，走向长度为245m	粉煤灰、煤矸石	10	7	1.9	28	2.8
	公格营子煤矿	104	分层巷式开采，采高3.5m，采巷宽5m	粉煤灰、煤矸石、石灰	2.5	7	1.22	28	1.83
黑龙江	桃山煤矿	220	煤厚2.4m，走向680m	粉煤灰、煤矸石	10			28	5.18
河南	王河煤矿	278.6	采高0.82~1.36m/走向长壁后退式	粉煤灰、煤矸石	2	7	0.3	28	0.5
山东	新汶矿业集团孙村煤矿	1300	采高0.82~1.36m/走向长壁后退式	粉煤灰煤矸石	5			28	1.41

续表

省份	矿山/集团	工作面平均埋深/m	工作面实际情况	充填材料	水泥含量/%	充填体强度			
						养护时间/d	强度/MPa	养护时间/d	强度/MPa
山东	山东岱庄煤矿	410	煤厚2.65m、走向1074m	粉煤灰、煤矸石、硅酸钠	8.3			28	1.96
	许厂煤矿	320	煤厚4.76m、走向1260m	粉煤灰、煤矸石	12.2			28	5.88
	级索煤矿	135	工作面长度60~90m	粉煤灰、煤矸石	16.7			28	10
陕西	榆阳煤矿	194	煤厚3.5m、走向1240m	粉煤灰、风积沙、石膏	3.2			28	5.3
	麻黄梁煤矿	185	煤厚10m、巷式分层开采	粉煤灰、煤矸石	BK胶凝材料,16.7			28	5
	金牛煤矿	115	煤厚4.5m、巷式开采，巷宽6m	粉煤灰、风积沙	14.7	7	1.7	28	4.1

　　理想的胶结充填材料既具有较好的流动性能使其容易输送，又具有较高的力学强度，使其对覆岩产生有效的支撑。然而，流动性能和力学性能在一定程度上是相互制约、此消彼长的关系，即较强的流动性可能产生较低的力学强度，较高的力学强度可能导致较差的流动性。另外，经济成本是影响胶结充填材料性能的一个重要因素，也是制约充填采煤发展的重要因素。例如，增加胶凝材料的含量可以明显地提高胶结充填材料的力学承载能力，但是其经济成本也会随胶凝材料的增加而迅速增加。由于采矿实质上是一项要求经济效益的生产活动，不能无限制地提高胶结充填材料的强度而不考虑其成本。因此，对胶结充填材料性能进行研究，优化材料配比，寻求胶结充填材料流动性能和力学性能的平衡点以及其经济成本和材料性能的平衡点是非常重要的。煤矿胶结充填材料全周期性能需求设计方法就是针对煤矿胶结充填自身特点开展深入研究后，形成的一套完整的综合设计方法。

　　综上所述，煤矿胶结充填面临的主要工程问题如下。

　　(1)什么样的胶结充填料浆可以输送？

　　(2)胶结充填体的强度需要多高？

　　(3)煤矿胶结充填材料的配比如何确定？

1.3.2　胶结充填材料全周期性能需求设计科学问题

　　针对煤矿胶结充填当前面临的主要工程问题，胶结充填材料全周期性能需求设计需要研究的关键科学问题如下。

（1）煤矿粗骨料胶结充填料浆管输性能需求设计原理。

（2）煤矿胶结充填体全周期强度需求动态设计理论。

（3）煤矿胶结充填材料配比的超目标动态优化与调控机制。

1.4　国内外研究现状

1.4.1　胶结充填开采技术

胶结充填开采技术在非煤矿山的应用日趋成熟，为其在煤矿采空区充填中的应用提供了技术借鉴。胶结充填技术是采用胶结充填材料进行充填开采的技术，其技术原理如图 1-22 所示。

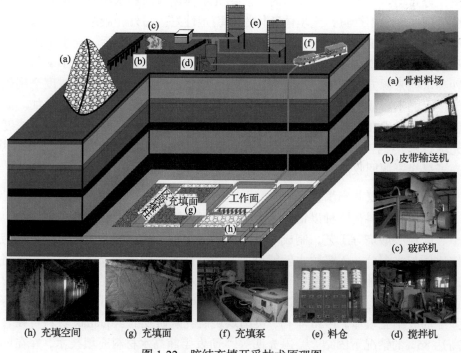

图 1-22　胶结充填开采技术原理图

将胶结充填开采技术进一步细分，主要包括低浓度尾砂胶结充填、高浓度全尾砂胶结充填、高水速凝胶结充填、膏体胶结充填、赤泥胶结充填和废石胶结充填等。

1）低浓度尾砂胶结充填技术

低浓度尾砂胶结充填是指用水泥作为胶凝材料和分级尾砂作为惰性材料所配

制的胶结充填料浆作为充填材料的开采方法。料浆真实质量浓度控制在 60%左右，按照开采对充填体强度的不同要求，在尾砂中添加不同比例的水泥，灰砂比一般为 1:20～1:50。尾砂胶结充填不用粗粒的惰性材料，因此在与低强度混凝土充填体强度要求相同的情况下，尾砂胶结充填的水泥用量要高很多。低浓度尾砂胶结充填技术常用于金属矿山充填开采。

2）高浓度全尾砂胶结充填技术

高浓度全尾砂胶结充填是以全尾砂和水泥等固体物料加少量的水作为充填材料，通过活化搅拌，将充填料浆制备成高浓度料浆的充填工艺，其中尾砂的质量浓度控制在 68%～75%。一般而言，高浓度料浆具有屈服应力，属于非牛顿流体。高浓度全尾砂胶结充填料浆属于一种具有触变性质的标准分散系，细粒级物料含量较高，在强力搅拌下，混合料浆中固体分散系被稀释而具有流动性，使得胶结微粒分布均匀。采用这种技术时，胶结充填体内粒级和水泥分布均匀，粗、细颗粒分层的现象不严重，充填体整体性和稳定性好。另外，胶结充填料浆具有泌水性特性，且在泌水过程中水泥不存在流失现象。析出水分后，充填料进入采场后不离析，无需脱水，不会造成井下细泥污染。因此，该技术适用于矿体集中、尾砂和水泥来源方便的中、小型有色矿山。随着活化搅拌技术和高浓度全尾砂脱水等技术的不断成熟，高浓度全尾砂胶结充填在金属矿山的应用不断增加。高浓度胶结充填技术在煤矿中也得到应用。杨宝贵等[63]在山西新阳煤矿应用高浓度胶结充填技术，在控制顶板下沉和地表沉降方面取得较好效果，解放了村庄下压煤，提高了煤炭资源回收率，有利于保护矿区生态环境[76]。

3）高水速凝胶结充填技术

高水速凝材料是一种以铝矾土为主要原料，配以多种无机原料和外加剂，经烘干、配料、煅烧等工艺，制成甲、乙两种固体粉料的材料。使用时将甲料与乙料按比例与水混合，无需脱水就能迅速凝结。高水速凝尾砂胶结充填技术是将高水速凝材料的两种材料与全尾砂等惰性材料加水混合成低浓度充填料浆，用钻孔、管道输送到井下，两种料浆在进入采空区前混合，不脱水便可迅速凝结为具有一定强度的胶结充填体。1980 年初，英国煤炭研究院研发的 Aquapak 材料可在含水量高达 85%的情况下固结[77]。冯光明等[58]研发了超高水材料充填技术，并在邯郸矿业集团陶一矿首次进行了工业试验[78]，之后又在田庄煤矿、城郊煤矿、南屯煤矿等矿井进行了技术推广[79]。试验结果显示，陶一矿充填开采前地表下沉高达2100mm，充填开采之后地表最大下沉为 220mm，且采空区充填率达到 85%以上。田庄煤矿最大下沉量仅为 34mm，而且做到了接顶充填，充填率高达 92%以上。目前的工业试验表明，超高水速凝材料充填控制地表下沉的效果很好，但是超高水速凝材料易风化，耐热性较差，充填体持久稳定性有待进一步观测。

4) 膏体胶结充填技术

膏体充填开采就是把矿山固体废物在地面加工成无临界流速、不需要脱水的膏状浆体,利用充填泵或重力作用通过管道输送到井下,及时充填采空区的采矿方法。膏体胶结充填技术是于1979年在德国格伦德铅锌矿首先发展起来的,目的是解决尾砂充填中的采场排水问题。1991年,德国矿冶技术公司与鲁尔煤炭公司率先将胶结充填开采技术应用于煤矿开采中,他们把胶结材料充填技术应用到沃尔萨姆(Walsum)煤矿长壁工作面后方冒落的采空区中,一方面控制了开采引起的地表下沉,另一方面处理了固体废弃物。沃尔萨姆煤矿试验工作面煤层厚度为1.5m,埋深为1000m,所用胶结充填材料由粉煤灰、煤矸石、破碎岩粉等制成,物料的最大粒径小于5mm,质量浓度达到76%~84%。在该矿进行胶结充填开采的过程中采用普茨迈斯特公司生产的液压双活塞泵输送胶结充填材料,泵送压力为25MPa,最大输送距离达7km,主充填管沿工作面煤壁方向布置在输送机与液压支架之间,每隔12~15m的距离接一根布料管,伸入采空区内12~25m进行充填,充填管路紧随工作面设备前移,充填管接入回采工作面后方的长度取决于弯曲下沉带顶板对采空区冒落煤矸石的压实过程。胶结充填工作面后方不设置隔离滤水设施,利用冒落煤矸石的吸水效应可以控制胶结材料在还未扩散至支架区就失去流动性,所以这种充填对工作面的生产条件和环境条件没有明显的不良影响。由于德国煤矿相继关闭等原因,胶结充填工作在沃尔萨姆、摩罗泊尔(Monopol)等煤矿应用以后,没能深入开展下去。从德国煤矿胶结充填初步试验的情况来看,其充填主要目的在于处理固体废弃物,充填滞后严重,在工作面直接顶冒落以后才进行充填,充填管道被埋在冒落煤矸石下面,采空区充填程度不够,地表下沉系数为0.30~0.40。

膏体胶结充填技术的关键是提高充填料浆的可泵性、稳定性和胶凝材料添加技术。生产实践表明,充填料浆可泵性取决于混合料的密度、粒级分布等物理特性以及胶凝材料性能等。泵送充填料浆的稳定性取决于细物料的流变特性,其中,细泥部分及其矿物组成对其流变特性具有决定性影响。膏体胶结充填技术具有尾砂利用率高(90%~95%)、水泥用量低、凝固时间短、强度高并能改善井下作业环境等优点。膏体充填所形成的以充填体为主的覆岩支控体系,可以有效控制地表开采沉陷,保护地下水资源不受破坏,提高煤炭资源采出率,改善矿山安全生产条件,保护矿区生态环境,并使固体废物得以资源化利用。山东济宁矿业集团太平煤矿与中国矿业大学共同合作,研究膏体胶结充填不迁村采煤技术,并于2006年5月在太平煤矿进行了工业性试验,成功建立了我国煤矿第一个膏体胶结充填示范工程,实现了充填率90%以上,地表下沉系数0.21的充填效果[61,80]。

似膏体充填技术的实质可以概述为利用似膏体充填胶凝材料作为胶结剂,利用煤矸石、矿山尾砂、河砂、泥砂等作为骨料，骨料中配以 15%～30%的细粒级物料，制成质量浓度为 72%～78%、外观近似膏体的浆体，通过重力自流或泵送的方式将料浆经管路输送至井下充填地点，充填料浆在井下不需脱水或微量脱水即可固结成充填体，其结果像膏体胶结充填一样，可最大限度地控制围岩及上覆岩层变形，达到控制地表下沉的目的。似膏体充填技术在榆阳煤矿、公格营子矿、孙村煤矿等煤矿得到了推广应用[65,81,82]。膏体胶结充填和似膏体充填广泛地应用于地下充填开采中，仍有很多国内外相关学者致力于该方面的研究。

5) 赤泥胶结充填技术

赤泥是生产 Al_2O_3 时排放的废渣，主要化学成分为 Al_2O_3、SiO_2、CaO、Na_2O 和 Fe_2O_3，因为与黏土成分相似，所以用来代替黏土生产硅酸盐水泥。可与废石或尾砂等集料组成胶结充填材料。另外，赤泥中含有大量的碱，可以用赤泥制备碱激发水泥，这种碱激发水泥的强度、抗腐蚀性能良好。赤泥的微观形貌呈现形状不规则的层片状结构。赤泥胶结充填是采用由赤泥、粉煤灰、石灰、减水剂等组成的胶结材料进行采空区充填的一种开采方法。一般而言，赤泥密度为 2.79～2.93g/cm³，赤泥浆的质量浓度为 40%～55%。在赤泥胶结充填技术应用中，一般采用主、副双管道输送工艺，主管道用于输送赤泥粉煤灰浆，副管道用于输送石灰浆。料浆在井下主副管道的出口附近经气流混合器混合，最终进入采空区，形成不需脱水的膏状物料，凝固后成为较高强度的充填体。该技术已于 20 世纪 90 年代在山东湖田铝土矿应用成功，并在山东莱芜铁矿开展工业试验，试验效果良好。对于煤矿，赤泥胶结充填技术在运输成本合理的情况下可以应用[83]。

6) 废石胶结充填技术

废石胶结充填体是由矿山掘进废石或破碎废石配以一定的水泥或赤泥砂浆组成的，其中废石集料是主体，水泥或赤泥砂浆充当胶凝剂成分，废石胶结充填体强度通常在 5～10MPa 及以上，适用于一些矿石品位较高、尾矿产量较少的矿山。一般情况下，大规模的废石胶结充填主要采用砂浆自淋混合的工艺制备胶结混合料。废石粒径一般小于 300mm，且具有良好的粒径级配特性，砂浆一般为细砂料浆或尾砂料浆。废石散体一般采用多种输送方式，如自流输送和胶带输送机输送等，充填料浆通过管道输送到地下采场。将砂浆自淋到采场的废石上，形成砂浆包裹个体块石胶结充填体，或者是块石位于采空区中央，四周被砂浆包裹形成一种具有整体支撑能力和自立能力的胶结整体。由于充填体中部分细砂料浆被块石取代，不但提高了充填体的整体支撑能力，而且可显著降低充填成本。废石胶结充填体的压缩性能好、收缩变形小、废石胶结充填料浆充入采场后几乎不渗水，从而避免了对井下环境的污染。该工艺不仅简化了混合工序,大大降低了生产成本,还可以实现大规模的连续充填,广泛应用于金属矿山大采场充填作业,在露天煤矿的回填中也有应用[84]。但是这种充填技术存在一些问题,如适用范围小、充填体接顶困难、对充填体的强度和稳定性缺少有效的监测方式与评价手段等。

1.4.2　胶结充填材料及性能

胶结充填材料是充填技术的核心之一,胶结充填材料的发展不但推动了充填技术的进步,而且有助于采矿方法的变革。充填材料的流变性能以及所形成充填体的力学性能是影响充填开采效果的重要因素,而且胶结充填材料的成本是胶结充填采煤技术成本的重要组成部分,直接影响矿山的经济效益。因此,研发新的适合矿山充填的胶结充填材料或改进胶结充填材料的性能是国内外一直共同关注和研究的课题。

胶结充填材料主要由胶凝材料和骨料两部分组成。主要的胶凝材料有普通硅酸盐水泥、高水固结材料、赤泥胶结材料、矿渣胶结材料、全砂土固结材料、矿山尾砂固结材料等,其趋势为向凝固时间可控、低成本、高强度、易输送、易生产、工艺简单等方向发展。主要的骨料有尾砂、煤矸石、粉煤灰、河砂和炉渣等,在设计配方中应该充分考虑骨料的粒径级配、与胶凝材料之间的相互反应、储量及运输以及价格成本等因素,研究其与胶凝材料的配比和混合方法。

胶结充填材料根据配料不同可分为以下几种类型:尾砂胶结充填材料、赤泥胶结充填材料、膏体胶结充填材料和高水固化胶结充填材料。

1)尾砂胶结充填材料

尾砂胶结充填材料的骨料主要取自脱泥脱水的分级尾砂或全尾砂[85-87],按适当配比与胶凝材料混合成充填料浆。一般情况下,采用的胶凝材料是普通水泥、冶炼渣等[87,88]。这种充填材料浓度低,强度也较低,通常用于水平分层充填回采的采场构筑人工底柱,也可用于最后充填阶段水砂充填料浆铺面并用于构筑房柱法开采所需的小高度房间矿柱。尾砂胶结充填材料的主要优点是强度高于非胶结水砂充填材料,一般应用于金属和非金属矿的充填开采。当前尾砂胶结充填材料的研究,围绕胶凝材料的低成本替代[89,90]、材料输送性能和力学性能优化[91,92],以及复杂应用条件下动力学机理开展[93,94]。无废矿山的推行使尾砂胶结充填材料在未来矿山充填中仍将占据一席之地。

2)赤泥胶结充填材料

赤泥胶结充填材料是指以赤泥为胶凝材料,以尾砂、煤矸石等为骨料的胶结充填材料[95]。赤泥是生产氧化铝过程中排出的工业废渣。烧结法特殊的生产过程,使赤泥具有潜在的水硬活性。烧结法赤泥含有与硅酸盐水泥相同的 SiO_2、Fe_2O_3、Al_2O_3 与 CaO 等组分，占总量的 75%以上，因此可在一定程度上替代水泥作为胶凝材料。赤泥比表面积大、颗粒内部毛细孔发育，保水性能好。高效赤泥胶凝材料与全尾矿在质量比 1:4 条件下的混合料试块在固化 28d 后的单轴抗压强度为 2.5MPa。但由于铝氧熟料磨细后，赤泥即以固液混合态存在，液固间已发生一系列接触反应，形成部分硅酸钙凝胶及水化铝酸钙，从而使赤泥的外在属性与火山灰质材料相似，自身仅具有微弱的水化活性。通过化学手段进行调理后，赤泥的水化活性可得到大幅度提高。以赤泥作为胶结剂的充填料浆在低浓度条件下不脱水，料浆稳定性好，不产生离析，具有很好的流动性，有利于提高充填工作面的充实率。赤泥作为工业废渣成本较低，将其用于采空区充填时，可大幅度降低矿山胶结充填的成本。赤泥材料的化学成分复杂，充填后浸出重金属离子对于地下水环境具有潜在威胁，通过添加一定比例的磷石膏和微生物，形成了重金属离子的络合物和碳酸盐，可增强赤泥胶结材料的力学性能，并降低赤泥、磷石膏的重金属离子浸出浓度[96-98]。赤泥胶结充填存在的主要问题是赤泥产量较少，煤矿距离赤泥产出地较远时运输成本高，极大地制约了其在矿山充填中的推广应用，较少用于煤矿胶结充填[99]。

3) 膏体胶结充填材料

膏体充填材料属于高浓度胶结充填材料，膏体充填材料是由骨料（一般粒径≤15mm）、胶凝材料、外加剂和水按照一定比例搅拌混合制成的，料浆质量分数一般为 70%～80%，在管路输送过程不沉淀、不离析，进入充填区域后几乎不泌水，凝固后形成单轴抗压强度为 1～5MPa 的固结体，起到支撑顶板和覆岩的效果。膏体各组成物料中，除采用煤矸石作为骨料外，建筑垃圾、细河沙、风积沙等也得到应用。胶凝材料一般采用水泥等，近年来在利用工业废渣（尤其是利用钢渣、矿渣和粉煤灰）制备胶凝材料方面取得了一定的研究成果；外加剂具有调节充填材料凝固时间、流动性能的能力，种类日益广泛。膏体充填材料的骨料粒度小、孔隙率低，加之胶凝材料易于流动，能够填满骨料之间的空隙和缝隙，因此胶结充填材料的压缩率较低，通常在 5%左右。目前，煤矿用膏体材料多由胶凝材料、煤矸石和粉煤灰配制而成，料浆呈稳定的稠状膏体，类似牙膏状。对全尾砂膏体充填而言，其固体质量浓度一般为 75%～82%。一般情况下，可泵性比较好的全尾砂胶结充填料浆的坍落度为 10～15cm。膏体中的固体颗粒一般不发生沉淀，层间不发生交流，不易泌水，凝固时间短，能短时间内对围岩和顶板产生支撑作用，由于膏体的塑性黏度和屈服切应力大，需要采取加压输送的方式。膏体充填材料存在先浆体后固体两种状态，相比于固体胶结充填材料，浆体具有流动性，在充填区域接顶率高，凝固后成为密实的固结体，强度高、压缩率小，因此在控制覆岩移动和地表沉陷方面具有明显优势。膏体充填材料配比应满足浆体状态时管道输送要求和固体状态时强度要求。充填体强度对充填效果起决定作用，合理的充填体强度不但影响采矿成本，而且影响充填体的力学行为。膏体充填具有许多优点，例如：由于膏体充填用水量少，可大大减少水泥从滤水隔墙的流失；膏体充填材料形成的充填体强度高，胶凝材料用量小，充填体沉缩率小；膏体充填无需脱水，有利于降低井下采区清理费用。膏体充填的一大缺点是由于静态或动态荷载而突然产生孔隙水压力所造成的材料液化问题，膏体充填材料对泵送的要求高，技术难度大，输送成本较高。

周华强等[61]所研制的煤矿膏体充填材料，采用的胶凝材料为其研制的 SL 胶凝材料和 PL 胶凝材料，采用的骨料为煤矸石和粉煤灰。刘建功等[100]通过研究得出煤矸石与粉煤灰配比为 1:0.6 时抗压效果最好。常庆粮等[101]通过正交试验研究了膏体充填材料的强度，获得了较优的配比。华心祝等[102]通过响应面法，得到了各种因素对不同龄期试样强度的影响程度。膏体充填材料的强度，特别是抗压强度、弹性模量、变形性能和管道输送性能是研究者关注的重点。

还有一种胶结充填材料与膏体充填材料类似，称为似膏体胶结充填材料[64]。似膏体胶结充填也采用高浓度胶结技术，可节省胶凝材料用量，节约成本，其质量浓度一般为 74%～76%，外观与膏体充填材料近似。胶凝材料使用其研制的全砂土固结料或凝石材料，骨料采用煤矸石、粉煤灰和尾砂。其特点主要是充填体强度接近膏体充填料浆强度；流动能力接近水力胶结充填，远高于膏体充填，且井下无需脱水或仅需少量脱水。其水化反应的产物中有一部分钙矾石晶体，钙矾石晶体中含有大量的结晶水，并且具有早强性能，这为充填体获得较高的早期强度和少脱水或不脱水提供了物质基础。似膏体充填材料的流动性能明显优于膏体和高浓度料浆，这使得其能够实现低压泵送充填或倍线条件较好的自流输送，易于实现管道输送。同时，似膏体充填料浆进入采场后只需要少量脱水，充填体质量好，能满足各种强度的需要，井下无排水排泥污染。王晓勇等[103]在解决梁家煤矿"三下"压煤问题中采用炉渣、粉煤灰为主进行似膏体充填材料制备，刘鹏亮等[82]以风积沙为骨料制备似膏体充填材料。总体来说，似膏体充填是在综合分析比较现有其他充填方式利弊的基础上，结合现代采矿工艺要求和充填发展趋势形成的集各种优势于一体的新充填模式。接下来的似膏体充填材料发展趋势在于：进一步提高充填材料综合性能，满足更广泛的采矿需求；改进制备工艺，提高制备效率，降低成本；提升环保性能，降低制备过程中的能耗和排放，实现更加绿色环保的采矿生产。

4) 高水固化胶结充填材料

高水固化材料是 20 世纪 80 年代研发出的一种新型的胶结充填材料，它可分为高铝、硫铝和铁铝等几种类型。高水速凝材料由甲、乙(或 A、B)两种材料组成。甲料一般由硫铝型(高铝型、铁铝型)水泥熟料缓凝剂和悬浮剂等经过粉磨、均化而成,乙料由石膏、石灰、悬浮剂、速凝剂等材料按一定配比粉磨而成[58]。其反应机理是当甲乙料混合后会在一定的时间内形成大量钙矾石,同时一些凝胶体充填在钙矾石的骨架中,形成固结体。高水充填体 1h 的凝固强度可以达到 0.5～1.0MPa、体积含水率可以达到 70%以上,流动性较好,具有良好的固化与早强特点。例如,将甲料和乙料分别制成水灰比(质量比)为 2.5:1 的单料浆,然后按照1:1(质量比)混合后,5～20min 初凝、40～50min 终凝,充填体 1d 强度达到 3MPa以上,7d 强度达到 4.5MPa 以上。采用高水材料的充填系统,需要展示甲料和乙料两套制浆和输送系统,甲料浆和乙料浆分别输送至待充填的采空区附近进行混合,然后输送至采空区快速凝固,形成具有一定承载力的固结充填体[104]。

冯光明等[105]研发的超高水固化胶结材料含水率甚至可以达到 97%[59]。孙恒虎等[106]发明的高水固结充填材料在招远金矿、小铁山矿、新桥硫铁矿等开始进行现场试验研究,取得了突破性进展,完成了金属矿山全尾砂速凝固化胶结充填技术的工业性应用。高水充填材料流动性好、早强性能强,在王庄煤矿[107]、埠村煤矿[108]、王台铺煤矿[109]、田庄煤矿[110]、雄达煤矿[4]等众多煤矿广泛应用。应用超高水材料进行充填开采,能有效减少煤层能量聚集,预防冲击地压的发生[111,112]。

目前,高水固化胶结充填材料领域正在取得突破性进展,得到广泛工业应用,新型材料制备方法也具有潜在的性能优势。未来,高水固化胶结充填材料的研究趋势将主要集中在优化材料性能、提高工艺效率和降低成本的方向上。同时,环保性和可持续性也将成为研究重点,以确保材料在矿山生产中的可持续应用。

1.4.3　粗骨料充填料浆管道输送原理与性能需求

研究粗骨料充填料浆管道输送原理有助于理解粗颗粒在管道中的运移机制与分布特征,掌握充填料浆输送过程中的性能需求,可以在实现安全平稳输送的前提下降低充填材料成本,提升充填开采的社会经济效益。通过综述近年来粗骨料充填料浆管道输送原理与性能需求相关研究使读者增强对粗骨料充填料浆管道输送相关理论的宏观认知。

充填料浆管道输送理论的研究主要聚焦于两相流理论、满管流理论、流变理论、流体运动特性。其中,两相流理论深入探讨了固体颗粒与液体在管道中的相互作用和运动规律;满管流理论则致力于优化管道输送状态,实现高效、稳定的充填料浆传输;流变理论则深入研究了充填料浆的流动性质,为管道输送提供了理论基础;流体运动特性则更全面地研究了充填料浆在管道中的运动状态。国内外粗骨料充填料浆管道输送理论研究大致有三种方法,分别是公式法、模型法和模拟法。

1) 公式法

　　早在 1953 年，国外学者 Durand[113]就提出用于计算两相流阻力损失的经验公式，用于计算固体颗粒与管道内壁的摩擦、颗粒间的碰撞等造成的能量损失。后来 Newitt[114]将料浆管输分为滑动床流、非均质流和均质流三种主要流态，并提出半经验公式。在这一时期，国外学者提出扩散理论、重力理论、相似理论及随机理论对管道输送过程中颗粒物料的沉降行为进行解释[115-117]。然而，国内早期由于充填开采方式较为落后，相关的管输理论直到 20 世纪末才逐步缓慢发展起来。

　　扩散理论应用最广，该理论认为，悬浮颗粒由于紊动而向上的交换率与重力向下的交换率相等，建立了关于扩散系数、体积浓度、沉降速度的函数关系如式(1-3)所示。这种理论只能适用于尺寸和相对密度较小的固体颗粒组成的均匀紊流。而大颗粒和小颗粒的悬浮机理是不同的，大颗粒的悬浮不能完全依赖紊动支持，还要借助颗粒间作用力。

$$\varepsilon_s \frac{dc}{dz} + V_t c_t = 0 \tag{1-3}$$

式中，ε_s 为颗粒的扩散系数，m^2/s；V_t 为颗粒的沉降终速度，m/s；c_t 为从管道底部算起的任意点悬浮颗粒的体积浓度，%；z 为与管道底部的距离，m。

　　倪晋仁[118]经过推导提出了重力理论。该理论认为，对于液体，单位时间内清水提供给单位体积挟沙水流的能量等于水在运动过程中为克服阻力而损失的能量和要保持固体颗粒悬浮而损失的能量之和。而对于固体，泥沙在单位时间所提供的能量等于泥沙运动过程中为克服阻力而在单位时间损失的能量。虽然该理论仅在低浓度条件下相对适用，但也为当时管道输送理论的研究提供了新的视角和思路，重力理论公式见式(1-4)：

$$\xi \frac{S_v}{S_{va}} = e^{-\beta_1 \xi} \tag{1-4}$$

式中，S_v 为悬沙质量浓度；S_{va} 为距离床面给定位置的参考悬沙含沙量；β_1 和 ξ 为常数。

　　随着流体力学理论的不断完善，管输理论不断深化与发展，学者结合流体力学的相关理论对传统经验公式进行了优化与改进，从而更加精准地揭示了颗粒浆体在管道输送过程中的流动特性，Wasp 等[119]对扩散理论中的相关参数进行了修正，研究了大颗粒浆体在管道中的浓度分布规律，揭示了颗粒大小和浓度对流动特性的影响，结果表明修正后的理论更贴近实际情况。这一时期，国内的学者也开始以流体力学理论作为输送理论的基础从不同角度对管道输送原理进行了研究。倪晋仁等[120]在低浓度两相流的研究中创新性地引入了摄动理论。张兴荣[121]

基于高浓度浆体管输试验提出了高浓度水流流核区与非流核区的水流运动机理。白晓宁等[122]研究了浆体管道的阻力特性及其影响因素。李立涛等[115]以扩散理论为基础，分析了充填料浆中固体颗粒的受力情况，推导出了充填料浆质量分数垂线分布的理论公式，质量分数垂线分布公式见式(1-5)：

$$\int_{c_a}^{c} \frac{\mathrm{d}C}{C_\mathrm{d}} = -\int_{a}^{y} \frac{B}{y\left(1-\dfrac{y}{H_\mathrm{y}}\right)^{n_1}} \mathrm{d}y \tag{1-5}$$

式中，c_a 为距料浆底部高程 $y=a$ 处的固粒质量分数，%；n_1 为反映固液两相特性对颗粒跳跃特征长度影响指数；C_d 为固粒质量分数，%；H_y 为液体深度。

充填料浆自由沉降时，有

$$B = \sqrt{\pi^2 d(\rho_\mathrm{g}-\rho)g/(3\psi\tau_0)} \tag{1-6}$$

式中，ψ 为总阻力系数；d 为颗粒粒径，m；ρ_g 为固粒密度，kg/m^3；ρ 为料浆密度，kg/m^3；τ_0 为屈服应力，Pa。

2)模型法

为建立更为全面和准确的模型，学者将不同的理论和方法结合起来。国外学者 Wilson 等[123]则根据力平衡理论，首次针对颗粒浆体提出了两层模型的概念。这个模型将颗粒浆体分为悬浮细颗粒部分和沉降推移粗颗粒部分，分别考虑这两部分在流动过程中的受力情况和运动规律。Matoušek[124]在粗颗粒高浓度管道输送的阻力损失和横截面的浓度分布方面进行了深入的试验及理论研究，分析了阻力损失与颗粒浓度、粒径以及流速之间的关系，并建立了相应的模型。国内学者如费祥俊[125]根据管道输送阻力分析，将粗颗粒在管道输送中的状态细分为推移态和悬移态，这一分类有助于更准确地描述颗粒在管道中的运动特性，并为后续的输送参数进行优化。曹斌等[126]深入探讨了管道内固体颗粒的受力状况，特别是在复杂的空间形态管道中，同时开发了一种计算大尺寸颗粒临界流速的模型。何哲祥[127]进行了挤压输送试验，证实了挤压输送原理在管道中的适用性。

临界流速的计算模型见式(1-7)：

$$v_\mathrm{c} = K\sqrt{2gD(s-1)}\left(\frac{d}{D}\right)^{0.75} C_\mathrm{v}^{0.2} \tag{1-7}$$

式中，v_c 为临界流速，m/s；C_v 为料浆浓度，%；K 为常数，取值为 12.7~35.5；d 为颗粒直径，m；g 为重力加速度；D 为管径，m；$(d/D)^{0.75}$ 表示颗粒直径(d)与管管的非线性关系。

3) 模拟法

随着计算流体力学 (computational fluid dynamics, CFD) 技术的发展, 计算机技术在管道输送系统设计中的应用极大地推动了系统的优化进程, CFD 技术能够模拟流体在复杂几何形状中的流动行为, 通过 CFD 模拟, 可以获得详细的流动状态分布数据, 可以更加直观地分析颗粒在管道内的运动规律。国外学者 Kaushal 等[128]利用 CFD 计算了圆管输送时的细沙颗粒在管截面的分布情况。Lahiri 等[129]利用 CFD 软件计算了玻璃球在管道内输送时阻力损失及横断面的浓度分布。国内学者秦宏波等[130]分析了 CFD 软件处理固液两相流的能力, 并评估了它在管道输送固液两相流数值模拟方面的优势。石宏伟等[131]以 ANSYS FLUENT 为基础, 研究了不同配比、浓度和流量下的管道压力、流速变化规律和管道阻力损失之间的关系, 为矿山实现超深井、长距离、大倍线条件下充填管道输送提供技术支持。智能化技术与充填料浆管道输送的结合尚存在广阔的拓展空间, 这不仅是未来智能化矿山发展的一个重要方向, 更是推动矿业领域持续创新和技术进步的关键。在流体管道输送中常用的 CFD 模型有如下几个。

(1) Spalart-Allmaras 模型, 见式 (1-8), 其求解变量是分子运动黏度系数 ν_s :

$$\rho \frac{d\nu_s}{dt} = G_v + \frac{1}{\sigma_{v1}} \left\{ \frac{\partial}{\partial_x} \left[(\mu + \rho v) \frac{\partial \nu_s}{\partial x} \right] + C_{b1} \left(\frac{\partial \nu_s}{\partial x} \right) \right\} - Y_1 \tag{1-8}$$

式中, Y_1、G_v 分别为湍流黏性减少项和产生项; σ_{v1} 和 C_{b1} 为常数; ν_s 为分子运动黏度系数。

(2) 标准 k-ε 模型见式 (1-9) 和式 (1-10), 其湍动能 k 和耗散率 ε 方程为如下:

$$\rho \frac{dk}{dt} = \frac{\partial}{\partial_x} \left[\left(\mu + \frac{\mu_t}{\sigma_t} \right) \frac{\partial k}{\partial x} \right] + G_k + G_b - \rho\varepsilon - Y_M \tag{1-9}$$

$$\rho \frac{d\varepsilon}{dt} = \frac{\partial}{\partial_x} \left[\left(\mu + \frac{\mu_t}{\sigma_\varepsilon} \right) \frac{\partial \varepsilon}{\partial x} \right] + C_{1\varepsilon} \frac{\varepsilon}{k} (G_k + C_{3\varepsilon} G_b) - C_{2\varepsilon} \rho \frac{\varepsilon^2}{k} \tag{1-10}$$

式中, G_k 为由平均速度生成的湍动能; G_b 为浮力生成的湍动能; Y_M 为可压缩耗散率受到脉动膨胀的影响。其湍流黏性系数 $\mu_t = \rho G_\mu k^2 / \varepsilon$; G_μ 为模型参数, 无量纲。

(3) RNG k-ε 模型见式 (1-11) 和式 (1-12), 其湍动能与耗散率方程与标准 k-ε 模型有相似的形式:

$$\rho \frac{dk}{dt} = \frac{\partial}{\partial_x} \left[(\alpha_k \mu_{eff}) \frac{\partial k}{\partial x} \right] + G_k + G_b - \rho\varepsilon - Y_M \tag{1-11}$$

$$\rho \frac{\mathrm{d}\varepsilon}{\mathrm{d}t} = \frac{\partial}{\partial_x}\left[(\alpha_\varepsilon \mu_{\text{eff}})\frac{\partial \varepsilon}{\partial x}\right] + C_{1\varepsilon}\frac{\varepsilon}{k}(G_k + C_{3\varepsilon}G_b) - C_{2\varepsilon}\rho\frac{\varepsilon^2}{k} - R \tag{1-12}$$

式中，G_b 为由浮力生成的湍动能；G_k 为由平均速度生成的湍动能；Y_M 为可压缩耗散率受到脉动膨胀的影响；α_k 和 α_ε 为 k 方程和 ε 方程的紊流普朗特数。

(4) Realizable k-ε 模型见式(1-13)和式(1-14)：

$$\rho \frac{\mathrm{d}k}{\mathrm{d}t} = \frac{\partial}{\partial_x}\left[\left(\mu + \frac{\mu_t}{\sigma_t}\right)\frac{\partial k}{\partial x}\right] + G_k + G_b - \rho\varepsilon - Y_M \tag{1-13}$$

$$\rho \frac{\mathrm{d}\varepsilon}{\mathrm{d}t} = \frac{\partial}{\partial_x}\left[\left(\mu + \frac{\mu_t}{\sigma_t}\right)\frac{\partial \varepsilon}{\partial x}\right] + \rho C_c S\varepsilon - \rho C_2\frac{\varepsilon^2}{k+\sqrt{v}} - C_{2\varepsilon}\rho\frac{\varepsilon^2}{k\varepsilon} + C_{1\varepsilon}\frac{\varepsilon}{k}C_{3\varepsilon}G_b \tag{1-14}$$

式中，$C_c = \max[0.43, SK/(SK+5)]$；$G_b$ 为由浮力生成的湍动能；G_k 为由平均速度生成的湍动能；C_2 和 $C_{1\varepsilon}$ 为常数；Y_M 为可压缩耗散率受到脉动膨胀的影响；SK 为斯托克斯数，无量纲。

国内外还对矿山料浆管道输送性能需求方面进行了大量研究，目前确定料浆可输送性主要是采用坍落度、分层度、泌水率、流变特性等指标结合上述各理论来确定，并以此揭示充填材料的颗粒悬浮成因和性质等。杨捷[132]在理论上分析了开滦集团某煤矿高浓度胶结充填料浆的特性，并且在矸石颗粒悬浮的条件下，确定了料浆的屈服应力区间。颜丙恒等[133]分析了充填料浆的屈服应力和塑性黏度对粗骨料颗粒迁移的影响机制。研究结果表明，在剪切流动区域内，粗骨料颗粒的径向迁移量与屈服应力呈现反比关系，与塑性黏度则呈现正比关系。梁新民等[134]利用室内流变特性试验，对不同类型充填料浆的流变性能进行了全面分析，并揭示了其影响规律。邓代强等[135]利用数值模拟技术，对不同性能的充填料浆在长距离输送管道中的流动特性和动态演变进行了详尽的研究，获得了料浆在不同浓度下的流动压强、流速以及偏转特性等关键性能参数。王忠昶等[136]研究了煤矸石料浆在不同角度弯管中的流速特征以及管道出口截面处的煤矸石颗粒沉降状况，得出在不同入口速度条件下，不同性能的料浆在各角度弯管中的不淤流速。张修香等[137]依据充填料浆自身的特点以及结构流理论，研究了不同粗骨料高浓度料浆特性在管道输送模拟中的应用。

综合分析众多学者的粗骨料充填料浆管道输送原理与性能需求研究可知，管道输送的理论研究在不同角度获得了许多理论与实践成果，但是这些成果大多是理想条件下或针对某一特性范围内试验条件下的数据模型，对充填料浆管道输送没有形成统一的认识，大多不能直接应用于工业生产。另外，充填料浆性能需求指标的研究上仍存在一些不足，管输性能的表征方法众多，如沉降速率和分层度等，但这些方法尚无法应用于工业场景。此外，目前尚未形成统一的标准来准确描述管道输送过程中颗粒群的沉降行为，对于充填料浆性能需求仍然需要深入研究。

1.4.4 胶结充填材料强度设计

在金属非金属矿山充填开采领域，目前国内外胶结充填体强度的设计方法可分为三类，即经验法、力学模型法及数值分析法。经验法是借鉴矿山的胶结充填实践经验，确定设计矿山的胶结充填体强度。实施中，把要确定胶结充填体强度的矿山开采技术条件、充填条件与相近或相似生产矿山进行比较，选择一个认为较为合适的充填体所需强度。这一方法被国内外矿山广泛采用，如加拿大的鹰桥矿、芬兰的奥托昆普矿、澳大利亚的芒特·艾萨矿、我国的凡口铅锌矿和金川矿等。

在蔡嗣经经验公式(1-15)计算法中，蔡嗣经[138-141]教授认为胶结充填体的强度与充填体的高度是一种半立方抛物线关系，如图 1-23 所示，对矿山充填体强度与充填体高度的实测数据进行回归分析也可得到类似结果。

$$R_c = \sqrt[3]{\frac{A}{H_a^2}} \tag{1-15}$$

式中，R_c 为充填体单轴抗压强度，MPa；H_a 为人工矿柱高度，m；A 为经验系数，取值为 $A = \begin{cases} 600, & H < 50m \\ 100, & H > 100m \end{cases}$。

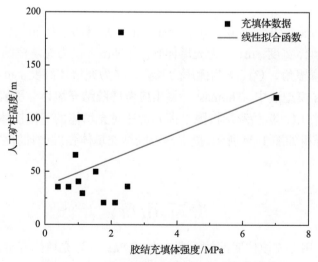

图 1-23 胶结充填体强度设计的经验曲线[138]

在安庆铜矿经验公式计算法[142]中，长沙矿山研究院联合铜陵有色金属（集团）公司和北京有色冶金设计研究总院进行了安庆铜矿 120m 高阶段大直径深孔强化开采与充填体稳定性试验研究，认为矿柱高阶段回采充填体的所需强度与充填体的暴露高度、充填体的宽度及长度有关。计算充填体内垂直应力的经验公式如式（1-16）所示。

$$\sigma_{\mathrm{F}} = \frac{10\gamma H}{3\left(1+\dfrac{H}{L}+\dfrac{W}{L}\right)}\tan\left(\frac{\pi}{2}-\frac{\varphi}{4}\right) \tag{1-16}$$

式中，σ_{F} 为作用在充填体底部的垂直应力，MPa；γ 为充填体容重，N/m³；L 为充填体长度，m；W 为充填体宽度，m；H 为充填体高度，m；φ 为内摩擦角，(°)。

目前国内充填体强度设计采用的经验公式侧重矿山工程实例，往往容易出现充填配比偏高的情况，会增加充填成本。

模型法是按开采与充填条件，将充填体抽象成一个力学模型，或是模拟缩小一个物理模型，从而推导出充填体所需要的强度。当前使用最广泛的有 Terzaghi 模型、Thomas 模型、Michell 模型和 Donavan 模型等。

在 Terzaghi 模型法中，根据胶结充填材料的物理力学结构特性与固结土的相似性，应用土力学的相关理论，最终提出了拱效应形成的相关条件[143]，设计强度计算如式（1-17）所示。

$$R_{\mathrm{c}} = \frac{Df(H)}{A} \tag{1-17}$$

式中，$A=kW^{-1}\tan\varphi$；$D=\gamma-CW^{-1}$；$f(H)=[1-\exp(-AL)]$；R_{c} 为充填体单轴抗压强度，MPa；W 为充填体宽度，m；γ 为充填体容重，N/m³；C 为充填体的黏聚力，MPa；φ 为充填体内摩擦角，(°)；k 为侧压力系数；H 为充填体高度，m。

在 Thomas 模型法中，Thomas[144]提出应考虑胶结充填体与围岩壁间的摩擦力所产生的成拱作用，然后利用极限平衡分析法对充填体的三维楔体进行稳定性分析，模型受力分析如图 1-24 所示，提出确定胶结充填体强度的计算公式如式（1-18）所示。

$$\sigma_{\mathrm{F}} = \frac{\gamma H}{1+(H/W)} \tag{1-18}$$

式中，σ_{F} 为作用在充填体底部的垂直应力，kPa；γ 为充填体容重，kN/m³；H 为充填体高度，m；W 为充填体宽度，m。

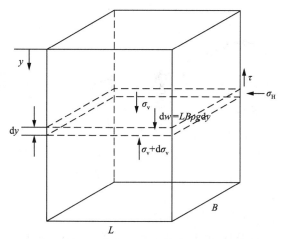

图 1-24 Terzaghi 模型的受力分析简图[144]

Thomas 模型法的适用范围是充填体的长度不小于充填体高度的 1/2，在加拿大、南非的矿山充填开采中得到成功应用。但是，Thomas 模型只考虑了充填体的几何尺寸和充填料浆的密度，没有考虑充填材料自身的强度特性，因此 Thomas 模型法得到的充填体强度要求过低。卢平[145]于 1992 年提出了修正模型，如式 (1-19) 所示。

$$\sigma_F = \frac{\gamma H}{(1-k)\left(\tan\alpha + \dfrac{2H}{w} \times \dfrac{C_1}{C}\sin\alpha\right)} \tag{1-19}$$

式中，k 为侧压力系数，$k=1-\sin\varphi_1$；C 为充填体的黏聚力，MPa；C_1 为围岩黏聚力，MPa；$\alpha=45°+\varphi/2$。

在 Michell 模型法中，Michell 等[146]认为膏体充填体的强度主要来源于充填材料中的胶凝材料的胶结作用，而对于充填体与矿壁间的摩擦力在长时间的跨度范围内可以忽略不计。这种方法的充填体强度设计值可以按式 (1-20) 计算。

$$\sigma = F_S \frac{(\gamma L - \sigma)\left(H_p - \dfrac{W}{2}\right)}{L}\sin 45° \tag{1-20}$$

式中，σ 为充填体强度设计值，MPa；γ 为充填体容重，N/m³；L 为充填体长度，m；W 为充填体宽度，m；F_S 为安全系数；H_p 为采空区顶板的变形深度，m。

在 Donavan 模型法中，Donavan 等[31]假设充填体垂直方向上的加载完全受控于顶板的位移变形。当在充填料浆灌注采空区前，矿壁围岩已经发生位移变形，则作用于充填体上最大荷载将小于顶板变形岩层重力，充填体强度设计计算见

式 (1-21)。

$$R_c = k_3 \left(\gamma H_p \right) F_S \tag{1-21}$$

式中，R_c 为充填体单轴抗压强度，MPa；k_3 为比例系数；γ 为充填体容重，N/m³；H_p 为采空区顶板的变形深度，m；F_S 为安全系数。

这四种国外具有代表性的力学模型法，其共同点是都是在对充填体与围岩的相互作用关系理解分析的基础上得到的，不同点是对于充填体在采空区的力学作用的理解不尽相同，因而推导或提出了基于不同充填体与围岩相互作用关系的强度设计方法。

此外，国内也有学者做了相关研究。刘志祥等[147]综合分析了国内外充填矿山的工程实践资料，并用分形维数来表征充填材料的级配特性，将矿体埋藏深度、矿体长度、矿体厚度、充填体暴露高度、充填体暴露面积及充填材料分形维数 6 个因素作为输入，充填体设计强度作为输出，并采用遗传算法，建立了充填体强度设计的神经网络知识库模型，并应用于三山岛金矿的充填体强度设计，指出随着开采深度的增大，充填体设计强度必须也增大；充填体侧向暴露面积越大，所要求的充填体强度越高。

刘光生[148]建立了各采场充填体拱应力的 H 维解析计算模型，得出了 H 维成拱状态下非胶结充填体-胶结充填体-采场围岩间的应力传递作用规律及接触力学边界表征方法，获得了采场充填体强度需求理论解的最优解析计算模型与方法，并建立了采场充填体"强度需求理论解-实际充填质量反馈-安全系数浮动选取-实际强度需求指标"的动态优化设计模型。

崔亮[149]从膏体充填体与围岩的相互作用关系入手，分析了金矿全尾砂膏体充填体在采空区的实际力学作用，建立了金矿膏体充填体三维力学模型，揭示了拱效应影响下充填体内部应力分布的一般规律，基于对全尾砂膏体充填体力学作用的分析，建立了金矿充填体内部应力预测的三维力学模型，并应用力学模型进行充填体强度设计。

陈玉宾[150]将充填体分为胶结层和尾砂充填体两部分进行研究，通过对无轨设备动荷载下充填体的作用机理和受力进行分析，参照路基路面工程中关于路基路面的设计原理，选取半正弦脉冲荷载来表示车辆荷载模型轮载的动态作用，运用弹性力学方法建立了相应的充填体强度模型，总结出无轨设备荷载下胶结充填体厚度的设计方法，并应用于大红山铜矿西矿段上向水平分层充填体的强度设计。

柯愈贤等[151]根据某深井开采矿山全尾砂充填体单轴压缩实验的应力-应变关系曲线，建立了全尾砂充填体峰值应力前的非线性本构模型。结合全尾砂充填体与深部围岩耦合作用下能量损耗相近的原则，得出了全尾砂充填体抗压强度设计公式。结果表明，深部开采全尾砂充填体强度指标与围岩原岩应力、弹性模量以及充填体本身的力学性能有关，采用非线性本构模型确定的全尾砂充填体强度指标比采用线性本构模型确定的强度指标更精确。

数值分析法是应用有限元法、边界元法或其他数值模拟方法来分析充填采场围岩的闭合、围岩中位移与应力的分布以及充填体中位移与应力的分布，从而预测出充填体所需的强度。

Li 等[152-156]基于三维模型，考虑充填体与侧壁界面处摩擦角的差异性，即对边界面摩擦角相同，邻边界面摩擦角不同，推导出了采场充填体应力的解析解，并采用数值模拟方法进行验证。

Falaknaz 等[157]采用数值模拟方法对两个相邻采场的应力分布进行研究。结果表明，充填体几何形状（大小和间距）、初始应力状态及充填料浆性质对两个采场中的应力分布均有明显影响。

Li 等[158]基于三维模型及拱理论，考虑充填体顶部超载、充填体内部孔隙水压力及非均匀竖向应力分布和孔隙水压力的综合影响，采用与 Terzaghi 相似的方法建立了采场充填体线性及非线性有效应力和总应力的解析解，并通过数值模拟验证其正确性。

亓中华等[159]以卧虎山铁矿为研究对象，运用理论分析和数值模拟技术，反演采场充填体的强度参数，确定采场跨度和高度为 12.5m 所需的充填体强度。采用工程类比法、数学模型和经验公式等理论方法，获得了每步开挖和不同充填体强度下采场的应力位移响应规律，确定了卧虎山矿安全开采的采场充填体强度范围为 1.5~2MPa。

对于煤矿充填体强度设计，主要也包括经验法、力学模型法和模拟分析法。经验法即以采矿地质条件相近煤矿的强度设计作为经验参考；力学模型法则是通过理论模型计算特定条件下充填体的力学性能需求，充填体荷载计算的理论主要有关键层理论、有效面积理论、压力拱理论和 Wilson 的两区约束理论[160,161]；模拟分析法则通过相似模拟或数值模拟确定满足岩层移动控制要求的充填体强度。

关键层理论认为，在采场上覆岩层中，存在相对坚硬岩层，其存在对于全部或局部的岩层移动起决定性作用，前者称为主关键层，后者为亚关键层。采场上覆岩层中的关键层有如下特征：相对于其他岩层较厚；相对于其他岩层弹性模量较大，强度较高；关键层下沉变形时其上覆全部或局部岩层的下沉量与关键层是同步协调的；关键层的破断将引起较大范围内的岩层移动；关键层破坏前以板（或简化为梁）的结构形式作为全部岩层或局部岩层的承载主体，断裂后若满足岩块结构的滑落-回转(sliding-rotation, S-R)稳定，则成为砌体梁结构，继续作为承载主体[162,163]。关键层的平板梁力学模型如图 1-25 所示，关键层上部受到的作用力为覆岩的自重应力，以均布载荷 q_0 代替，$q_0 = \gamma H$，其中 γ 为覆岩的平均容重；H 为关键层埋深；$2l$ 为关键层的长度；$p(x)$ 为关键层下部岩层对关键层的支承力。

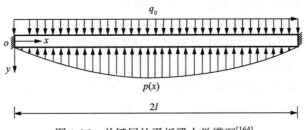

图 1-25　关键层的平板梁力学模型[164]

Wu 等[165]结合关键层理论和相似模拟试验，以抗压强度为研究参数，对煤矸石、粉煤灰和水泥组成的膏体充填材料进行了配比试验研究，得到了满足相应充实率的充填体强度和对应的材料配比。

Huang 等[166]基于关键层理论，分析了上覆岩层运动的不同阶段对于条带充填体的荷载以及基本顶和关键层的极限破断挠度，在给定载荷和控制充填体极限压缩量的条件下，给出了条带充填体的设计强度。早期强度于 3.3d 后不低于 0.05MPa，中期强度于 12.2d 后不低于 1.45MPa，后期强度于 25.3d 不低于 8.19MPa。设计条形充填体宽度与非填充区宽度的合适比例为 1.8∶1～2∶1。结合材料配比和力学试验，给出了充填材料的最佳配比。工作面推进过程中没有明显的压力显现。地表下沉量从最初的 700～750mm 减小到 30mm。

Hou 等[161]根据充填体自立和支撑顶板荷载要求确定充填体的早期强度为 0.13MPa，并根据有效面积理论计算了充填体荷载，并根据 Bieniawski 等[167]提出的宽高比计算公式将充填体荷载转换为实验室充填体强度，设计充填体的设计强度应不小于 2MPa。Meng 等[168]根据有效面积理论和 Bieniawski 公式计算了充填体的后期强度应大于 2.62MPa，现场应用的最大下沉量为 77mm。

此外，邓雪杰等[169]围绕煤矿采空区充实率控制导向的胶结充填体强度需求这一主题，通过实验室试验和理论分析等方法，实测得出充填体所处埋深、压缩率和充填体设计强度三维的耦合关系，如图 1-26 所示，形成不同开采深度条件下胶结充填体设计强度和充实率的数学表征方法，建立了胶结充填采空区充实率的数学表征模型；并将充实率表征模型应用于控制顶板下沉、导水裂隙和地表沉陷多种应用场景，形成了目标充实率控制导向的胶结充填体强度需求设计方法。

综上可知，胶结充填体性能需求设计是一个至关重要的环节，尽管已经有很多研究，在金属矿山或者其他非煤矿山已发展出成熟系统的充填体性能设计方法，而在煤矿充填开采领域，充填材料在不同充填区域的尺度和规模更大，充填

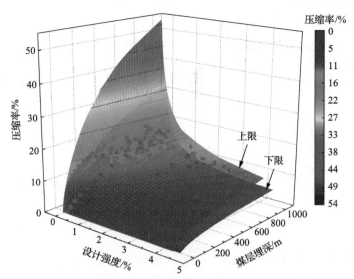

图 1-26　不同开采深度条件下胶结充填体的强度和压缩率表征模型

效率也要求更高，成本控制也更严格。而当前煤矿充填开采的性能设计方法在一定程度上欠缺全面系统的考虑，还没有形成有效的全周期充填体性能需求设计方法。另外，目前国内充填体强度设计多采用经验公式或现有的力学模型，往往容易出现充填配比偏高的情况，会增加充填成本。因此，煤矿胶结充填体全周期性能需求及其设计需要进行进一步深入研究。

参 考 文 献

[1] 钱鸣高. 煤炭的科学开采[J]. 煤炭学报, 2010, 35(4): 529-534.

[2] 张吉雄. 矸石直接充填综采岩层移动控制及其应用研究[D]. 徐州: 中国矿业大学, 2008.

[3] 张强, 王云博, 张吉雄, 等. 煤矿固体智能充填开采方法研究[J]. 煤炭学报, 2022, 47(7): 2546-2556.

[4] 吴少康, 张俊文, 徐佑林, 等. 煤矿高水充填材料物理力学特性研究及工程应用[J]. 采矿与安全工程学报, 2023, 40(4): 754-763.

[5] 邓雪杰, 刘浩, 张吉雄, 等. 煤矿微生物诱导碳酸钙沉积胶结充填开采技术研究[J]. 矿业科学学报, 2023, 8(4): 439-451.

[6] 杨柳华, 高炀, 尹升华, 等. 基于 PVM 技术的充填膏体搅拌过程细观结构演化[J]. 煤炭学报, 2023, 48(S1): 325-333.

[7] 李杨, 杨宝贵. 我国现代煤矿充填技术发展及其分类[J]. 煤矿开采, 2011, 16(5): 1-4.

[8] 祝丽萍, 倪文, 张旭芳, 等. 赤泥-矿渣-水泥基全尾砂胶结充填料的性能与微观结构[J]. 北京科技大学学报, 2010, 32(7): 838-842.

[9] 张吉雄, 周楠, 高峰, 等. 煤矿开采嗣后空间矸石注浆充填方法[J]. 煤炭学报, 2023, 48(1): 150-162.

[10] 徐良骥, 张坤, 刘潇鹏, 等. 离层注浆开采关键层变形特征及地表沉陷控制效应[J]. 煤炭学报, 2023, 48(2): 931-942.

[11] 杨科, 魏祯, 赵新元, 等. 黄河流域煤电基地固废井下绿色充填开采理论与技术[J]. 煤炭学报, 2021, 46(S2):

925-935.

[12] 伍永平, 皇甫靖宇, 王红伟, 等. 大倾角走向长壁工作面局部充填无煤柱开采理论与技术[J]. 煤炭学报, 2024, 49(1): 280-297.

[13] 李亮, 黄庆享, 惠博, 等. 矸石流态化充填冒落区四级分区模型研究[J]. 采矿与安全工程学报, 2023, 40(1): 11-16.

[14] 周楠, 李泽君, 张吉雄, 等. 采区坚硬岩层动力灾害致灾能量演化及充填弱化机理研究[J]. 采矿与安全工程学报, 2023, 40(5): 1078-1091.

[15] 许家林, 轩大洋, 朱卫兵, 等. 部分充填采煤技术的研究与实践[J]. 煤炭学报, 2015, 40(6): 1303-1312.

[16] 程海勇, 吴爱祥, 吴顺川, 等. 金属矿山固废充填研究现状与发展趋势[J]. 工程科学学报, 2022, 44(1): 11-25.

[17] 王湃, 刘卓, 加波, 等. 基于 ERT 技术的矿山充填管道堵塞三维可视化检测方法[J]. 煤炭学报, 2023, 48(6): 2465-2474.

[18] 朱磊, 古文哲, 宋天奇, 等. 采空区煤矸石浆体充填技术研究进展与展望[J]. 煤炭科学技术, 2023, 51(2): 143-154.

[19] 张吉雄, 巨峰, 李猛, 等. 煤矿矸石井下分选协同原位充填开采方法[J]. 煤炭学报, 2020, 45(1): 131-140.

[20] Hu K, Kemeny J. A fracture mechanics analysis of the effect of backfill on the stability of cut and fill mine workings[J]. International Journal of Rock Mechanics and Mining Sciences & Geomechanics Abstracts, Pergamon, 1994, 31(3): 231-241.

[21] 张海波, 宋卫东. 评述国内外充填采矿技术发展现状[J]. 中国矿业, 2009, 18(12): 59-62.

[22] Palarski J. The experimental and practical results of applying backfill[M]//Innovations in Mining Backfill Technology. Boca Raton: CRC Press, 2021: 33-37.

[23] Fall M, Benzaazoua M, Ouellet S. Experimental characterization of the influence of tailings fineness and density on the quality of cemented paste backfill[J]. Minerals Engineering, 2004, 18(1): 41-44.

[24] Amaratunga L. Cold-bond agglomeration of reactive pyrrhotite tailings for backfill using low cost binders: Gypsum β-hemihydrate and cement[J]. Minerals Engineering, 1995, 8(12): 1455-1465.

[25] 朱川曲, 周泽, 李青锋, 等. 矸石充填材料压缩力学特性试验研究[J]. 湖南科技大学学报(自然科学版), 2015, 30(4): 1-6.

[26] 陈隆金. 波兰有色矿山的水砂充填技术[J]. 有色金属(矿山部分), 1982, (6): 52-55.

[27] 吴友逢, 张贵银, 孙路, 等. 矸石胶结充填材料配比实验研究与应用[J]. 煤炭技术, 2015, 34(8): 14-16.

[28] Kashir M, Yanful E K. Compatibility of slurry wall backfill soils with acid mine drainage[J]. Advances in Environmental Research, 2000, 4(3): 251-268.

[29] 矿兵. 胶结充填采矿法在加拿大的应用[J]. 有色金属(采矿部分), 1975, (6): 65-67, 26.

[30] Přikryl R, Ryndová T, Boháč J, et al. Microstructures and physical properties of "backfill" clays: Comparison of residual and sedimentary montmorillonite clays[J]. Applied Clay Science, 2003, 23(1-4): 149-156.

[31] Donovan J G, Karfakis M G. Design of backfilled thin-seam coal pillars using earth pressure theory[J]. Geotechnical and Geological Engineering, 2004, 22(4): 627-642.

[32] 刘同有. 充填采矿技术与应用[M]. 北京: 冶金工业出版社, 2001.

[33] Benzaazoua M, Belem T, Bussière B. Chemical factors that influence the performance of mine sulphidic paste backfill[J]. Cement and Concrete Research, 2002, 32(7): 1133-1144.

[34] 张世雄, 王福寿, 胡建华, 等. 充填体变形对建筑物影响的有限元极限分析[J]. 武汉理工大学学报, 2002, (5): 71-74.

[35] Huang Y C, Feng R M, Wang H P, et al. The coal mining mode of paste-like fill and its application prospects[J].

Advanced Materials Research, 2011, 1279(255-260): 3744-3748.

[36] Yu C H, Heng H S. Experimental study on the mechanical properties of paste-like fill material[J]. Journal of China University of Mining & Technology, 2004, 14(2): 107-110.

[37] Kesimal A, Ercikdi B, Yilmaz E. The effect of desliming by sedimentation on paste backfill performance[J]. Minerals Engineering, 2003, 16(10): 1009-1011.

[38] Fall M, Samb S S. Effect of high temperature on strength and microstructural properties of cemented paste backfill[J]. Fire Safety Journal, 2008, 44(4): 642-651.

[39] Skeeles B. Design of paste backfill plant and distribution system for the Cannington project[J]. Australasian Institute of Mining and Metallurgy, 1998, 98(1): 59-63.

[40] 李开文. 对我国铀矿山应用干式充填采矿法的评价[J]. 中国矿业, 1993, (1): 47-54.

[41] 于亦亮, 庞曰宏, 郭斯旭. 召口分矿废石干式充填方法的应用[J]. 有色金属(矿山部分), 2003, (1): 11-12.

[42] 勒治华, 于庆磊, 郑浩田, 等. 侧限条件下充填散体与岩柱相互作用机理[J]. 东北大学学报(自然科学版), 2021, 42(1): 124-130.

[43] 黎学勤. 干式充填法在厚婆坳锡矿的应用[J]. 有色金属(矿山部分), 1993, (1): 7-10.

[44] 刘建功, 李新旺, 何团. 我国煤矿充填开采应用现状与发展[J]. 煤炭学报, 2020, 45(1): 141-150.

[45] 余斌. 水砂充填砂浆制备与输送技术新进展[J]. 中国矿业, 1994, (6): 37-41.

[46] 胡炳南. 我国煤矿充填开采技术及其发展趋势[J]. 煤炭科学技术, 2012, 40(11): 1-5, 18.

[47] 于润沧. 料浆浓度对细砂胶结充填的影响[J]. 有色金属, 1984, (2): 6-11.

[48] 王小卫. 影响金川矿山细砂胶结充填体质量的因素分析[J]. 中国矿业, 1999, (1): 36-40.

[49] 冯圣杰, 李胜辉, 韩汉, 等. 钢渣基固结粉充填胶凝材料开发与应用研究[J]. 矿业研究与开发, 2021, 41(5): 44-48.

[50] 王新民, 胡家国, 王泽群. 粉煤灰细砂胶结充填应用技术的研究[J]. 矿业研究与开发, 2001, (3): 4-6.

[51] 刘大荣, 黄燮中. 全尾砂膏体泵送充填及其在格隆德矿的应用与发展[J]. 有色矿山, 1990, (2): 1-12.

[52] 杨根祥. 全尾砂胶结充填技术的现状及其发展[J]. 中国矿业, 1995, (2): 40-45.

[53] 缪协兴, 巨峰, 黄艳利, 等. 充填采煤理论与技术的新进展及展望[J]. 中国矿业大学学报, 2015, 44(3): 391-399, 429.

[54] 姜德义, 蒋再文, 刘新荣, 等. 覆岩离层注浆控制沉降技术及计算模型[J]. 重庆大学学报(自然科学版), 2000, (3): 54-56, 61.

[55] 徐乃忠, 张玉卓. 覆岩离层注浆控制地表沉陷技术的应用[J]. 煤炭科学技术, 2000, (9): 1-3.

[56] 王志强, 郭晓菲, 高运, 等. 华丰煤矿覆岩离层注浆减沉技术研究[J]. 岩石力学与工程学报, 2014, 33(S1): 3249-3255.

[57] 周华强, 侯朝炯, 王承焕. 高水充填材料的研究与应用[J]. 煤炭学报, 1992, (1): 25-36.

[58] 冯光明, 孙春东, 王成真, 等. 超高水材料采空区充填方法研究[J]. 煤炭学报, 2010, 35(12): 1963-1968.

[59] 冯光明. 超高水充填材料及其充填开采技术研究与应用[D]. 徐州: 中国矿业大学, 2009.

[60] 孙晓光, 周华强, 王光伟. 固体废物膏体充填岩层控制的数值模拟研究[J]. 采矿与安全工程学报, 2007, (1): 117-121, 126.

[61] 周华强, 侯朝炯, 孙希奎, 等. 固体废物膏体充填不迁村采煤[J]. 中国矿业大学学报, 2004, (2): 30-34, 53.

[62] 常庆粮, 周华强, 柏建彪, 等. 膏体充填开采覆岩稳定性研究与实践[J]. 采矿与安全工程学报, 2011, 28(2): 279-282.

[63] 杨宝贵, 王俊涛, 李永亮, 等. 煤矿井下高浓度胶结充填开采技术[J]. 煤炭科学技术, 2013, 41(8): 22-26.

[64] 黄玉诚, 孙, 时召兵, 韩凤馨, 等. 似膏体充填建筑物下采煤可行性探讨[J]. 煤炭科学技术, 2003, (10): 51-53, 39.

[65] 王新民, 龚正国, 张传恕, 等. 似膏体自流充填工艺在孙村煤矿的应用[J]. 矿业研究与开发, 2008, (2): 10-13.

[66] 缪协兴. 综合机械化固体充填采煤技术研究进展[J]. 煤炭学报, 2012, 37(8): 1247-1255.

[67] 黄艳利, 张吉雄, 杜杰. 综合机械化固体充填采煤的充填体时间相关特性研究[J]. 中国矿业大学学报, 2012, 41(5): 697-701.

[68] 缪协兴, 张吉雄, 郭广礼. 综合机械化固体充填采煤方法与技术研究[J]. 煤炭学报, 2010, 35(1): 1-6.

[69] 屠世浩, 郝定溢, 李文龙, 等. "采选充+X"一体化矿井选择性开采理论与技术体系构建[J]. 采矿与安全工程学报, 2020, 37(1): 81-92.

[70] 张吉雄, 张强, 巨峰, 等. 煤矿"采选充+X"绿色化开采技术体系与工程实践[J]. 煤炭学报, 2019, 44(1): 64-73.

[71] 何琪. 煤矿井下采选充采一体化关键技术研究[D]. 徐州: 中国矿业大学, 2014.

[72] 中华人民共和国住房和城乡建设部. GB/T 50080—2016 普通混凝土拌合物性能试验方法标准[S]. 北京: 中国建筑工业出版社, 2017.

[73] 中华人民共和国住房和城乡建设部, 国家市场监督管理总局. GB/T 50081—2019 混凝土物理力学性能试验方法标准[S]. 北京: 中国建筑出版社, 2019.

[74] 许茜, 王彦明, 张雯超. 基于正交试验的充填体力学及微观特性研究[J]. 采矿与岩层控制工程学报, 2022, 4(6): 90-98.

[75] 金明乾, 尹胜波. 厚煤层沿顶掘进巷道袋式充填顶板支护技术研究[J]. 煤炭科学技术, 2021, 49(7): 51-56.

[76] 赵有生. 新阳煤矿高浓度胶结充填料浆输送特性研究[D]. 北京: 中国矿业大学(北京), 2014.

[77] 孙光华, 王玥, 任伟成. 胶结充填技术在金属矿山中的应用现状与发展趋势[J]. 有色金属(矿山部分), 2022, 74(4): 26-33.

[78] 王成真, 冯光明. 陶一矿超高水材料采空区充填减沉效果分析[J]. 能源技术与管理, 2011, (1): 73-75, 86.

[79] 陈恒梁, 刘勇. 高水速凝材料在薄煤层开采中的应用[J]. 煤炭技术, 2014, 33(8): 135-137.

[80] 赵才智. 煤矿新型膏体充填材料性能及其应用研究[D]. 徐州: 中国矿业大学, 2008.

[81] 郝宇鑫, 黄玉诚, 李育松, 等. 矸石似膏体充填料浆临界流速影响因素研究[J]. 煤炭工程, 2022, 54(4): 128-133.

[82] 刘鹏亮, 张华兴, 崔锋, 等. 风积砂似膏体机械化充填保水采煤技术与实践[J]. 煤炭学报, 2017, 42(1): 118-126.

[83] 于海涛. 赤泥胶结充填在煤矿中应用可行性分析研究[D]. 阜新: 辽宁工程技术大学, 2011.

[84] 李强. 露天煤矿废石胶结充填体动静态力学特性及破坏机制研究[D]. 徐州: 中国矿业大学, 2022.

[85] Kou Y P, Deng Y C, Tan Y Y, et al. Hydration characteristics and early strength evolution of classified fine tailings cemented backfill[J]. Materials, 2023, 16(3): 963.

[86] 寇云鹏, 郭沫川, 谭玉叶, 等. 分级细尾砂胶结充填体早期水化放热及强度演化特性[J]. 工程科学学报, 2023, 45(8): 1293-1303.

[87] 张盛友, 孙伟, 李金鑫. 基于逐步回归分析法的炉渣-水泥-全尾砂胶结充填体强度影响分析[J]. 硅酸盐通报, 2020, 39(12): 3866-3873, 3880.

[88] 常悦, 赵志云, 王向玲, 等. 矿渣-粉煤灰基胶凝材料性能调控及其在铅锌矿尾砂胶结充填中的应用[J]. 有色金属工程, 2023, 13(4): 93-101.

[89] 李杰林, 李奥, 郝建璋, 等. 提钛炉渣-铁基全尾砂-水泥胶结充填体配比实验研究[J]. 矿业科学学报, 2023, 8(6): 838-846.

[90] 张攀科, 孙伟, 文瑶, 等. 低活性冶炼渣-全尾砂胶结充填体强度特征分析[J]. 昆明理工大学学报(自然科学版), 2024, 49(5): 59-67, 118.

[91] 尹升华, 曹永, 吴爱祥, 等. 玻璃纤维增强含硫尾砂胶结充填体的力学及流动性能研究[J]. 材料导报, 2023,

37(13): 246-252.

[92] 张龙, 付玉华, 管华栋, 等. 掺聚丙烯纤维尾砂充填体损伤及能量演化特征[J]. 有色金属工程, 2023, 13(9): 130-138.

[93] 魏姗, 丁明磊. 盐卤腐蚀环境中胶结充填体的强度演化与细观损伤机理[J]. 矿业研究与开发, 2023, 43(12): 112-117.

[94] 宋学朋, 樊博文, 王石, 等. 动态荷载作用后尾砂胶结充填体再承载力学特性研究[J]. 煤炭学报, 2024, 49(12): 4785-4797.

[95] 周爱民. 基于工业生态学的矿山充填模式与技术[D]. 长沙: 中南大学, 2004.

[96] 刘树龙, 王贻明, 吴爱祥, 等. 赤泥复合充填材料浸出行为及固化机制[J]. 复合材料学报, 2023, 40(12): 6729-6739.

[97] 皇志威, 苏向东, 张建刚, 等. 赤泥-磷石膏复合材料中重金属浸出研究[J]. 无机盐工业, 2022, 54(10): 133-140.

[98] 石英, 闵洁, 童森森, 等. 赤泥对磷石膏生物胶结的充填性能影响研究[J]. 安全与环境学报, 2024, 24(1): 302-311.

[99] 游少洋, 黄杰, 马吉庆, 等. 煤矿井用赤泥/粉煤灰充填材料的抗压抗折性能研究[J]. 矿产保护与利用, 2023, 43(1): 148-154.

[100] 刘建功, 陈勇. 膏体注浆补强固体充填技术研究与应用[J]. 中国矿业, 2019, 28(S1): 146-149.

[101] 常庆粮, 袁崇亮, 王永忠, 等. 膏体充填综采台阶煤壁稳定性半凸力学分析[J]. 中国矿业大学学报, 2022, 51(1): 46-55.

[102] 华心祝, 常贯峰, 刘啸, 等. 多源煤基固废充填体强度演化规律及声发射特征[J]. 岩石力学与工程学报, 2022, 41(8): 1536-1551.

[103] 王晓勇, 王艳俊. 梁家煤矿似膏体连采连充技术及工程实践[J]. 煤炭技术, 2023, 42(3): 101-106.

[104] 梁志强. 新型矿山充填胶凝材料的研究与应用综述[J]. 金属矿山, 2015(6): 164-170.

[105] 冯光明, 丁玉, 朱红菊, 等. 矿用超高水充填材料及其结构的实验研究[J]. 中国矿业大学学报, 2010, 39(6): 813-819.

[106] 孙恒虎, 刘晓明, 田艳光, 等. 矿山充填技术回顾与进展展望[J]. 采矿技术, 2013, 13(5): 7-11.

[107] 刘树江, 石建新, 王苇, 等. 高水膨胀材料充填采煤试验研究[J]. 煤炭科学技术, 2011, 39(6): 21-25.

[108] 侯进京, 张友明, 李志峰. 煤矿高水填充系统自动化改造方案[J]. 工矿自动化, 2012, 38(7): 80-84.

[109] 颜丙双, 胡炳南, 黄晋兵. 王台铺煤矿高水膨胀材料充填管路布置研究[J]. 煤矿开采, 2013, 18(1): 61-65.

[110] 张新国, 江兴元, 江宁. 田庄煤矿超高水材料充填开采技术的研究及应用[J]. 矿业研究与开发, 2012, 32(6): 35-39.

[111] 任帅, 王方田, 李少涛. 深部煤层超高水充填开采采动控制效果研究[J]. 矿业研究与开发, 2021, 41(5): 11-16.

[112] 任帅, 余国锋. 超高水充填开采冲击地压防控效果研究[J]. 矿业研究与开发, 2022, 42(6): 74-78.

[113] Durand R J. Basic relationships of the transportation of solids in pipes-experimental research[C]//Proceedings IAHR 5th Congress, 1953: 89-103.

[114] Newitt D M. Hydraulic conveying of solids in horizontal pipes[J]. Transactions of the Institution of Chemical Engineers, 1955.

[115] 李立涛, 陈得信, 高谦. 基于质量分数垂线分布的粗骨料充填料浆特性表征[J]. 中南大学学报(自然科学版), 2020, 51(1): 176-183.

[116] 戴继岚. 管道中具有推移层的两相流动[D]. 北京: 清华大学, 1985.

[117] 倪晋仁, 王光谦, 张红武. 两相流基本理论及其最新应用[M]. 北京: 科学出版社, 1989.

[118] 倪晋仁. 固液两相流基本理论及其最新应用[M]. 北京: 科学出版社, 1991.

[119] Wasp E J, Kenny J P, Gandhi R L. Solid-liquid flow: slurry pipeline transportation.[Pumps, valves, mechanical equipment, economics][J]. Ser Bulk Mater Handl(United States), 1977, 1(4).

[120] 倪晋仁, 周东火. 低浓度固液两相流中泥沙垂直分布的摄动理论解释[J]. 水利学报, 1999, (5): 2-6.

[121] 张兴荣. 高浓度浆体在管道输送中水流结构及运动机理的研究[J]. 水力采煤与管道运输, 1997, (4): 20-28, 56.

[122] 白晓宁, 胡寿根. 浆体管道的阻力特性及其影响因素分析[J]. 流体机械, 2000, (11): 26-29, 11-23.

[123] Wilson K C, Addie G R, Sellgren A, et al. Slurry Transport Using Centrifugal Pumps[M]. Berlin: Springer, 2016: 187.

[124] Matoušek V. Research developments in pipeline transport of settling slurries[J]. Powder Technology, 2005, 156(1): 43-51.

[125] 费祥俊. 浆体与粒状物料输送水力学[M]. 北京: 清华大学出版社, 1994.

[126] 曹斌, 夏建新, 黑鹏飞, 等. 管道水力输送的粗颗粒运动状态变化及其临界条件[J]. 泥沙研究, 2012, (4): 38-45.

[127] 何哲祥. 高浓度充填料浆管道挤压输送理论与应用研究[D]. 长沙: 中南大学, 2008.

[128] Kaushal D R, Thinglas T, Tomita Y, et al. CFD modeling for pipeline flow of fine particles at high concentration[J]. International Journal of Multiphase Flow, 2012, 43: 85-100.

[129] Lahiri S K, Ghanta K C. Prediction of pressure drop of slurry flow in pipeline by hybrid support vector regression and genetic algorithm model[J]. Chinese Journal of Chemical Engineering, 2008, 16(6): 841-848.

[130] 秦宏波, 白晓宁, 胡寿根. 基于 CFD 的管道固液两相流体输送的数值计算及实验对比[J]. 水力采煤与管道运输, 2001, (2): 3-6, 48.

[131] 石宏伟, 黄吉荣, 乔登攀, 等. 基于 ANSYS FLUENT 的超深井长距离膏体充填管道输送模拟研究[J]. 有色金属(矿山部分), 2020, 72(2): 5-12.

[132] 杨捷. 煤矿高浓度胶结充填料浆矸石颗粒悬浮性研究[D]. 北京: 中国矿业大学(北京), 2019.

[133] 颜丙恒, 李翠平, 吴爱祥, 等. 膏体料浆管道输送中粗颗粒迁移的影响因素分析[J]. 中国有色金属学报, 2018, 28(10): 2143-2153.

[134] 梁新民, 王怀勇, 江国建, 等. 高浓度全尾砂充填料浆流变特性及管路输送沿程阻力损失研究[J]. 中国矿山工程, 2022, 51(3): 47-53.

[135] 邓代强, 朱永建, 王发芝, 等. 充填料浆长距离管道输送数值模拟[J]. 安徽大学学报(自然科学版), 2012, 36(6): 36-43.

[136] 王忠昶, 王彦文, 夏洪春. 不同角度弯管输送料浆不淤流速的研究[J]. 矿冶工程, 2022, 42(3): 41-45.

[137] 张修香, 乔登攀. 粗骨料高浓度充填料浆的管道输送模拟及试验[J]. 中国有色金属学报, 2015, 25(1): 258-266.

[138] 蔡嗣经. 胶结充填材料的强度特性与强度设计(Ⅰ): 胶结充填体的强度设计[J]. 南方冶金学院学报, 1985, (3): 39-46.

[139] 蔡嗣经. 胶结充填材料的强度特性与强度设计(Ⅱ): 胶结充填体强度设计的几个理论模型[J]. 南方冶金学院学报, 1985, (4): 12-21.

[140] 蔡嗣经. 胶结充填材料的强度特性与强度设计(Ⅲ): 胶结充填材料的强度特性[J]. 南方冶金学院学报, 1986, (2): 15-23.

[141] 蔡嗣经. 胶结充填材料的强度特性与强度设计(Ⅳ): 提高胶结充填材料强度特性的途径[J]. 南方冶金学院学

报, 1986, (Z1): 12-21.

[142] 李爱兵, 周先明. 安庆铜矿高阶段回采充填体-矿体-岩体稳定性的有限元分析[J]. 矿业研究与开发, 2000, (1): 19-21.

[143] Terzaghi K. Theoretical Soil Mechanics[M]. Hoboken: John Wiley & Sons, 1943.

[144] Thomas E G. Fill Technology in Underground Metalliferous Mines[M]. Kingston: International Academic Services, 1979.

[145] 卢平. 确定胶结充填体强度的理论与实践[J]. 黄金, 1992, (3): 14-19.

[146] Michell R J, Olsen R S, Smith J D. Model studies on cemented tailings used in mine backfill[J]. Canadian Geotechnical Journal, 1982, 19(1): 14-28.

[147] 刘志祥, 周士霖. 充填体强度设计知识库模型[J]. 湖南科技大学学报(自然科学版), 2012, 27(2): 7-12.

[148] 刘光生. 充填体与围岩接触成拱作用机理及强度模型研究[D]. 北京: 北京科技大学, 2017.

[149] 崔亮. Mouska 金矿充填体内部应力分布及强度设计研究[D]. 北京: 中国矿业大学(北京), 2013.

[150] 陈玉宾. 上向分层充填体强度模型及应用[D]. 昆明: 昆明理工大学, 2014.

[151] 柯愈贤, 王新民, 张钦礼, 等. 基于全尾砂充填体非线性本构模型的深井充填强度指标[J]. 东北大学学报(自然科学版), 2017, 38(2): 280-283.

[152] Li L, Dubé J S, Aubertin M. An extension of marston's solution for the stresses in backfilled trenches with inclined walls[J]. Geotechnical and Geological Engineering, 2013, 31(4): 1027-1039.

[153] Li L, Aubertin M, Belem T. Formulation of a three dimensional analytical solution to evaluate stresses in backfilled vertical narrow openings[J]. Canadian Geotechnical Journal, 2005, 42(6): 1705-1717.

[154] Li L L, Aubertin M A. An improved analytical solution to estimate the stress state in subvertical backfilled stopes[J]. Canadian Geotechnical Journal, 2008, 45(10): 1487-1496.

[155] Li L, Aubertin M. A three-dimensional analysis of the total and effective stresses in submerged backfilled stopes[J]. Geotechnical and Geological Engineering, 2009, 27(4): 559-569.

[156] Li L, Aubertin M. An analytical solution for the nonlinear distribution of effective and total stresses in vertical backfilled stopes[J]. Geomechanics and Geoengineering, 2010, 5(4): 237-245.

[157] Falaknaz N, Aubertin M, Li L. Numerical analyses of the stress state in two neighboring stopes excavated and backfilled in sequence[J]. International Journal of Geomechanics, 2015, 15(6): 04015005.

[158] Li L, Aubertin M. Influence of water pressure on the stress state in stopes with cohesionless backfill[J]. Geotechnical and Geological Engineering, 2009, 27(1): 1-11.

[159] 亓中华, 张纪伟, 胡建华, 等. 卧虎山矿充填体强度参数的反演计算与数值模拟[J]. 矿业研究与开发, 2018, 38(11): 26-30.

[160] 缪协兴, 钱鸣高. 采动岩体的关键层理论研究新进展[J]. 中国矿业大学学报, 2000, (1): 25-29.

[161] Hou J L, Chuiyu L, Lin Y, et al. Study on green filling mining technology and its application in deep coal mines: A case study in the Xieqiao coal mine[J]. Frontiers in Earth Science, 2023, 10: 1110093.

[162] 钱鸣高, 缪协兴, 许家林. 岩层控制中的关键层理论研究[J]. 煤炭学报, 1996, (3): 2-7.

[163] 钱鸣高, 缪协兴, 何富连. 采场"砌体梁"结构的关键块分析[J]. 煤炭学报, 1994, (6): 557-563.

[164] 张吉雄, 李剑, 安泰龙, 等. 矸石充填综采覆岩关键层变形特征研究[J]. 煤炭学报, 2010, 35(3): 357-362.

[165] Wu P F, Zhao J, Jin J. Similar simulation of overburden movement characteristics under paste filling mining conditions[J]. Scientific Reports, 2023, 13(1): 12550.

[166] Huang W, Song T, Li H, et al. Design of key parameters for strip-filling structures using cemented gangue in goaf—A case study[J]. Sustainability, 2023, 15(6): 4698.

[167] Bieniawski Z T, van Heerden W L. The significance of in situ tests on large rock specimens[J]. International Journal of Rock Mechanics and Mining Sciences & Geomechanics Abstracts, Pergamon, 1975, 12(4): 101-103.

[168] Meng Z X, Dong Y, Zhang X, et al. Short-wall paste continuous mining and continuous backfilling for controlling industrial square surface subsidence[J]. Frontiers in Earth Science, 2023, 10:1009617 .

[169] 邓雪杰, 刘浩, 王家臣, 等. 煤矿采空区充实率控制导向的胶结充填体强度需求[J]. 煤炭学报, 2022, 47(12): 4250-4264.

第2章　煤矿胶结充填材料输送与力学性能

2.1　试验材料与主要设备

2.1.1　试验材料

煤矿胶结充填材料多以煤矸石作为充填骨料，掺入水泥、粉煤灰和添加剂，加水按照特定配比进行拌和形成具有一定流动性的料浆。原材料如图 2-1 所示，本章原材料来源见表 2-1。

水泥　　　　　　　　　　　　粉煤灰　　　　　　　　　　　　煤矸石

图 2-1　胶结充填原材料

表 2-1　胶结充填原材料

材料类型	原材料	产地
粗骨料	煤矸石粒径≤15mm	唐山某矿洗煤厂
细骨料	粉煤灰	唐山某电厂
胶凝材料	PO42.5R 普通硅酸盐水泥	金隅冀东水泥（唐山）
水	普通自来水	开滦集团技术中心

1. 煤矸石

将煤矸石破碎筛分成粒径小于 15mm 的颗粒作为充填骨料。对煤矸石进行物理性质测试，其堆积密度为 2.218g/cm^3，真密度为 2.808g/cm^3，孔隙率为 0.21。通过 X 射线衍射（X-ray diffraction, XRD）分析可得化学成分和矿物成分如图 2-2(a)所示，煤矸石粒径级配见图 2-2(e)。

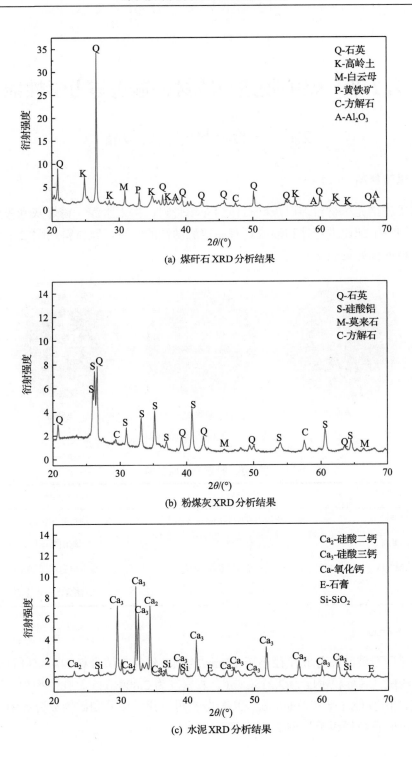

(a) 煤矸石 XRD 分析结果

(b) 粉煤灰 XRD 分析结果

(c) 水泥 XRD 分析结果

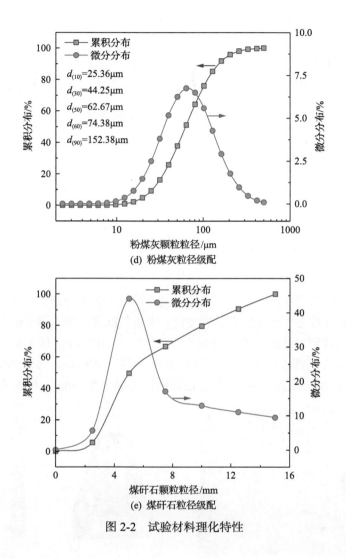

(d) 粉煤灰粒径级配

(e) 煤矸石粒径级配

图 2-2　试验材料理化特性

2. 粉煤灰

试验用粉煤灰含水率为 0.76%，堆积密度为 0.861g/cm³，通过激光粒度分析仪得到的粒径级配如图 2-2(d)所示。通过 X 射线衍射分析得到其主要化学成分为石英和硅酸铝，如图 2-2(b)所示。

3. 添加剂

试验用添加剂是一种新型高分子材料。其固体形态为白色粉末，溶于水后为透明液体，其主要作用是调节料浆流动状态。

4. 水泥

试验所用水泥来自金隅冀东水泥有限责任公司的 PO42.5R 普通硅酸盐水泥。主要性能指标及 XRD 分析结果如表 2-2 和图 2-2(c) 所示。

表 2-2　PO42.5R 普通硅酸盐水泥指标

SO₃ 质量分数/%	烧失量/%	MgO 质量分数/%	离子含量/%	比表面积	凝结时间/min		抗压强度/MPa		抗折强度/MPa	
					初凝	终凝	3d	28d	3d	28d
≤3.5	≤5.0	≤5.0	≤0.06	≥350	≥45	≤390	≥32.8	≥62.5	≥6.0	≥8.6

2.1.2　主要设备

1. 流动性试验主要设备

1) 坍落度与扩展度试验

坍落度试验参照混凝土行业标准《混凝土坍落度仪》(JG/T 248—2009) 中的相关规定,主要设备为坍落度仪和扩展度仪、水平气泡仪、钢尺等(图 2-3)。扩展度仪的底板为不锈钢材质的光滑正方形平板,边长为 1000mm,最大挠度小于 3mm,在平板表面标有坍落度筒的中心位置和直径分别为 500mm、600mm、700mm、800mm 以及 900mm 的同心圆。所选用的钢尺量程为 800mm,精度为 1mm。

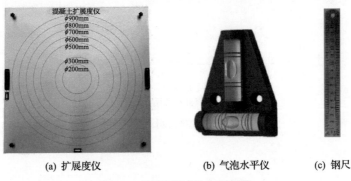

(a) 扩展度仪　　　　　　　　(b) 气泡水平仪　　　　　　(c) 钢尺

图 2-3　扩展度试验主要仪器

2) 泌水率试验

泌水率试验的主要试验仪器包括烧杯、胶头滴管以及电子天平(图 2-4)。所用烧杯的容量为 500mL,电子天平的型号为 MTQ300D,最大量程为 300g,精度为 0.001g。

3) 料浆沉降试验

沉降试验主要使用沉降柱完成,沉降柱柱身内径 68mm,高 260mm,顶部为边长 100mm、高 30mm 的正方形凹槽托盘，用于防止装料时料浆外漏，如图 2-5(a)所示。

图 2-4 泌水率试验主要仪器

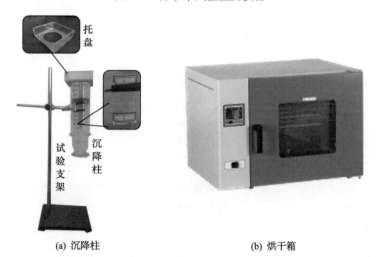

(a) 沉降柱   (b) 烘干箱

图 2-5 沉降试验主要设备

4) 流变试验

流变参数测试的主要仪器为安东帕(Anton Paar)公司生产的 Rheolab QC 型旋转流变仪，如图 2-6 所示。

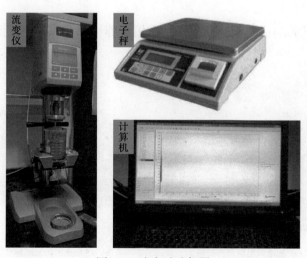

图 2-6 流变试验仪器

5）初凝时间试验

初凝时间测定的主要设备为维卡仪。滑动部分的总质量为(300±1)g，滑动部分行程为 70mm，试针直径为 ϕ(10±0.05)mm，外形尺寸为 170mm×110mm×300mm(长×宽×高)，如图 2-7 所示。

图 2-7　维卡仪

2. 力学试验主要设备

本试验参照《普通混凝土拌合物性能试验方法标准》(GB/T 50080—2016)[1]，对胶结充填材料的单轴抗压强度等指标进行测试，研究不同水平下多因素对胶结充填材料力学性能的影响。

1）单轴压缩试验

单轴压缩试验的主要设备有标准恒温恒湿养护箱、压力机以及游标卡尺等，如图 2-8 所示。

(a) 标准恒温恒湿养护箱　　　　　　　(b) ϕ50mm×100mm标准模具

 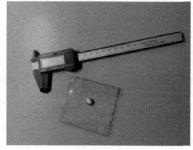

(c) 微机控制压力机   (d) 游标卡尺

图 2-8 单轴压缩试验主要设备

2）侧限压缩试验

侧限压缩模具由不锈钢筒、底座、压头和垫子组成，不锈钢筒内径为 52mm，高度为 130mm，壁厚为 15mm。制备的充填体试样为 ϕ50mm×100mm 的圆柱体。为了使试样在压缩过程中与压力机完全对齐，设计了试验专用压头，压头上部分直径为 82mm，高为 20mm，下部直径为 50mm，高为 82mm。底座上部直径为 200mm，下部直径为 100mm，底座上部表面有四个小孔，利于排水。垫子采用直径为 100mm 的圆形土工布，夹在底座与不锈钢筒之间，防止压实过程中材料堵塞排水小孔。不锈钢筒和底座由 4 枚 M16 的螺栓连接，侧限压缩模具如图 2-9 所示。

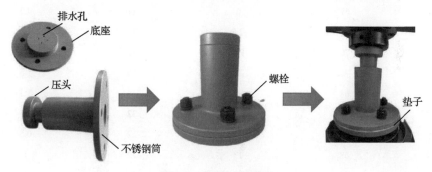

图 2-9 侧限压缩模具

2.2 试验方案与测试方法

2.2.1 试验方案

胶结充填开采中要求充填料浆拥有良好的流动性从而可以有效地输送到采空区，并且在充填管路中不产生分层、离析和堵管现象，最终在采空区形成稳定且具有一定强度的充填体。针对充填体力学性能，研究了不同配比下 1d、3d、7d、28d 龄期的无侧限抗压特征和侧限抗压特征[2]。探究了充填料浆沉降性能、泌水率、坍落度、凝结时间、无侧限抗压强度和侧限压缩率受粉煤灰含量、添加剂浓度、水泥含量和充填料浆浓度四个因素影响的敏感性和相互作用关系。在前期单因素试分析的基础上，采用正交试验方法设计四因素四水平正交试验方案[3,4]，见表 2-3。胶结充填材料基本流变与力学试验的材料配比方案见表 2-4。各固体材料含量均为在固体总量中的质量占比。

表 2-3　正交试验因素及水平

水平/因素	A-粉煤灰掺量/%	B-水泥灰掺量/%	C-料浆浓度/%	D-添加剂浓度/%
1	31	13	71	1.5
2	28	9.5	70	1
3	25	6	69	0.5
4	22	2.5	68	0

表 2-4　胶结充填材料输送与力学性能试验配比方案

配比号	料浆浓度/%	水泥掺量/%	粉煤灰掺量/%	添加剂浓度/%
1	71	13	31	1.5
2	69	6	31	0.5
3	68	2.5	31	0
4	70	9.5	31	1
5	70	2.5	25	1.5
6	68	6	28	1.5
7	69	9.5	22	1.5
8	71	2.5	22	0.5
9	68	13	22	1
10	71	6	25	1
11	70	6	22	0
12	70	13	28	0.5
13	69	13	25	0
14	69	2.5	28	1
15	68	9.5	25	0.5
16	71	9.5	28	0

2.2.2　测试方法

1. 输送性能测试方法

1) 流变性能测试方法

试验参照《水泥标准稠度用水量、凝结时间、安定性检验方法》(GB/T 1346—2011)标准[5]，对胶结充填材料的坍落度、泌水率、沉降性能、凝结时间等指标进行测试，研究不同水平下多因素对胶结充填材料输送性能的影响。

(1) 试验原理。

流变仪通过旋转运动产生剪切，以确定材料的塑性、黏度等流变特性参数[6-8]。将制备好的料浆装入烧杯中，转子置于烧杯中间，通过流变仪配套的计算机软件控制界面，选择控制剪切速率(controlled shear rate, CSR)模式设置参数，实时记录相应的剪切应力，最终绘制得出料浆的流变特性曲线。

(2) 试验步骤。

① 料浆制备。按照流变试验方案，首先将每组试验所需的材料称好，随后将试验材料混合搅拌均匀。为保证试验过程中料浆物料的均匀性，参照《金属非金属矿山充填工程技术标准》(GB/T 51450—2022)[9]，实验室充填料浆宜采用机械搅拌，搅拌时间不宜少于 180s。

② 装料搅拌。将搅拌均匀的充填料浆倒入预先准备好的 400mL 烧杯内，充填料浆约占烧杯体积的 3/4，将料浆搅匀抹平。

③ 装机测试。通过流变仪配套的计算机软件，选择 CSR 模式设置参数，然后开始测试，实时记录相应的剪切应力。

2) 坍落度测试方法

坍落度参照《普通混凝土拌合物性能试验方法标准》(GB/T 50080—2016)[1]进行试验，但标准的坍落度筒物料消耗量大，为了更加便捷和高效地测定物料的坍落度，采用高径比为 2:1 的圆柱形模型进行测试[2]。圆柱形坍落度模型的构建与标准中锥形坍落度模型相似，进行圆柱坍落度试验时，装满物料提起圆柱形坍落度筒后，物料在自身重量的作用下对物料下部进行压缩，使之发生屈服变形并产生流动[10]。物料坍落后其高度变为 h，包含两部分：发生屈服部分 h_1 和未发生屈服部分 h_0，如图 2-10 所示。

在物料坍落前任意截面取一微元 $\mathrm{d}z$，假设在物料变形时任意一水平截面保持水平，则所有发生屈服变形的微元仅水平向外变形，坍落后此微元的高度压缩到 d_{z1}，变形过程如图 2-11 所示。对微元在高度 h_1 中进行积分，通过几何推导可得出圆柱筒无量纲坍落度 s' 与无量纲屈服应力 τ' 的关系，如式(2-1)~式(2-5)所示。

图 2-10　物料坍落后的高度

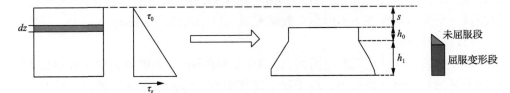

图 2-11　圆柱形坍落变形核对公式图

$$s' = s / H_3 \tag{2-1}$$

$$\tau' = \tau_0 / (\rho g H_1') \qquad \tau' = \frac{1}{6}\left[1 + h_0' - \frac{1}{(1 + h_0')^2}\right] \tag{2-2}$$

$$\text{圆锥形：} \quad s' = 1 - h_0' - \frac{1}{3}\left[1 + h_0' - \frac{1}{(1 + h_0')^2}\right]\ln\left[\frac{7}{(1 + h_0')^3 - 1}\right] \tag{2-3}$$

$$\tau' = \frac{1}{6}\left[1 + h_0' - \frac{1}{(1 + h_0')^2}\right] \qquad s' = 1 - 2\tau'\left[1 - \ln(2\tau')\right] \tag{2-4}$$

$$\text{圆柱形：} \quad s' = 1 - 2\tau'\left[1 - \ln(2\tau')\right] \tag{2-5}$$

式中，s' 为无量纲坍落度；s 为坍落度，mm；H_3 为坍落度筒高度，mm；τ' 为无量纲屈服应力；τ_0 为屈服应力，Pa；ρ 为料浆密度，kg/m³；g 为重力加速度，m/s²；H_1' 为料浆高度，mm；h_0' 为变形段的高度，mm。

3) 扩展度测试方法

(1) 试验原理。扩展度一般依据《普通混凝土拌合物性能试验方法标准》(GB/T 50080—2016)[1]进行试验。由于标准的坍落度筒物料消耗量大，为了更加节约物料并高效地测定物料的扩展度，采用规格为 ϕ50mm×100mm 的圆柱形模具进行测试。

(2) 试验方法。①按方案比例配制胶结充填材料物料，加水混合并于搅拌机上进行搅拌，搅拌要求同标准试样制备时的搅拌要求。②将圆柱标准模具放在扩展度流动仪上，将扩展度流动仪润湿，将模具内外擦净。紧压模具，使其位置固定以防止料浆溢出。③将料浆分三次均匀地装入模具，每次装入的料浆约为模具总体积的 1/3，并在每次装料后进行捣实，最后一次装料应使料浆填满整个模具。④料浆捣实后，用铲刀将模具顶部多余的料浆刮去，使之与模具顶面平齐，将模具外围撒漏的料浆清除干净。⑤垂直平稳地提起模具，模具提离所用时间控制在 3～5s。当充填料浆不再扩散或扩散持续时间已达 50s 时，使用钢尺测量充填料浆展开扩展面的最大直径以及与最大直径呈垂直方向的直径。⑥发现粗骨料在中央堆积或边缘有浆体析出时，应记录说明。⑦扩展度试验从开始装料到测得混凝土扩展度值的整个过程应连贯进行，并应在 4min 内完成。

4）泌水率试验方法

（1）按照试验方案制备料浆备用。

（2）将料浆装入干净的烧杯，将烧杯倾斜放置。

（3）从计时开始后 60min，每隔 10min 吸取一次料浆表面渗出的水，60min 后，每隔 30min 吸取 1 次水。

（4）将吸出的水放入量筒，使用高精度电子天平进行称量，计算累计的水量。

5）沉降性能试验方法

（1）制料。为保证试验过程中料浆物料的均匀性，在料浆制备前，按照试验方案将先将煤矸石、水泥、粉煤灰、添加剂和水混合，放在搅拌机上搅拌 5min，转速为（140±5）r/min。

（2）装料。将沉降柱与托盘安装在一起，并固定在试验支架上。将活塞芯杆拉到 500mL 处，即与数字标签 5 的位置对齐。将搅拌好的料浆装入沉降柱中，装满整个沉降柱后将托盘内多余的料浆用铲刀刮除，保持沉降柱顶部平整。

（3）取料。等待料浆自然沉降 1h 后，利用活塞芯杆每次向上推出 100mL 料浆，利用平口刀沿托盘底部将推出的料浆刮入锡纸盒，将每层取得的料浆进行标号。

（4）烘干。将装有料浆的锡纸盒放入烘干箱中烘干 3h，烘干温度为（70±2）℃。

（5）计算。在取料之前测量空锡纸盒质量 m_3，取料后测量装有每层料浆的锡纸盒的质量记为 m_4，烘干后再次对装有每层料浆的锡纸盒进行称重，记为 m_5。每层料浆的浓度 $c=(m_5-m_3)/(m_4-m_3)$。

6）初凝时间测试方法

各组胶结充填材料试样凝结时间的测定方法参照《水泥标准稠度用水量、凝结时间、安定性检验方法》（GB/T 1346—2011）[5]进行。

（1）按照试验方案制备料浆备用。

（2）将料浆装入专用模具，用抹刀将表面刮平。

（3）将试样放入养护箱中进行养护。

（4）当测针的贯入深度达到 36mm 时，记录时间，即为料浆的初凝时间。

2. 力学性能测试方法

1) 单轴抗压性能测试方法

①根据标准制备 $\phi 50\text{mm} \times 100\text{mm}$ 的圆柱体试样备用；②根据试验标准，校准压力机；③将试样安装在试验设备上，确保试样与加载方向垂直，并且加载表面光滑平坦；④进行正式试验前，先施加一定的预应力，确保试样处于稳定状态；⑤开始施加压力，当试样完全破坏或无法继续承受加载时停止加载，记录破坏时的加载和变形数据；⑥对试验数据进行分析[11,12]。

2) 侧限压缩性能测试方法

(1) 试验原理。将试样装入自制模具内，置于压力机上进行侧限压缩。得到侧限压缩的应力-应变曲线，由于四周的约束，试样径向变形相对于轴向变形可以忽略不计，试样的应变即为试样的压缩率[2]。由侧限条件下的应力-应变曲线可得到应力-压缩率曲线。根据煤层埋藏深度，由式(2-6)可得该埋藏深度下的应力，进而得到对应的压缩率。

$$\sigma_1 = \gamma_1 H_h \tag{2-6}$$

式中，σ_1 为原岩应力，MPa；γ_1 为岩体平均容重，25kN/m³；H_h 为煤层埋深，m。

(2) 试验步骤。首先将充填体试样装入模具中，盖上压头，将模具与充填试样整体置于压力机中央，通过程序控制压力机进行侧限压缩试验。

2.3　多因素影响下胶结充填材料输送性能

2.3.1　基于正交试验的试验结果分析

直观分析和方差分析常用于对正交试验的结果分析[3,4,13]。直观分析法又称极差分析，具有简单明了、快速简洁、效率高等特点。通过计算各因素不同水平的总响应值 K_{ij}（j 表示因素，i 表示水平）和平均值 $\overline{K_{ij}}$，并根据 K_{ij} 值求出因素水平对应指标的极差(R)，依据 R 的大小判定因素的主次关系；同时能够通过观测 K_{ij} 随因素水平的变化规律，直观地判断指标的变化趋势，确定指标的变化规律。

通过正交试验直观分析可以研究料浆浓度、粉煤灰掺量、水泥掺量、添加剂浓度对充填材料流变性能的影响程度和各性能指标随各因素水平变化的趋势，但是实际试验过程中误差的存在，使得直观分析无法确定引起试验指标波动的具体原因，并且直观分析无法给出某一标准来判断因素的显著性，因此还需要针对试验结果进行方差分析。

采用直观分析与方差分析相结合的方式尝试对试验结果进行分析和解释。根据因素和误差自由度的计算结果查找正交试验表，得到各临界检验值。

2.3.2　充填料浆坍落度试验结果

1. 料浆坍落度试验直观分析

坍落度[14]是表征充填料浆流动性的重要指标，它的大小可以直观反映料浆流动性的好坏。一般而言，坍落度越大的充填料浆流动性越好。充填料浆坍落度直观分析结果详见表 2-5。

表 2-5　充填料浆坍落度直观分析结果

指标	影响因素			
	料浆浓度	粉煤灰掺量	水泥掺量	添加剂浓度
$\overline{K}_{1j}$	171.6	144.8	150.9	199.4
$\overline{K}_{2j}$	164.4	173.3	174.7	173.4
$\overline{K}_{3j}$	186.4	197.5	189.1	174.3
$\overline{K}_{4j}$	215.3	222.1	222.9	190.7
R_{m}	50.8	77.3	72.0	26.0
水平主次	4312	4321	4321	4132
因素主次	粉煤灰掺量＞水泥掺量＞料浆浓度＞添加剂浓度			

注：$\overline{K}_{1j} \sim \overline{K}_{4j}$ 表示不同因素水平试验结果的平均值。

为了直观分析各因素对充填料浆坍落度的影响，以各影响因素为横坐标，坍落度极差为纵坐标，得出坍落度对影响因素的敏感性，如图 2-12 所示。

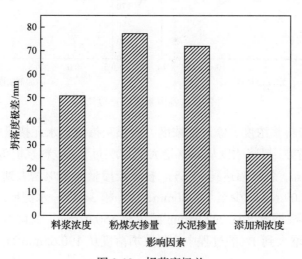

图 2-12　坍落度极差

由表 2-5 和图 2-12 可知，坍落度极差 $R_{\text{粉煤灰掺量}} > R_{\text{水泥掺量}} > R_{\text{料浆浓度}} > R_{\text{添加剂浓度}}$，影响充填料浆坍落度的因素的主次顺序为粉煤灰掺量、水泥掺量、料浆浓度、添加剂浓度，即粉煤灰掺量是影响充填材料坍落度最主要的因素，其次是水泥掺量、料浆浓度，添加剂浓度的影响最小。

为了更直观地分析各因素水平变化对充填材料坍落度的影响，以各影响因素的水平值为横坐标，对应水平的坍落度平均值为纵坐标，得出坍落度影响因素分析曲线，如图 2-13 所示。

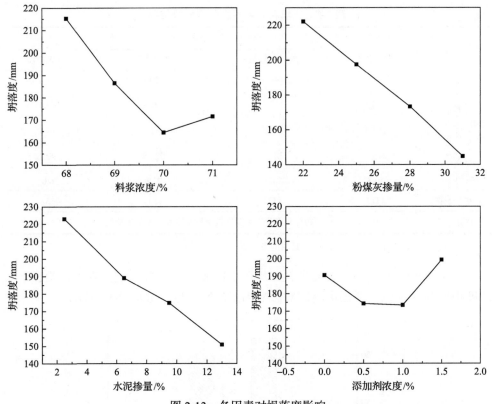

图 2-13　各因素对坍落度影响

坍落度随着料浆浓度、添加剂浓度、粉煤灰掺量、水泥掺量的增大，大体上呈逐渐减小的趋势；料浆浓度从 68% 增大到 70% 过程中，料浆坍落度从 215.25mm 减少至 164.42mm，总降幅达到 23.6%。粉煤灰掺量从 22% 增大到 31% 过程中，料浆坍落度从 222.09mm 减少至 144.80mm，总降幅 34.8%。水泥掺量从 2.5% 增大到 13% 过程中，料浆坍落度从 222.95mm 减少至 150.92mm，总降幅达到 32.3%。添加剂浓度从 0% 增大到 1% 的过程中，料浆坍落度从 190.65mm 减少至 173.43mm，从 1%增大到 1.5%浓度过程中，料浆坍落度从 173.43mm 增加至 199.7mm，整个过程坍落度变化不大。

料浆浓度增大，拌和水量减少，料浆自由水减少造成流动性变差，因此料浆坍落度降低；随着粉煤灰掺量的增加，坍落度呈现下降趋势，这是由于粉煤灰的表面有大量空隙结构，容易与水接触。当粉煤灰掺量增加时，孔隙结构增多，从而导致粉煤灰吸水变多，料浆自由水减少[15,16]。一方面，水泥与水反应减少了料浆中的自由水含量；另一方面，水泥的水化作用产生水合硅酸钙(C-S-H)凝胶，这种凝胶会增大料浆的黏度，因此水泥含量的增加降低料浆的坍落度。添加剂可以使自由水黏度增大，从而降低料浆的流动性[17]，但添加剂浓度过大或造成添加剂自身难以与料浆均匀拌和从而使料浆坍落度增大。

2. 坍落度方差分析

坍落度方差分析结果详见表 2-6。

表 2-6　充填材料坍落度方差分析

影响因素	偏差平方和(SS)	自由度(df)	方差(S)	F 值	P 值
粉煤灰掺量	13140.108	3	4380.036	34.727	0.008
水泥掺量	10892.260	3	3630.753	28.786	0.010
料浆浓度	6075.151	3	2025.050	16.055	0.024
添加剂浓度	1945.212	3	648.404	5.141	0.106
误差	378.387	3	126.129		
总计	576630.165	16			
修正后总计	32431.118	15			

偏差平方和中，SS 粉煤灰掺量＞SS 水泥掺量＞SS 料浆浓度＞SS 添加剂浓度，即影响充填材料坍落度的主次顺序为：粉煤灰掺量＞水泥掺量＞料浆浓度＞添加剂浓度，这与直观分析结果一致。从 F 值结果来看，粉煤灰掺量、水泥掺量和料浆浓度对坍落度的影响极显著，添加剂浓度对坍落度的影响不显著。

2.3.3　料浆扩展度试验结果

扩展度是表征流动性的另一个指标，主要表征流动料浆在自然堆积状态下的流动能力[18,19]。检验方法与坍落度测量相同，只是坍落度测量的是料浆的坍塌高度，而扩散度测量的是料浆塌落后所覆盖区域的大小。扩展度越大说明料浆流动性越好，但扩展度过大则和易性较差，容易产生离析和泌水[20]。试验测试了相互垂直两个方向的扩展度，对试验测试的平均扩展度展开分析。

1. 料浆扩展度试验直观分析

充填料浆扩展度直观分析结果详见表 2-7。

表 2-7 充填料浆扩展度直观分析结果

指标	影响因素			
	料浆浓度	粉煤灰掺量	水泥掺量	添加剂浓度
$\overline{K}_{1j}$	13.99	13.18	13.35	14.65
$\overline{K}_{2j}$	13.51	12.51	13.74	14.29
$\overline{K}_{3j}$	13.98	14.25	13.85	14.36
$\overline{K}_{4j}$	16.18	17.49	16.71	14.35
R_{m}	2.67	4.98	3.36	0.36
水平主次	4132	4312	4321	1342
因素主次	粉煤灰掺量＞水泥掺量＞料浆浓度＞添加剂浓度			

以各影响因素为横坐标，扩展度极差为纵坐标，得出扩展度对影响因素的敏感性，如图 2-14 所示。

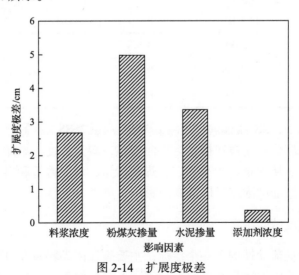

图 2-14 扩展度极差

由表 2-7 与图 2-14 可知，扩展度极差 $R_{粉煤灰掺量}＞R_{水泥掺量}＞R_{料浆浓度}＞R_{添加剂浓度}$，影响充填料浆扩展度的因素的主次顺序为：粉煤灰掺量、水泥掺量、料浆浓度、添加剂浓度，即粉煤灰掺量是影响充填材料扩展度最主要的因素，其次是水泥掺量、料浆浓度，添加剂浓度的影响最小。

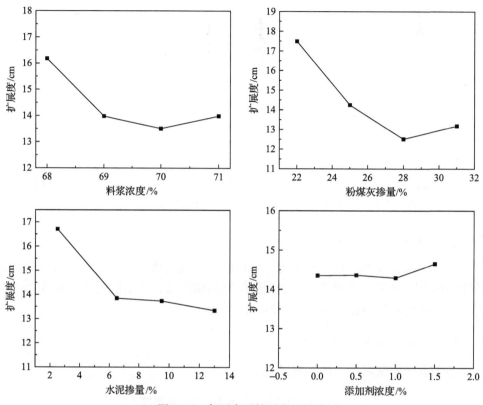

图 2-15 各因素对扩展度的影响

随着料浆浓度、粉煤灰掺量、水泥掺量的增大，扩展度大体上呈逐渐减小的趋势；料浆浓度从 68%增大到 69%过程中，料浆扩展度从 16.18cm 减少至 13.98cm，降幅较大，料浆浓度从 69%变化到 71%，扩展度变化不大；粉煤灰掺量从 22%增大到 31%的过程中，料浆扩展度从 17.49cm 减少至 13.18cm，总降幅 24.64%；水泥掺量从 2.5%增大到 13%，料浆扩展度从 16.71cm 减少至 13.35cm，总降幅 20.11%；添加剂浓度对扩展度影响不大。各物料对扩展度的作用机理与坍落度一致，此处不再赘述。

2. 料浆扩展度方差分析

根据表 2-8 可知，偏差平方和中，$SS_{粉煤灰掺量} > SS_{水泥掺量} > SS_{料浆浓度} > SS_{添加剂浓度}$，即影响胶结充填材料扩展度的主次顺序为：粉煤灰掺量、水泥掺量、料浆浓度、添加剂浓度，这与直观分析的结果一致。

表 2-8　充填材料扩展度方差分析

影响因素	偏差平方和(SS)	自由度(df)	方差(S)	F 值	P 值
粉煤灰掺量	62.094	3	20.698	98.954	0.002
水泥掺量	28.764	3	9.588	45.839	0.005
料浆浓度	17.154	3	5.718	27.337	0.011
添加剂浓度	0.314	3	0.105	0.500	0.708
误差	0.628	3	0.209		
总计	3432.475	16			
修正后总计	108.953	15			

　　由 F 值分析粉煤灰掺量、水泥掺量对扩展度的影响极显著，料浆浓度对扩展度具有显著性影响，添加剂浓度对扩展度无显著性影响。

2.3.4　充填料浆泌水率试验结果

　　充填料浆泌水率是指泌水量与充填料浆含水量之比，是充填料浆的一个重要性能指标[21]，料浆的泌水率越高，颗粒的沉降越严重，甚至造成堵管风险[22]。因此，料浆的泌水率应该控制在一定范围内[23]。

　　1. 料浆泌水试验直观分析

　　各因素对料浆泌水率的影响见表 2-9。

表 2-9　充填料浆泌水率直观分析结果

指标	影响因素			
	料浆浓度	粉煤灰掺量	水泥掺量	添加剂浓度
$\overline{K}_{1j}$	5.62%	5.12%	5.62%	6.64%
$\overline{K}_{2j}$	7.22%	3.82%	4.13%	4.60%
$\overline{K}_{3j}$	5.45%	5.84%	7.41%	7.13%
$\overline{K}_{4j}$	7.58%	11.08%	10.16%	7.50%
R_{m}	2.13%	7.26%	6.03%	2.89%
水平主次	3124	2134	2134	2134
因素主次	粉煤灰掺量>水泥掺量>添加剂浓度>料浆浓度			

　　以各影响因素为横坐标，泌水率极差为纵坐标，得出泌水率对影响因素的敏感性，如图 2-16 所示。

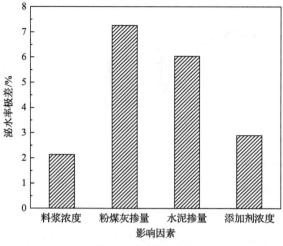

图 2-16　泌水率极差

由表 2-9 与图 2-16 可知，$R_{粉煤灰掺量} > R_{水泥掺量} > R_{添加剂浓度} > R_{料浆浓度}$，所以影响充填料浆泌水率的因素的主次顺序为：粉煤灰掺量、水泥掺量、添加剂浓度、料浆浓度，即粉煤灰掺量是影响充填材料泌水率最主要的因素，其次是水泥掺量、添加剂浓度，料浆浓度的影响最小。

为了更直观理解各因素对泌水率的影响，绘制图 2-17。

由图 2-17 可知，料浆浓度对泌水率的影响不显著，随着粉煤灰掺量、水泥掺量、添加剂浓度的增加，充填料浆的泌水率呈现出先下降后上升的趋势。

粉煤灰掺量从 22%增大到 28%，料浆泌水率从 11.08%减少至 3.82%，降幅 65.52%；粉煤灰掺量从 28%增大到 31%，料浆泌水率从 3.82%增加至 5.12%。水泥掺量从 2.5%增大到 9.5%，料浆泌水率从 10.16%减少至 4.13%，降幅 59.35%；水泥掺量从 9.5%增大到 13%，料浆泌水率从 4.13%增加至 5.62%。添加剂浓度从

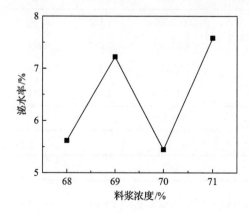

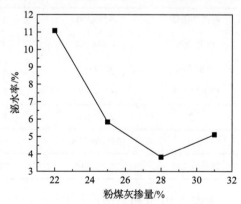

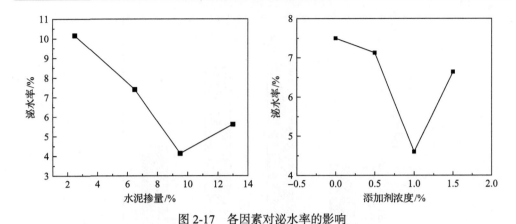

图 2-17　各因素对泌水率的影响

0%增大到 1%，料浆泌水率从 7.50%减少至 4.60%，降幅 38.67%；添加剂浓度从 1.0%增大到 1.5%，料浆泌水率从 4.60%增加至 6.64%。

粉煤灰增多会使料浆中分散的粒子对水的吸附量提高，粉煤灰颗粒不易沉降[24]，粉煤灰微粒对水分溢出有较大阻碍作用，但过量的粉煤灰对料浆泌水抑制作用受限[25]。水泥水化反应会消耗掉一部分自由水，从而降低料浆泌水率，另外水泥颗粒越多[26]，大量的水化产物越容易封堵充填料浆中的毛细孔，致使内部水分不容易自下而上运动，提高料浆抗泌水作用。添加剂可以与料浆中的微粒通过吸附结合，使微粒之间产生絮凝，从而提高料浆的抗离析、抗泌水性能。

2. 充填料浆泌水率方差分析

料浆泌水率的方差分析见表 2-10。

表 2-10　充填料浆泌水率方差分析

影响因素	偏差平方和(SS)	自由度(df)	方差(S)	F 值	P 值
粉煤灰掺量	9040.500	3	3013.500	1.572	0.360
水泥掺量	12006.500	3	4002.167	2.087	0.281
料浆浓度	3977.000	3	1325.667	0.691	0.616
添加剂浓度	6694.500	3	2231.500	1.164	0.452
误差	5752.500	3	1917.500		
总计	2332696.000	16			
修正后总计	37471.000	15			

由表 2-10 可知，偏差平方和中，SS 水泥掺量＞SS 粉煤灰掺量＞SS 添加剂浓度＞SS 料浆浓度，

即影响胶结充填材料扩展度的主次顺序为：水泥掺量、粉煤灰掺量、添加剂浓度、料浆浓度，这与直观分析的结果一致。根据 F 值可知，料浆浓度、粉煤灰掺量、水泥掺量、添加剂浓度对泌水率无显著性影响。

2.3.5　充填料浆流变试验结果

采用宾汉模型描述充填料浆，流变参数主要是屈服应力和黏度[23]。屈服应力指的是当剪应力增大到某一定值时流体才开始流动，这个力称为屈服应力。黏度是指流体对流动所表现的阻力[27]。当流体(气体或液体)流动时，流体自身会阻止这种运动，这个过程中的阻力是流体的内摩擦力，与流体黏度相关。采用宾汉模型对流变曲线进行拟合分析，具体表达式为

$$\tau = \tau_0 + \mu_B \left(\frac{d_u}{d_r} \right) \tag{2-7}$$

式中，τ_0 为屈服应力，Pa；μ_B 为宾汉黏度，Pa·s；d_u/d_r 为剪切速率，s^{-1}。

取 12 号配比的剪切速率-剪切应力曲线进行宾汉拟合，具体如图 2-18 所示。

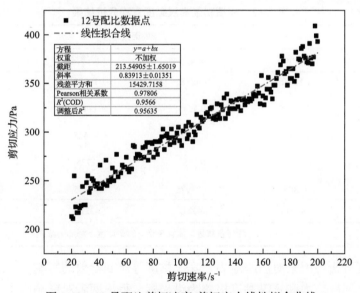

图 2-18　12 号配比剪切速率-剪切应力线性拟合曲线

由图 2-18 可知，使用宾汉模型描述煤矸石基充填料浆时模型拟合 R^2 达到约 0.96，可较好地表征充填材料的流变性能，其中截距表示屈服应力，斜率表示宾汉黏度。

1. 流变参数直观分析

屈服应力、宾汉黏度直观分析结果分别见表 2-11 和表 2-12。

表 2-11　充填料浆屈服应力直观分析结果

指标	影响因素			
	料浆浓度	粉煤灰掺量	水泥掺量	添加剂浓度
$\overline{K}_{1j}$	232.785	279.1225	248.8725	200.705
$\overline{K}_{2j}$	138.49	124.685	131.8275	120.855
$\overline{K}_{3j}$	82.53	70.93	80.4675	112.16
$\overline{K}_{4j}$	58.9575	38.025	51.595	79.0425
R_{m}	173.8275	241.0975	197.2775	121.6625
水平主次	4321	4321	4321	4321
因素主次	粉煤灰掺量＞水泥掺量＞料浆浓度＞添加剂浓度			

表 2-12　充填料浆宾汉黏度直观分析结果

指标	影响因素			
	料浆浓度	粉煤灰掺量	水泥掺量	添加剂浓度
$\overline{K}_{1j}$	1.16475	1.42525	1.19925	1.0185
$\overline{K}_{2j}$	0.63625	0.5545	0.6065	0.594
$\overline{K}_{3j}$	0.41175	0.32725	0.41425	0.52425
$\overline{K}_{4j}$	0.27975	0.1855	0.2725	0.35575
R_{m}	0.885	1.23975	0.92675	0.66275
水平主次	4321	4321	4321	4321
因素主次	粉煤灰掺量＞水泥掺量＞料浆浓度＞添加剂浓度			

为直观分析各因素对屈服应力、宾汉黏度等流变参数的影响，以各影响参数为横坐标，屈服应力和宾汉黏度极差为纵坐标，得出两者对影响因素的敏感性，如图 2-19 所示。

从表 2-11、表 2-12 和图 2-19 中可知，$R_{粉煤灰掺量}＞R_{水泥掺量}＞R_{料浆浓度}＞R_{添加剂浓度}$，因此对屈服应力和宾汉黏度影响主次因素均是粉煤灰掺量＞水泥掺量＞料浆浓度＞添加剂浓度。

直观分析各因素水平变化对充填材料流变参数的影响，绘制图 2-20。

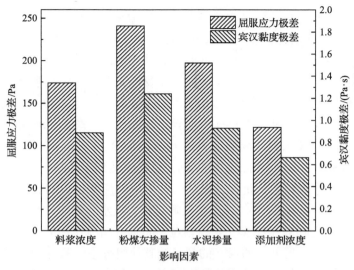

图 2-19   各流变参数的极差

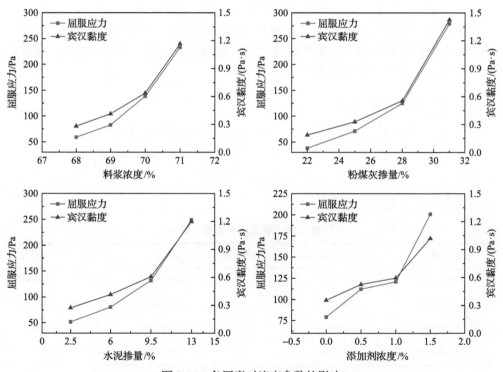

图 2-20   各因素对流变参数的影响

由图 2-20 可知，屈服应力、宾汉黏度均随着料浆浓度、粉煤灰掺量、水泥掺量、添加剂浓度的增加而逐渐上升。

料浆浓度从 68%增加到 71%，料浆屈服应力从 51.6Pa 增加至 232.8Pa，总增幅达到 351%；料浆宾汉黏度从 0.28Pa·s 增加至 1.16Pa·s，总增幅达到 314%。粉煤灰掺量从 22%增大到 31%，料浆屈服应力从 38Pa 增加至 279.1Pa，总增幅达到 634.5%；料浆宾汉黏度从 0.21Pa·s 增加至 1.43Pa·s，总增幅达到 581.3%。水泥掺量从 2.5%增大到 13%，料浆屈服应力从 51.6Pa 增加至 248.9Pa，总增幅达到 382.4%；料浆宾汉黏度从 0.27Pa·s 增加至 1.20Pa·s，总增幅达到 344.4%。添加剂浓度从 0%增大到 1.5%，料浆屈服应力从 79Pa 增加至 200.7Pa，总增幅达到 154.1%；料浆宾汉黏度从 0.36Pa·s 增加至 1.02Pa·s，总增幅达到 183.3%。

浓度的增大导致料浆抵抗外力破坏的能力呈几何增长，屈服应力和宾汉黏度增大。粉煤灰具有孔隙结构[28]，这些孔隙具有"吸水"效应，粉煤灰增多，料浆自由水膜面吸附的颗粒量越多，导致颗粒之间具有润滑作用的自由水越少，料浆的流动性也就越差。另外，粉煤灰的粒径较其他组分小，粉煤灰增多会导致料浆越稠密紧实，推动料浆流动所需要的力越大。屈服应力逐渐增大的现象与其内部颗粒"絮凝成团"的状态有关，黏度增大主要与水泥水化反应有关，水泥掺量增大会促进絮凝成团和水化反应[29]。添加剂具有增加料浆各组分之间连接的作用，随着添加剂浓度的增加，料浆各组分之间连接的结构增强，破坏"结构"变得困难，导致屈服应力和黏度增大[30]。

2. 流变参数方差分析

表 2-13 和表 2-14 分别是屈服应力、宾汉黏度方差分析的结果。

由表 2-14 可知，偏差平方和中 SS 粉煤灰掺量＞SS 水泥掺量＞SS 料浆浓度＞SS 添加剂浓度，即影响胶结充填材料扩展度的主次顺序为：粉煤灰掺量、水泥掺量、料浆浓度、添加剂浓度，这与直观分析的结果一致。

表 2-13　屈服应力方差分析

影响因素	偏差平方和(SS)	自由度(df)	方差(S)	F 值	P 值
粉煤灰掺量	136805.358	3	45601.786	4.828	0.114
水泥掺量	90886.913	3	30295.638	3.208	0.182
料浆浓度	71696.715	3	23898.905	2.530	0.233
添加剂浓度	31938.660	3	10646.220	1.127	0.462
误差	28334.134	3	9444.711		
总计	622587.161	16			
修正后总计	359661.780	15			

表 2-14　宾汉黏度方差分析

影响因素	偏差平方和(SS)	自由度(df)	方差(S)	F 值	P 值
粉煤灰掺量	3.709	3	1.236	4.172	0.136
水泥掺量	1.995	3	0.665	2.244	0.262
料浆浓度	1.824	3	0.608	2.053	0.285
添加剂浓度	0.954	3	0.318	1.073	0.478
误差	0.889	3	0.296		
总计	15.583	16			
修正后总计	9.371	15			

由 F 值可知，料浆浓度、粉煤灰掺量、水泥掺量、添加剂浓度对屈服应力和宾汉黏度无显著性影响。

2.3.6　流变指标多元回归分析

1. 流变性能回归分析

根据试验结果，采用二次多项式构成模型式(2-8)分析得到胶结充填料浆输送性能的多元线性回归模型，结果见式(2-9)～式(2-14)。

$$Y = a_0 + a_1 x_1^2 + a_2 x_2^2 + a_3 x_3^2 + a_4 x_4^2 + a_5 x_1 + a_6 x_2 + a_7 x_3 + a_8 x_4 \tag{2-8}$$

式中，x_1 为粉煤灰掺量，%；x_2 为水泥掺量，%；x_3 为料浆浓度，%；x_4 为添加剂浓度，%；a_k 为回归系数，k=1, 2, 3, 4, 5, 7, 8。

$$
\begin{aligned}
Y_{坍落度} = {}& 44968.778 - 0.109x_1^2 - 0.109x_1^2 + 0.205x_2^2 + 9.009x_3^2 + 42.332x_4^2 \\
& - 2.787x_1 - 9.758x_2 - 1267.510x_3 - 58.437x_4
\end{aligned}
\tag{2-9}
$$

$$
\begin{aligned}
Y_{泌水率} = {}& 8.3 + 0.002x_1^2 + 0.001x_2^2 + 0.001x_3^2 + 0.024x_4^2 - 0.103x_1 \\
& - 0.015x_2 - 0.198x_3 - 0.046x_4
\end{aligned}
\tag{2-10}
$$

$$
\begin{aligned}
Y_{屈服应力} = {}& 83037.338 + 3.376x_1^2 + 1.799x_2^2 + 17.681x_3^2 + 46.737x_4^2 \\
& - 153.02x_1 - 9.514x_2 - 2399.937x_3 + 4.629x_4
\end{aligned}
\tag{2-11}
$$

$$
\begin{aligned}
Y_{宾汉黏度} = {}& 469.294 + 0.02x_1^2 + 0.009x_2^2 + 0.099x_3^2 + 0.256x_4^2 - 0.942x_1 \\
& - 0.058x_2 - 13.49x_3 + 0.028x_4
\end{aligned}
\tag{2-12}
$$

$$
\begin{aligned}
Y_{平均扩展度} = {}& 3384.564 + 0.107x_1^2 + 0.051x_2^2 + 0.669x_3^2 + 0.350x_4^2 \\
& - 6.179x_1 - 1.074x_2 - 93.659x_3 - 0.36x_4
\end{aligned}
\tag{2-13}
$$

$$Y_{初凝时间} = -940.464 - 0.02x_1^2 + 0.028x_2^2 - 0.196x_3^2 - 0.245x_4^2 + 0.972x_1 \\ - 0.515x_2 + 27.135x_3 - 0.23x_4 \tag{2-14}$$

2. 胶结充填料浆沉降性能试验结果

目前，针对充填料浆的沉降特性的表征方式较多采用离散度、分层度等，但是没有统一的表征方式。分层指数 SI 是一个反映流体中颗粒分布均匀程度的无量纲参数，用来评价高浓度胶结充填料浆在管道输送过程中的分层沉降程度。分层指数越大，表示分层越严重，容易导致管道堵塞或充填质量不足等问题。其表达式为

$$SI = \frac{C_{max} - C_{min}}{C_{avg}} \tag{2-15}$$

式中，C_{max} 为混合物中浓度的最大值；C_{min} 为混合物中浓度的最小值；C_{avg} 为混合物中浓度的平均值。

结果表明，充填料浆均存在一定的不均质性，呈现出顶部浓度低、底部浓度高的特点，各配比的各分层之间浓度差均存在较大的差异。其中，差异最大的是8 号配比，最上层浓度为 54.3%，最下层浓度为 87.0%，说明此配比不均质性最强，料浆容易沉降。差异最小的为 12 号配比，最小浓度 73.6% 位于最上层，最大浓度77.9% 位于最下层，说明此配比最不容易沉降。各配比的各分层之间浓度分布存在较大差异，充填料浆沉降性能测试结果如图 2-21 所示。

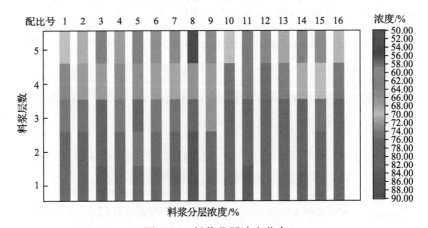

图 2-21　料浆分层浓度分布

根据试验结果，构建多元二次多项式回归分析得到胶结充填材料分层指数的多元线性回归模型，结果见式(2-16)。

$$Y_{\text{分层指数}} = 53.269 + 0.003x_1^2 + 0.002x_2^2 + 0.01x_3^2 + 0.04x_4^2 - 0.199x_1 \\ - 0.042x_2 - 1.418x_3 - 0.075x_4 \tag{2-16}$$

3. 分层指数试验结果

分层指数直观分析结果见表 2-15。

表 2-15　分层指数直观分析结果

指标	影响因素			
	料浆浓度	粉煤灰掺量	水泥掺量	添加剂浓度
$\overline{K}_{1j}$	0.1950	0.1391	0.1496	0.2107
$\overline{K}_{2j}$	0.1856	0.1637	0.1735	0.1788
$\overline{K}_{3j}$	0.2091	0.1907	0.1971	0.2161
$\overline{K}_{4j}$	0.2400	0.3361	0.3095	0.2240
R_m	0.0544	0.1970	0.1599	0.0452
水平主次	4312	4321	4321	4312
因素主次	粉煤灰掺量＞水泥掺量＞料浆浓度＞添加剂浓度			

由表 2-15 与图 2-22 可知，$R_{\text{粉煤灰掺量}} > R_{\text{水泥掺量}} > R_{\text{料浆浓度}} > R_{\text{添加剂浓度}}$，因此影响充填料浆分层指数的因素的主次顺序为：粉煤灰掺量＞水泥掺量＞料浆浓度＞添加剂浓度，即粉煤灰掺量是影响充填料浆分层指数最主要的因素，其次是水泥掺量、料浆浓度，添加剂浓度的影响最小。

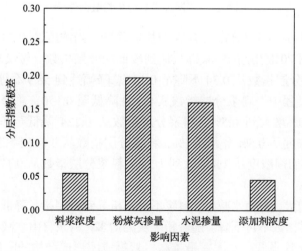

图 2-22　分层指数极差

图 2-23 较为直观地展示了分层指数随着料浆浓度、粉煤灰掺量、水泥掺量和

添加剂浓度的变化趋势。整体上，分层指数随着粉煤灰掺量、水泥掺量增加具有降低的趋势，分层指数随着料浆浓度、添加剂浓度的增加具有先降低后升高的趋势。

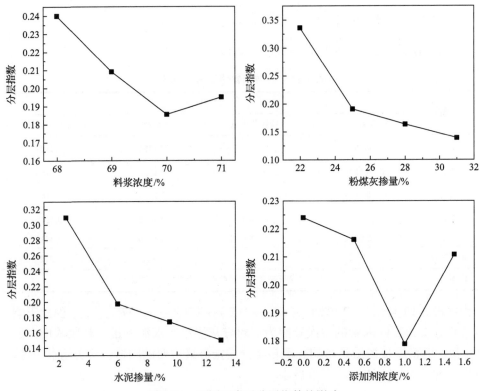

图 2-23　不同因素对分层指数的影响

料浆浓度从 68% 到 70%，分层指数快速降低，当浓度达到 71% 时，分层指数不再下降，说明 70% 浓度的料浆即可达到较低的分层指数。粉煤灰掺量从 22% 增加到 31%，料浆分层指数从 0.34 下降至 0.14，总降幅达到 58.9%。水泥掺量从 2.5% 增大到 13% 的过程中，料浆分层指数从 0.309 降低至 0.150，总降幅达到 51.5%。添加剂浓度从 0% 增大到 0.5%，料浆分层指数从 0.224 降低至 0.216，降幅达到 3.6%。添加剂浓度从 0.5% 增大到 1%，料浆分层指数从 0.216 降低至 0.179，降幅达到 17.1%；添加剂浓度从 1% 增大到 1.5%，料浆分层指数从 0.179 上升至 0.211，增幅达到 17.9%。

料浆浓度增大，自由水减少，料浆不易离析导致分层指数降低，料浆浓度达到一定程度后分层指数不再下降。随着粉煤灰的增多，料浆自由水减少，料浆不容易分层导致分层指数降低。水泥掺量越高，絮凝成团形成结构的刚度和强度越大，料浆的分层指数也就越小。随着添加剂浓度的增加，料浆各组分之间黏结作用增强，料浆分层指数降低，当添加剂浓度超过 1% 时，添加剂的黏结作用过强，分层指数上升。

由表 2-16 可知，粉煤灰掺量对分层指数的影响最大，添加剂浓度对分层指数的影响最小。具体来说，在影响分层指数的因素中，影响程度从高到低依次是粉煤灰掺量、水泥掺量、料浆浓度、添加剂浓度。

表 2-16　分层指数

影响因素	偏差平方和(SS)	自由度(df)	方差(S)	F 值	P 值
粉煤灰掺量	0.094	3	0.031	9.106	0.051
水泥掺量	0.060	3	0.020	5.836	0.091
料浆浓度	0.007	3	0.002	0.658	0.630
添加剂浓度	0.005	3	0.002	0.458	0.731
误差	0.010	3	0.003		
总计	0.864	16			
修正后总计	0.176	15			

2.4　多因素影响下胶结充填材料力学性能

2.4.1　单轴压缩试验结果

1. 单轴压缩应力-应变曲线

力学试验配比与料浆输送性能试验配比相同，各配比不同龄期的单轴压缩应力-应变曲线表现出类似的特征，以 15 号配比为例说明充填体的应力应变特征，如图 2-24 所示。

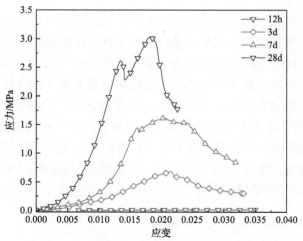

图 2-24　15 号配比试样单轴压缩应力-应变曲线

由图 2-24 可知，以 15 号配比试样为例，随着应变的增加，试样的应力逐渐增加。12h 龄期的试样随着应变增加，应力增加并不明显。随着养护时间的延长，养护龄期为 3d 时，试样的应力随着应变增长首先呈现缓慢增长的态势，达到峰值应力后开始逐渐减小。当养护龄期为 7d 和 28d 时，随着加载过程继续进行，试样被压实，试样整体抗压能力上升，应力随应变继续增加，在达到峰值应力后，试样被彻底破坏，应力随应变增加逐渐降低。应力随应变增长的过程中会出现骤降，这是因为试样在加载过程中，试样被突然压坏。

2. 粉煤灰掺量对胶结充填材料单轴抗压强度的影响规律

通过对试样应力-应变曲线进行分析，由各试样的应力-应变曲线得出试样线弹性变形阶段弹性模量。不同粉煤灰掺量不同龄期试样的单轴抗压强度和弹性模量如图 2-25 所示。

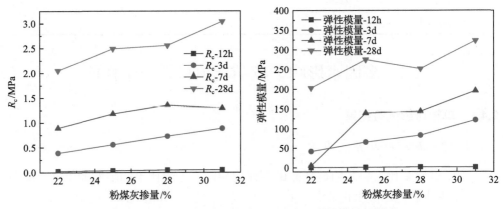

图 2-25　粉煤灰掺量对单轴抗压强度和弹性模量的影响

由图 2-25 可知，随着粉煤灰掺量的增加，胶结充填材料的单轴抗压强度 R_c 逐渐增强。以粉煤灰掺量从 22% 增加到 31% 为例，材料早期平均单轴抗压强度由 0.024MPa 增大到 0.05MPa，材料后期强度由 2.05MPa 增大到 3.04MPa，增幅达到 48.29%，这表明提高胶结充填料浆中的粉煤灰掺量有助于提高材料的单轴抗压强度。弹性模量也随着粉煤灰掺量的增加而整体逐渐增加。粉煤灰掺量为 22% 时，材料 3d 的弹性模量略大于 7d 的弹性模量；当粉煤灰掺量由 22% 增大到 31% 时，材料早期平均弹性模量由 0.67MPa 增大到 1.51MPa，材料后期弹性模量由 202.86MPa 增大到 323.28MPa，增大了 59.36%，进一步表明适当增加胶结充填料浆中的粉煤灰有助于提高材料的弹性模量。

3. 水泥掺量对胶结充填材料单轴抗压强度的影响规律

不同水泥掺量不同龄期胶结充填材料的单轴抗压强度和弹性模量如图 2-26

所示。

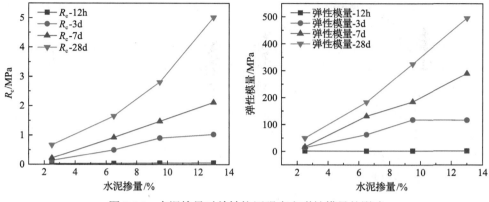

图 2-26　水泥掺量对单轴抗压强度和弹性模量的影响

由图 2-26 可知，随着水泥掺量的增加，胶结充填材料的单轴抗压强度逐渐增强。当水泥掺量由 2.5%增大到 13%时，材料早期平均单轴抗压强度由 0.03MPa 增大到 0.05MPa，材料后期强度由 0.67MPa 增大到 5.01MPa，增大了 647.76%，说明提高胶结充填材料水泥掺量可以显著提高材料后期单轴抗压强度，但对材料早期强度影响不大。弹性模量随着水泥掺量的增加同样呈现逐渐增加的趋势。水泥掺量由 2.5%增加到 13%，材料早期平均弹性模量变化不大，材料后期弹性模量由 49.77MPa 增大到 495.20MPa，增大了 894.98%，说明提高胶结充填材料水泥掺量可以显著提高材料弹性模量。

4. 料浆浓度对胶结充填材料单轴抗压强度的影响规律

不同料浆浓度不同龄期试样的单轴抗压强度和弹性模量如图 2-27 所示。

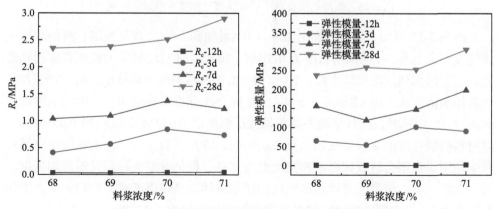

图 2-27　料浆浓度对单轴抗压强度和弹性模量的影响

由图 2-27 可知，随着料浆浓度的增加，胶结充填材料的单轴抗压强度呈增强趋势。当料浆浓度由 68%增大到 71%时，材料早期平均单轴强度由 0.03MPa 增大到 0.05MPa，材料后期强度由 2.35MPa 增大到 2.90MPa，增大了 23.40%，说明提高胶结充填料浆浓度有助于提高材料单轴抗压强度。其中，71%浓度的胶结充填材料在 3d 和 7d 龄期时强度有所下降，这里与常见规律有所差异，这是由于采用正交试验，上述图中为不同条件下计算出的平均单轴抗压强度与实际强度有所差异。随着料浆浓度增加，弹性模量整体上同样呈现增加的趋势。当料浆浓度由 68%增大到 71%时，材料早期平均弹性模量由 0.93MPa 增大到 1.91MPa，材料后期弹性模量由 237.56MPa 增大到 304.87MPa，增大了 28.33%，说明提高胶结充填料浆浓度有助于提高材料弹性模量。

5. 添加剂浓度对胶结充填材料单轴抗压强度的影响规律

不同添加剂浓度不同龄期试样的单轴抗压强度和弹性模量如图 2-28 所示。

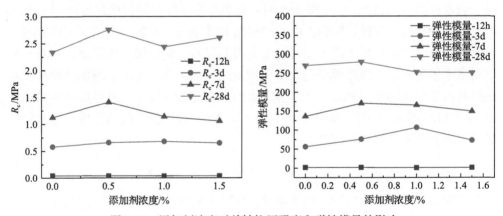

图 2-28   添加剂浓度对单轴抗压强度和弹性模量的影响

由图 2-28 可知，随着添加剂浓度从 0%增加到 0.5%，胶结充填材料的单轴抗压强度逐渐上升，在添加剂浓度为 0.5%时，7d 和 28d 材料的单轴抗压强度达到最大。随着添加剂浓度继续增加，7d 和 28d 龄期的材料的单轴抗压强度逐渐下降；当添加剂浓度从 1.0%增加至 1.5%时，材料 28d 强度略有增加。当添加剂浓度由 0%增大到 1.5%时，材料早期平均单轴抗压强度由 0.042MPa 减小到 0.039MPa，但材料后期强度由 2.34MPa 增大到 2.60MPa，增大了 11.11%，说明在胶结充填材料中使用添加剂会造成试样早期强度有所损耗，但仍有助于提高材料后期强度。另一方面，弹性模量随着添加剂浓度的增加整体上呈现逐渐减小的趋势。当添加剂浓度由 0%增大到 1.5%时，材料早期平均弹性模量由 1.77MPa 降低到 1.19MPa，材料后期弹性模量由 269.97MPa 降低到 250.94MPa，降低了 7.05%，说明提高胶结材料中添加剂的浓度会使材料弹性模量减小。总体而言，添加剂浓度对材料力学性能影响不大。

6. 单轴抗压强度方差极差分析

计算不同影响因素对胶结充填材料强度的方差极差，如图 2-29 所示。

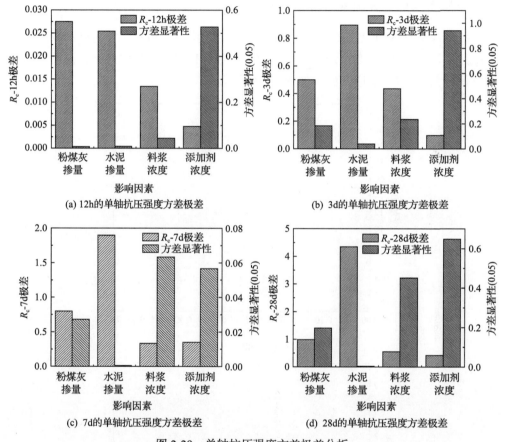

图 2-29　单轴抗压强度方差极差分析

由图 2-29 可以分析出每个因素对单轴抗压强度的影响及各因素重要性。由极差和方差分析可知，在 4 个影响因素中，粉煤灰和水泥对胶结充填材料的单轴抗压强度影响较显著。4 个因素对 12h 强度的影响排序为：粉煤灰掺量＞水泥掺量＞料浆浓度＞添加剂浓度，最优组合为 A1B1C1D4。极差和方差分析对 3d 强度的影响排序为：水泥掺量＞粉煤灰掺量＞料浆浓度＞添加剂浓度，3d 强度的最优组合是 A1B1C2D2。7d 强度的影响因素排序为：水泥掺量＞粉煤灰掺量＞添加剂浓度＞料浆浓度，7d 强度的最优组合是 A2B1C3D3。28d 强度的因素排序为：水泥掺量＞粉煤灰掺量＞料浆浓度＞添加剂浓度，其最优组合为 A1B1C1D3，其中水泥对 28d 单轴抗压强度尤其显著(A、B、C、D 为粉煤灰掺量、水泥掺量、料浆浓度和添加剂浓度；1、2、3、4 为因素水平，详见 2.2.1 节)。

2.4.2　侧限压缩试验结果

1. 侧限压缩应力-应变曲线

侧限压缩试验配比方案与料浆的输送性能试验方案相同，各配比不同龄期的侧限压缩试验应力-应变曲线表现出类似的特征，以 15 号配比为例，说明胶结充填体侧限条件下应力-应变曲线如图 2-30 所示。

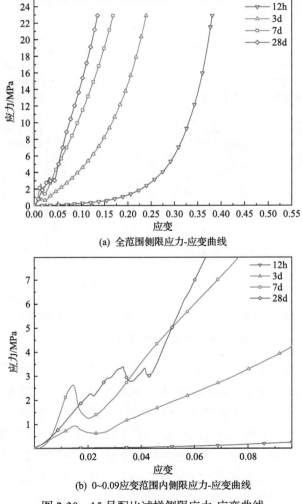

(a) 全范围侧限应力-应变曲线

(b) 0~0.09应变范围内侧限应力-应变曲线

图 2-30　15 号配比试样侧限应力-应变曲线

由图 2-30 可知，随着应力的增大，充填体试样的应变整体呈上升的趋势。随着应力的增大，充填体试样 3d、7d、28d 的应力-应变曲线都出现了一段或多段骤降的现象，这是由于在加载的过程中，充填体试样与侧限模具之间有空隙，充填体试样被压坏。12h 龄期的试样未出现此现象，是由于 12h 充填体试样强度低，在加载的过程中，应变增加缓慢。待充填体试样压实后，试样的应力-应变曲线平滑上升。在相同应力下，随着养护龄期的增加，充填体试样的轴向应变逐步减小，试样抵抗压缩变形的能力逐渐增强。在轴向应力 0~20MPa 的变化过程中，不同配比充填体试样的最大轴向应变在 0.13~0.37 变化，这是因为随着龄期的增加，试样的抗压强度增加，试样整体压缩性能提升。

2. 粉煤灰掺量对胶结充填材料侧限压缩性能的影响规律

结合矿井矿煤层埋藏深度，通过对不同浓度试样应力-应变曲线进行分析，取应力-应变曲线达到 5MPa 和 20MPa 时的压缩率为参考。不同浓度配比不同龄期试样的 5MPa 和 20MPa 压缩率结果如图 2-31 所示。

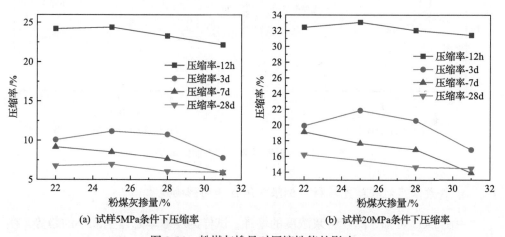

(a) 试样5MPa条件下压缩率　　　　　　　　　(b) 试样20MPa条件下压缩率

图 2-31　粉煤灰掺量对压缩性能的影响

由图 2-31 可知，随着粉煤灰掺量的增加，试样的压缩率逐渐减小。同一粉煤灰掺量下，随着养护龄期的增加，试样的压缩率逐渐减小。在 5MPa 条件下，当粉煤灰掺量由 22% 增大到 31% 时，材料早期压缩率从 24.20% 下降到 22.16%，材料后期压缩率从 6.78% 减小到 5.98%。在 20MPa 条件下，材料早期压缩率由 32.42% 减小到 31.42%，材料后期压缩率由 16.21% 减小到 14.45%。这是因为早期胶结充填材料还未完全固结，强度差别不大造成早期压缩率变化不大，后期胶结充填材料进一步固结后，强度差异变大，造成压缩率变化明显。

3. 水泥对胶结充填材料侧限压缩性能的影响规律

由图 2-32 可知，随着水泥掺量的增加，试样的压缩率逐渐减小。同一水泥掺量下，随着养护龄期的增加，试样的压缩率逐渐减小。在 5MPa 条件下，当水泥掺量由 2.5%增大到 13%时，材料早期压缩率从 25.33%下降到 21.31%，材料后期压缩率从 13.64%下降到 1.89%。在 20MPa 条件下，材料早期压缩率由 33.53%减小到 30.61%，材料后期压缩率由 25.58%减小到 7.47%。这是因为早期阶段水泥的水化反应尚未完全进行，导致材料的早期压缩率变化不大。然而，随着时间的推移，水泥的水化反应充分完成，显著提高了材料的强度，进而导致压缩率显著降低。

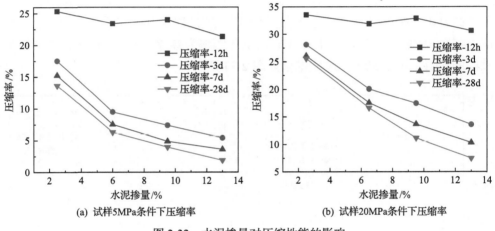

(a) 试样5MPa条件下压缩率　　　　　　　(b) 试样20MPa条件下压缩率

图 2-32　水泥掺量对压缩性能的影响

4. 料浆浓度对胶结充填材料侧限压缩性能的影响规律

由图 2-33 可知，随着料浆浓度的增加，试样的压缩率总体呈减小的趋势。在相同料浆浓度下，随着养护龄期的增加，试样的压缩率逐渐减小。在 5MPa 条件下，当料浆浓度由 68%增大到 71%时，材料早期压缩率由 26.01%减小到 20.99%，材料后期强度压缩率由 6.74%减小到 6.36%。在 20MPa 条件下，材料早期压缩率由 34.80%减小到 29.81%，材料后期压缩率由 16.24%减小到 14.33%。说明提高料浆浓度对材料早期强度影响较大，对材料后期强度影响较小。

5. 添加剂对胶结充填材料侧限压缩性能的影响规律

由图 2-34 可知，随着添加剂浓度的增加，试样的压缩率整体呈减小的趋势。同一添加剂浓度下，随着养护龄期的增加，试样的压缩率显著减小。在 5MPa 条

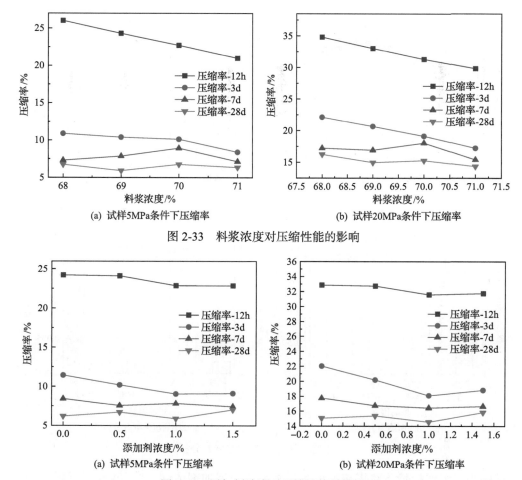

(a) 试样5MPa条件下压缩率　　　　　　(b) 试样20MPa条件下压缩率

图 2-33　料浆浓度对压缩性能的影响

(a) 试样5MPa条件下压缩率　　　　　　(b) 试样20MPa条件下压缩率

图 2-34　添加剂浓度对压缩性能的影响

件下，当添加剂浓度由 0%增大到 1.5%时，材料早期压缩率从 24.20%减小到 22.84%，材料后期压缩率由 6.19%增加到 7.01%。在 20MPa 条件下，材料早期压缩率由 32.86%减小到 31.75%，材料后期压缩率由 15.06%增大到 15.83%。说明在添加剂作用下，材料早期压缩性能可以得到一定提升，材料后期压缩性能变化不大。

6. 侧限压缩率方差极差分析

计算 20MPa 条件下不同影响因素对胶结充填材料侧限压缩性能的方差极差，如图 2-35 所示。

由极差和方差分析可知，在 4 个影响因素中，料浆浓度和水泥掺量对胶结充填材料的压缩性能影响较显著。4 个因素对 12h 压缩率的影响排序为料浆浓度＞水泥掺量＞粉煤灰掺量＞添加剂浓度，最优组合为 A1B1C1D2。3d 压缩率的影响

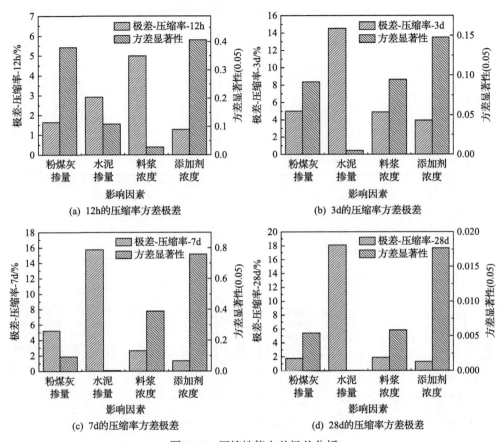

图 2-35　压缩性能方差极差分析

排序为：水泥掺量＞粉煤灰掺量＞料浆浓度＞添加剂浓度，3d 压缩率的最优组合是 A1B1C1D2。7d 压缩率的影响因素排序为：水泥掺量＞粉煤灰掺量＞料浆浓度＞添加剂浓度，7d 压缩率的最优组合是 A1B1C1D2。28d 压缩率的影响因素排序为：水泥掺量＞粉煤灰掺量＞料浆浓度＞添加剂浓度，28d 压缩率的最优组合是 A1B1C1D2。

2.4.3　力学性能多元回归分析

根据上述试验结果，构建多元二次多项式(2-17)分析得到充填体抗压强度的多元线性回归模型，结果见式(2-18)~式(2-21)。

$$y = a_0 + a_1 x_1^2 + a_2 x_2^2 + a_3 x_3^2 + a_4 x_4^2 + a_5 x_1 + a_6 x_2 + a_7 x_3 + a_8 x_4 \qquad (2-17)$$

式中，x_1 为粉煤灰掺量，%；x_2 为水泥掺量，%；x_3 为料浆浓度，%；x_4 为添加剂浓度，%；a_k 为回归系数($k = 0\sim8$)。

12h 强度回归模型：

$$Y_{12h} = -0.399 + 0.003x_1 + 0.003x_2 + 0.005x_3 - 0.002x_4 \qquad (2\text{-}18)$$

3d 强度回归模型：

$$Y_{3d} = -10.317 + 0.056x_1 + 0.088x_2 + 0.126x_3 + 0.046x_4 \qquad (2\text{-}19)$$

7d 强度回归模型：

$$Y_{7d} = -7.175 + 0.046x_1 + 0.178x_2 + 0.084x_3 - 0.094x_4 \qquad (2\text{-}20)$$

28d 强度回归模型：

$$Y_{28d} = -15.802 + 0.101x_1 + 0.406x_2 + 0.179x_3 + 0.095x_4 \qquad (2\text{-}21)$$

相关数学统计参数见表 2-17。其中，R^2 为相关系数；F 为显著性。

表 2-17　回归方程统计学参数

强度	R^2	F	显著性
Y_{12h}	0.940	43.385	0.000001
Y_{3d}	0.835	19.963	0.000053
Y_{7d}	0.939	42.023	0.000001
Y_{28d}	0.936	40.259	0.000002

从表 2-17 中可以看出，回归方程 R^2 均超过 0.8，相关性显著，这说明充填体强度回归方程拟合程度较高，能较好地表征粉煤灰掺量、水泥掺量、料浆浓度、添加剂浓度四个因素对不同龄期的充填体强度的影响规律。

2.5　胶结充填材料微观结构分析

通过对充填材料内部水化产物的种类、形态和含量进行分析，可以在一定程度上对宏观力学特性进行解释。取 1 号、2 号和 3 号试样作为浓度对照组，2 号、5 号、6 号试样作为粉煤灰掺量对照组，2 号、8 号、9 号试样作为添加剂浓度对照组，2 号、11 号、14 号作为水泥掺量对照组，采用 SEM 对 28d 的试样进行测试，分析多因素影响下试样微观结构的变化。

1. 料浆浓度对试样微观结构的影响规律

由图 2-36 可知，随着料浆浓度增加，粉煤灰球珠表面由碎屑状的凝胶基质变为大量沉积的紧密凝胶基质，胶结基质从多孔网状结构变为覆盖粉煤灰球珠的层状结构，最终变为密实的块状结构并且有针状钙矾石穿插其中[30]。说明高浓度料浆加剧了水化反应程度，造成水化产物的增加和结构密实[31]。

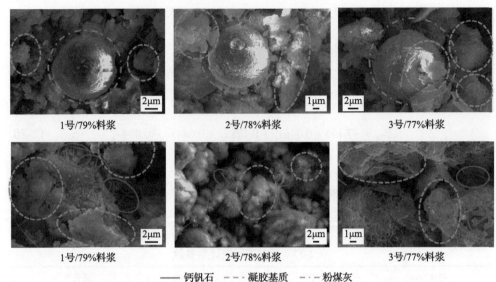

1号/79%料浆　　　　　　2号/78%料浆　　　　　　3号/77%料浆

1号/79%料浆　　　　　　2号/78%料浆　　　　　　3号/77%料浆

——钙钒石　－－－凝胶基质　·-·-粉煤灰

图2-36　料浆浓度对试样微观结构的影响(试验配比号/料浆浓度)

2. 粉煤灰掺量对试样微观结构的影响规律

观察粉煤灰组试样，球珠表面均覆盖一层凝胶基质，并在低掺量粉煤灰试样中观察到针状的钙矾石(图 2-37)。随着粉煤灰掺量的增加，粉煤灰球珠增多，

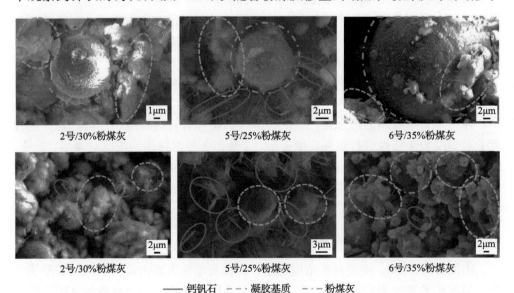

2号/30%粉煤灰　　　　5号/25%粉煤灰　　　　6号/35%粉煤灰

2号/30%粉煤灰　　　　5号/25%粉煤灰　　　　6号/35%粉煤灰

——钙钒石　－－－凝胶基质　·-·-粉煤灰

图2-37　粉煤灰掺量对试样微观结构的影响(试验配比号/放大倍数/粉煤灰掺量)

形成的粉煤灰-水泥体系结构越来越密实[16]，从而提高试样强度[17,32]。

3. 添加剂浓度对试样微观结构的影响规律

随着添加剂掺量的增加，粉煤灰球珠表面由光滑到覆盖水化产物再到严重腐蚀的状态，水化产物中钙矾石增多(图 2-38)[33]。表明随着添加剂增多，粉煤灰中的 SiO_2 和 Al_2O_3 等物质被激发开始与 $Ca(OH)_2$ 反应，生成 C-A-S-H 凝胶(水化硅铝酸钙凝胶)和 C-S-H 等凝胶基质[34]。其中，观察到的钙矾石是由料浆中的 SO_4^{2-} 和 Al_2O_3、$Ca(OH)_2$ 反应生成的，对试样的早期强度有利。但对应试样单轴抗压强度过低，这是大掺量的添加剂水化反应生成 $Ca(OH)_2$ 引起试样的体积膨胀造成的[35]。

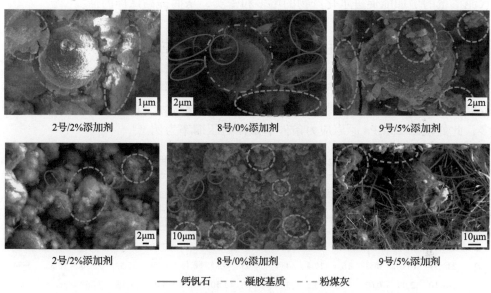

2号/2%添加剂　　　　　8号/0%添加剂　　　　　9号/5%添加剂

—— 钙矾石　- - - 凝胶基质　- · - 粉煤灰

图 2-38　添加剂浓度对试样微观结构的影响(试验配比号/添加剂掺量)

4. 水泥掺量对试样微观结构的影响规律

随着水泥掺量的增加，球珠表面变得越来越粗糙，粉煤灰球珠周围由无胶结的多孔结构变为网状胶结结构，最终变为更加密实的块状结构(图 2-39)[36]。说明

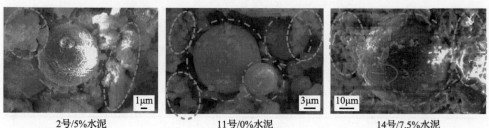

2号/5%水泥　　　　　11号/0%水泥　　　　　14号/7.5%水泥

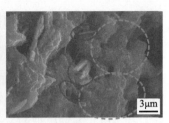

2号/5%水泥　　　　　　　　11号/0%水泥　　　　　　　14号/7.5%水泥

—— 钙钒石　　- - - 凝胶基质　　- - - 粉煤灰

图 2-39　水泥掺量对试样微观结构的影响(试验配比号/水泥掺量)

水泥掺量的增加能促进水化产物的增多和密实，从而提高试样的强度[37]。

2.6　胶结充填材料关键指标性能数据库

　　基于上述胶结充填材料输送和力学性能的分析，建立胶结充填材料关键指标数据库，为后续理论分析提供数据基础，如表 2-18 所示。由于侧限压缩率数据过多，此处仅以 20MPa 原岩应力条件下试样的压缩率为例。

表 2-18　胶结充填材料关键指标数据库

配比	坍落度/mm	泌水率/%	分层指数	扩展度/mm		凝结时间/min	R_c/MPa				20MPa 原岩应力下的压缩率/%			
							12h	3d	7d	28d	12h	3d	7d	28d
1	105.70	1.59	0.08	9.5	14	260	0.07	1.42	2.18	6.30	26.51	17.53	13.64	15.75
2	144.44	6.11	0.09	11.8	12.6	370	0.04	0.52	1.10	2.10	33.20	29.21	24.76	25.58
3	219.97	10.67	0.51	16.4	17.4	434	0.03	0.11	0.16	0.74	35.59	12.36	10.58	9.94
4	109.10	2.09	0.03	12.9	10.5	304	0.06	1.50	1.74	3.02	30.38	27.67	26.95	26.55
5	234.10	10.87	0.35	16.3	16	432	0.03	0.09	0.21	0.54	33.78	22.41	16.81	17.83
6	228.75	6.46	0.22	14.5	13.9	318	0.03	0.48	0.83	1.39	33.65	16.95	16.16	12.38
7	228.90	7.62	0.55	16.3	16.7	387	0.03	0.61	1.00	2.19	33.06	26.30	25.88	26.03
8	242.65	15.01	1.58	18.9	20.5	424	0.02	0.11	0.21	0.60	31.68	13.48	11.62	8.83
9	211.54	8.40	0.37	15.6	21	390	0.03	0.41	1.56	4.12	33.55	17.33	16.85	15.23
10	178.00	3.00	0.13	13.5	12.6	380	0.03	0.57	0.95	1.83	29.23	22.90	22.81	17.61
11	205.29	13.20	0.91	16.4	15.5	373	0.02	0.43	0.80	1.29	31.37	13.58	11.76	6.99
12	109.18	2.65	0.06	10.5	10	413	0.06	1.36	2.74	5.19	29.66	18.99	11.20	7.51
13	177.25	3.95	0.15	13.1	13.1	437	0.04	0.93	1.98	4.44	32.73	29.19	26.65	24.17
14	195.07	4.10	0.60	14	14.2	408	0.03	0.22	0.30	0.78	33.07	23.37	15.69	12.70
15	200.76	4.75	0.40	15.5	15.1	370	0.03	0.64	1.59	3.14	36.41	17.05	12.22	9.54
16	160.10	2.08	0.08	11.3	11.6	360	0.07	0.86	1.55	2.88	31.73	8.23	6.62	6.54

　　由表2-18可知,关键指标数据库中,胶结充填材料单轴抗压强度范围为0.03～6.30MPa,坍落度范围为105.7～242.65mm,泌水率范围为1.59%～15.01%。由于存在一些配比不满足基本输送指标,但强度较高的情况,如1号和12号配比浓度或粉煤灰掺量过高造成其坍落度较低,但该配比后期充填体强度较高,对该类配比可以考虑采用添加剂调控使其满足基本输送要求[12]。该胶结充填材料关键指标数据库和原材料掺量合理范围可作为煤矿胶结充填材料性能研究的示例,同时为本书后续章节提供数据基础。

参 考 文 献

[1] 中华人民共和国住房和城乡建设部. GB/T 50080—2016　普通混凝土拌合物性能试验方法标准[S]. 北京: 中国建筑工业出版社, 2017.

[2] 邓雪杰, 刘浩, 王家臣, 等. 煤矿采空区充实率控制导向的胶结充填体强度需求[J]. 煤炭学报, 2022, 47(12): 4250-4264.

[3] 吴立波, 王贻明, 陈威, 等. 基于正交实验的赤泥粉煤灰膏体充填材料配比优化[J]. 矿业研究与开发, 2020, 40(5): 45-49.

[4] 宋俊杰, 张卫中, 王孟来, 等. 基于正交实验的废石-磷尾砂充填材料配比优化研究[J]. 矿产综合利用, 2022, (6): 55-60.

[5] 中华人民共和国国家质量监督检验检疫总局, 中国国家标准化管理委员会. GB/T 1346—2011　水泥标准稠度用水量、凝结时间、安定性检验方法[S]. 北京: 中国标准出版社, 2011.

[6] 赵才智, 周华强, 瞿群迪, 等. 膏体充填料浆流变性能的实验研究[J]. 煤炭科学技术, 2006, (8): 54-56.

[7] 刘金枝, 高子明, 程起超, 等. 温度对膏体充填料浆流变特性影响试验研究[J]. 矿冶工程, 2020, 40(3): 24-26, 33.

[8] 吴爱祥, 李红, 程海勇, 等. 全尾砂膏体流变学研究现状与展望(下): 流变测量与展望[J]. 工程科学学报, 2021, 43(4): 451-459.

[9] 中华人民共和国住房和城乡建设部. GB/T 51450—2022　金属非金属矿山充填工程技术标准[S]. 北京: 中国计划出版社, 2022.

[10] 侯永强, 尹升华, 杨世兴, 等. 混合骨料胶结充填体强度特性及与开挖矿体的合理匹配[J]. 中国有色金属学报, 2021, 31(12): 3750-3761.

[11] 张友锋, 付玉华. 基于正交试验充填体力学性能及配比优化研究[J]. 有色金属工程, 2021, 11(10): 114-122.

[12] 赵才智, 周华强, 瞿群迪, 等. 膏体充填材料力学性能的初步实验[J]. 中国矿业大学学报, 2004, (2): 35-37.

[13] 高承, 尹升华, 李德贤, 等. 混合骨料胶结充填体的力学性能及其配比优化设计[J]. 矿业研究与开发, 2022, 42(1): 17-22.

[14] 赵建会, 刘浪. 基于坍落度的充填膏体流变特性研究[J]. 西安建筑科技大学学报(自然科学版), 2015, 47(2): 192-198.

[15] 陈维新, 李凤义, 单麒源. 粉煤灰基胶结充填材料的流变特性[J]. 黑龙江科技大学学报, 2019, 29(1): 105-109.

[16] 崔博强, 刘音, 李浩, 等. 化学激发水泥-粉煤灰充填膏体胶凝性实验研究[J]. 矿业研究与开发, 2018, 38(3): 127-131.

[17] 贾世杰, 徐洪艳, 陈辉. 粉煤灰-水泥基胶结充填体早期强度及水化机理研究[J]. 采矿技术, 2021, 21(3): 164-167, 183.

[18] 吴凡, 杨发光, 肖柏林, 等. 基于扩展度表征高浓度混合骨料充填料浆流变特性及应用[J]. 中南大学学报(自然科学版), 2022, 53(8): 3104-3112.

[19] 周瑶, 谢志清, 刘长友, 等. 不同粒径煤矸石浆液的流变性能试验[J]. 硅酸盐通报, 2022, 41(12): 4324-4331.

[20] 王圣杰, 李兵, 李传习, 等. 超高性能混凝土流动性与流变性关系[J]. 硅酸盐学报, 2023, 51(8): 1962-1970.

[21] 徐毅安, 邓博团. 粗骨料充填料浆泌水特性及其对充填体性能的影响[J]. 金属矿山, 2022, (11): 271-276.

[22] 尹升华, 闫泽鹏. 粗骨料对膏体泌水性及力学性能的影响(英文)[J]. 中南大学学报(英文版), 2023, 30(2): 555-567.

[23] 李标, 马芹永, 张发. 超细矿渣粉与硅灰对水泥基注浆材料性能影响机理分析[J]. 硅酸盐通报, 2022, 41(12): 4342-4352.

[24] 杨捷, 武继龙, 晋俊宇. 矸石、粉煤灰高浓度料浆矸石颗粒悬浮性研究[J]. 矿业科学学报, 2019, 4(2): 127-132.

[25] 陈磊, 赵健, 赵明. 粉煤灰粒径对高浓度胶结充填材料性能的影响研究[J]. 煤炭工程, 2017, 49(2): 86-88, 92.

[26] 刘超群, 朱泽文, 张友华, 等. 活化煤矸石水泥水化机理与性能研究[J]. 硅酸盐通报, 2023, 42(10): 3660-3670.

[27] 尹升华, 刘家明, 陈威, 等. 粗骨料膏体低温流变性能及回归模型[J]. 中南大学学报(自然科学版), 2020, 51(12): 3379-3388.

[28] 赵文华, 崔锋, 刘鹏亮, 等. 粉煤灰-脱硫石膏充填材料性能及微观结构研究[J]. 中国矿业, 2022, 31(9): 132-138.

[29] 栾晓风, 潘志华, 王冬冬. 粉煤灰水泥体系中粉煤灰活性的化学激发[J]. 硅酸盐通报, 2010, 29(4): 757-761, 783.

[30] 张建俊, 王宝强, 蔡冀奇, 等. 粉煤灰基固废胶凝材料流变特性机理研究[J]. 功能材料, 2023, 54(12): 12154-12162.

[31] 尹博, 康天合, 康健婷, 等. 粉煤灰膏体充填材料水化动力过程与水化机制[J]. 岩石力学与工程学报, 2018, 37(S2): 4384-4394.

[32] 张成银, 王衍森. 养护温度和养护时间对缓凝水泥浆液表观粘度及流变性能的影响研究[J]. 矿业研究与开发, 2019, 39(10): 26-30.

[33] 董红娟, 王博, 张金山, 等. 粉煤灰基复合胶凝喷浆材料的强度及水化机理[J]. 硅酸盐通报, 2020, 39(10): 3293-3297.

[34] 齐兆军, 孙业庚, 刘树龙, 等. 全尾砂新型充填胶凝材料早期强度及微观结构分析[J]. 矿业研究与开发, 2020, 40(11): 47-51.

[35] 盛宇航, 范纯超, 王增加, 等. 不同胶凝材料尾砂充填体强度与微观结构分析[J]. 有色金属科学与工程, 2024, 15(4): 570-576.

[36] 王贻明, 刘树龙, 吴爱祥, 等. 干湿循环下复合激发膏体充填材料宏-细-微观强化与损伤特性[J]. 中南大学学报(自然科学版), 2024, 55(2): 665-676.

[37] 吉龙华, 周文, 何磊. 基于超细粒级尾砂的水泥基充填复合材料性能研究[J]. 矿业研究与开发, 2023, 43(5): 19-25.

第3章 煤矿胶结充填料浆输送性能需求设计原理

3.1 胶结充填料浆管道输送性能指标

3.1.1 输送性能指标相关性分析

评价充填料浆输送性能的指标较多，如泌水率、坍落度、分层指数、屈服应力、黏度等各指标之间都存在一定的联系。为了服务实际生产，简化输送指标，从充填料浆的流动性、稳定性着手，对这些输送性能指标进行相关性回归分析以选取主要输送性能表征指标。输送性能指标的相关性分析主要研究各指标间有无关联及关联的紧密程度。其基本原理是通过相关系数来量化两个变量之间的线性关联程度。相关系数的绝对值越接近 1，表明两个变量之间的相关性越强；相反，相关系数的绝对值越接近 0，说明两个变量之间的相关性越弱[1]。

$$\rho_{XY} = \frac{\text{cov}(X,Y)}{\sqrt{\text{var}(X)\text{var}(Y)}} \tag{3-1}$$

式中，ρ_{XY} 为 X、Y 的相关系数；$\text{var}(X)$ 为 X 的方差；$\text{var}(Y)$ 为 Y 的方差；$\text{cov}(X,Y)$ 为 X 与 Y 的协方差。

1. 线性相关性

使用数据分析软件对输送性能指标相关性进行分析，得到充填料浆流动参数相关性检验相关系数，见表3-1。

表 3-1 充填料浆流动参数相关性检验相关系数

流动参数	坍落度	扩展度	泌水率	屈服应力	宾汉黏度	分层指数	初凝时间
坍落度	1						
扩展度	0.862082	1					
泌水率	0.762387	0.857588	1				
屈服应力	−0.77016	−0.57332	−0.57263	1			
宾汉黏度	−0.73634	−0.53326	−0.53526	0.996565	1		
分层指数	0.826291	0.902688	0.869296	−0.56702	−0.52869	1	
初凝时间	0.517866	0.4407	0.481007	−0.72325	−0.73364	0.460774	1

根据表 3-1 可知，充填料浆的各项性能指标之间存在不同程度的线性相关性。其中，坍落度、扩展度、泌水率和分层指数之间呈现出非常强的正相关性，说明这些指标都反映了充填料浆的流动性和稳定性，且变化趋势和幅度一致。而屈服应力和宾汉黏度之间也呈现出非常强的正相关性，说明这两个指标都反映了充填料浆的黏度和抗变形能力，且变化趋势和幅度非常相近。另外，坍落度、扩展度、泌水率和分层指数与屈服应力和宾汉黏度之间呈现出较强或较弱的负相关性，说明这些指标之间存在一定的制约关系。此外，初凝时间与其他指标之间的相关性较弱，说明初凝时间受其他因素的影响较大，与充填料浆的输送性能指标之间的关联性不明显。

2. 非线性相关性

使用数据处理软件对上述各变量之间采用最优模型拟合的方式拟合获得一系列关系曲线，如图 3-1 所示。

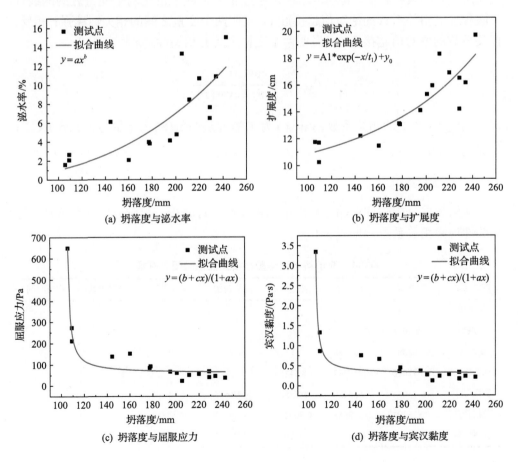

(a) 坍落度与泌水率　　　　　　　　　　　(b) 坍落度与扩展度

(c) 坍落度与屈服应力　　　　　　　　　　(d) 坍落度与宾汉黏度

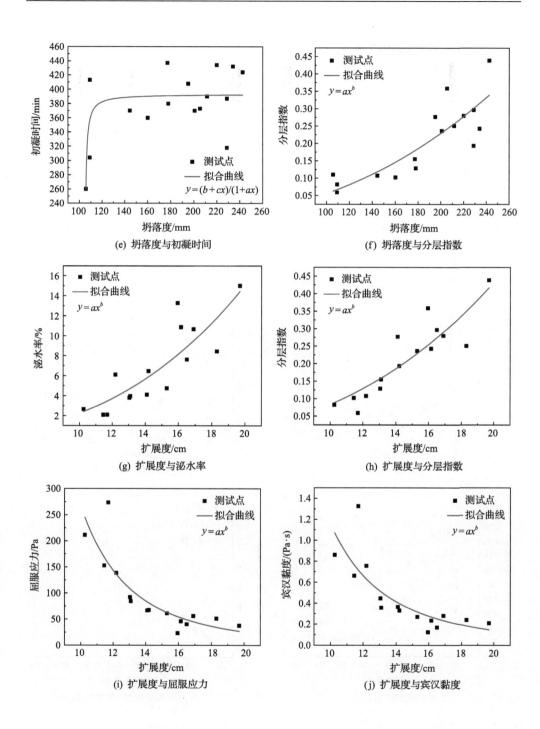

(e) 坍落度与初凝时间

(f) 坍落度与分层指数

(g) 扩展度与泌水率

(h) 扩展度与分层指数

(i) 扩展度与屈服应力

(j) 扩展度与宾汉黏度

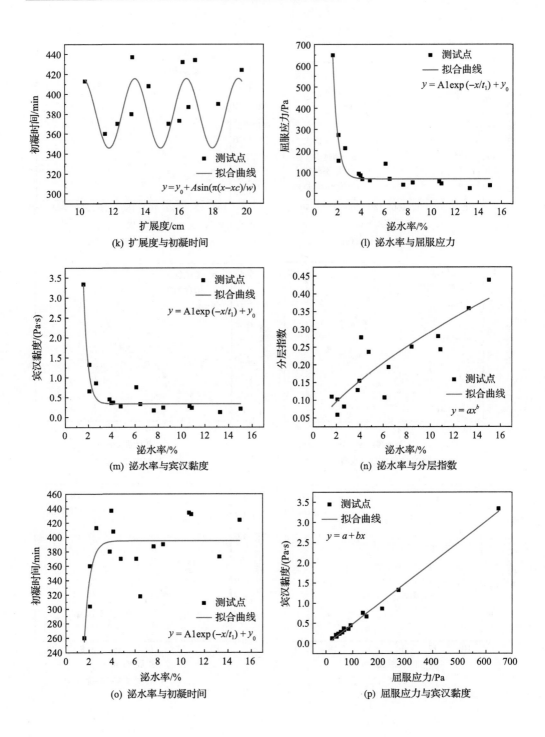

(k) 扩展度与初凝时间

(l) 泌水率与屈服应力

(m) 泌水率与宾汉黏度

(n) 泌水率与分层指数

(o) 泌水率与初凝时间

(p) 屈服应力与宾汉黏度

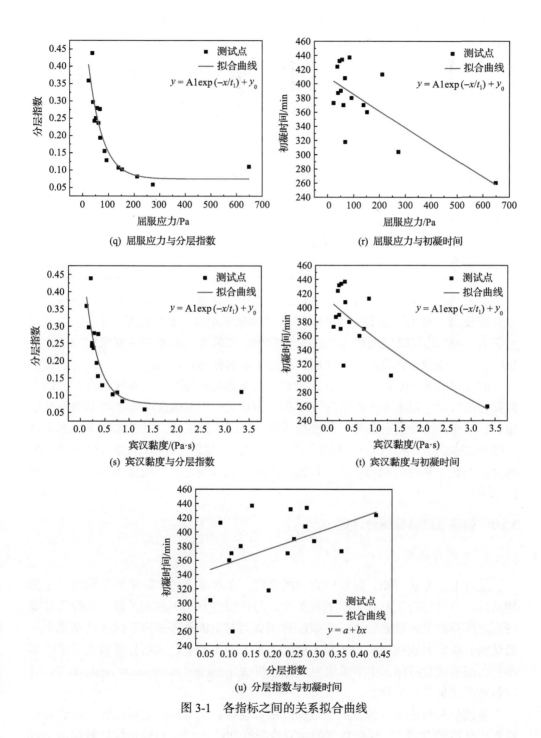

图 3-1　各指标之间的关系拟合曲线

根据函数拟合关系，总结所有变量之间调整后的 R^2 并整理得到充填料浆输送性能指标决定系数，见表 3-2。

表 3-2　充填料浆流动参数决定系数

流动参数	R^2						
	坍落度	扩展度	泌水率	屈服应力	宾汉黏度	分层指数	初凝时间
坍落度	1						
扩展度	0.75	1					
泌水率	0.61	0.69	1				
屈服应力	0.95	0.73	0.91	1			
宾汉黏度	0.95	0.63	0.92	0.99	1		
分层指数	0.68	0.77	0.74	0.83	0.75	1	
初凝时间	0.37	0.31	0.48	0.44	0.47	0.16	1

从表 3-2 可知，坍落度与扩展度、泌水率、屈服应力、宾汉黏度、分层指数拟合度较高，使用坍落度指标可以解释 75%的扩展度、61%的泌水率、95%的屈服应力、95%的宾汉黏度和 68%的分层指数。扩展度与泌水率、屈服应力、宾汉黏度、分层指数拟合度良好，使用扩展度可以解释 69%的泌水率、73%的屈服应力、63%的宾汉黏度和 77%的分层指数。泌水率与屈服应力、宾汉黏度、分层指数拟合度较好，泌水率可以解释 91%的屈服应力、92%的宾汉黏度和 74%的分层指数。屈服应力与宾汉黏度、分层指数拟合度高，屈服应力可以解释 99%的宾汉黏度和 83%的分层指数。宾汉黏度与分层指数拟合度较高,宾汉黏度可以解释 75%的分层指数。初凝时间与各流变数据之间的相关性较低，不能使用其他变量得到良好表征。

3.1.2　输送性能指标综合评定

1. 主成分分析

通过上述分析可知，屈服应力与坍落度、泌水率、宾汉黏度具有 91%以上的相关性，与分层指数具有 83%的相关性，与扩展度有 73%的相关性，各输送性能指标之间存在紧密联系，这是料浆配比组成与材料因素等多因素耦合的结果。一般认为，决定系数在 0.8 以上具有强相关性，在工程上，多指标参数会带来诸多不便，需要优化指标。本节采取主成分分析法（principal component analysis, PCA）对各性能指标进行优化。

主成分分析法是一种常用的数据降维和特征提取方法，它可以将高维的数据投影到低维的空间中，保留数据的主要变异性和信息[2-4]。对输送性能数据的主成分分析检验见表 3-3。

表 3-3　主成分分析检验

KMO 和 Bartlett 的检验		
KMO 值	0.818	
Bartlett 球形度检验	近似卡方	137.345
	df	15
	P 值	0.000

根据表 3-3 中的数据，KMO 值为 0.818，这一数值大于 0.6，因此满足了进行主成分分析的前提条件，表明试验数据适合进行主成分分析。此外，数据通过了 Bartlett 球形度检验（$P<0.05$），进一步证实研究数据适合进行主成分分析。综上所述，这些数据可用于主成分分析，以提取主要因子并解释变量间的关联。方差解释率可以用来确定主成分的数目，使用 SPSS 软件分析数据可得方差解释率具体见表 3-4。

表 3-4　方差解释率表格

编号	特征根			主成分提取		
	特征根	方差解释率/%	累积方差解释率/%	特征根	方差解释率/%	累积方差解释率/%
1	4.749	79.151	79.151	4.749	79.151	79.151
2	0.877	14.624	93.775	—	—	—
3	0.191	3.183	96.958	—	—	—
4	0.106	1.763	98.721	—	—	—
5	0.075	1.246	99.967	—	—	—
6	0.002	0.033	100.000	—	—	—

对表 3-4 主成分提取信息量情况进行分析可知，主成分分析一共提取出 1 个主成分，特征根值均大于 1，这一个主成分的方差解释率是 79.151%，累积方差解释率为 79.151%，这意味着这个主成分能够很好地解释原始数据中的大部分信息，具有较高的代表性和解释力。

碎石图用于辅助判断主成分提取个数，如图 3-2 所示，仅有一个特征值大于 1，因此只提取一个主因素。

载荷系数表格展示因子和测量项之间的关联关系，一般需要根据标准载荷系数进行分析，见表 3-5。

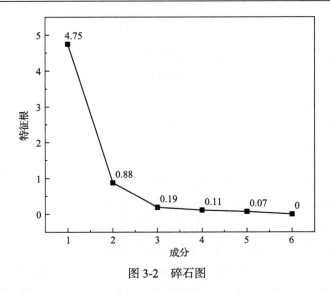

图 3-2　碎石图

表 3-5　载荷系数表格

名称	载荷系数	共同度（公因子方差）
	主成分 1	
屈服应力/Pa	−0.864	0.747
宾汉黏度/(Pa·s)	−0.837	0.701
坍落度/mm	0.937	0.877
泌水率/%	0.860	0.739
分层指数	0.880	0.774
圆柱扩展度/mm	0.955	0.911

　　表 3-5 展示主成分对于各输送性能指标的信息提取情况，以及主成分和各流动指标对应关系，由表 3-5 可知各项载荷系数与共同度数值均超过 0.4，表明它们与主成分具有显著的相关性，主成分可以有效地提取出信息。确保主成分可以提取出研究项大部分的信息量之后，可对主成分和流动性能指标的对应关系情况进行分析。共同度（公因子方差）是衡量变量被公因子解释的程度，通常提取值超过 0.5 即可接受，而超过 0.7 则更佳，意味着变量得到了合理的公因子表达，由公因子方差可知，各因素均可作为主因素，也可使用主因素分析，观察各因素之间的关系并获得较综合性的输送性能表征模型。

　　由表 3-6 可知，由于各输送性能指标之间联系较为密切，权重基本一致。

表 3-6　线性组合系数及权重结果

名称	主成分 1	综合得分系数	权重/%
特征根	4.749		
方差解释率/%	79.15		
屈服应力/Pa	0.3965	0.3965	16.21
宾汉黏度/(Pa·s)	0.3841	0.3841	15.70
坍落度/mm	0.4297	0.4297	17.56
泌水率/%	0.3945	0.3945	16.12
分层指数	0.4038	0.4038	16.50
圆柱扩展度/mm	0.4381	0.4381	17.91

使用主成分综合得分评价时，需要构建一个线性组合系数矩阵，如表 3-7 所示，以便在标准化数据的基础上建立主成分与研究变量之间的联系，得出如下表达式：

$$F = -0.397x_1 - 0.384x_2 + 0.430x_3 + 0.394x_4 + 0.404x_5 + 0.438x_6 \qquad (3-2)$$

式中，x_1 为屈服应力，Pa；x_2 为宾汉黏度，Pa·s；x_3 为坍落度，mm；x_4 为泌水率，%；x_5 为分层指数；x_6 为圆柱扩展度，mm；F 为可输送和稳定性综合表征指标。

表 3-7　线性组合系数矩阵

名称	成分 1
屈服应力/Pa	−0.397
宾汉黏度/(Pa·s)	−0.384
坍落度/mm	0.430
泌水率/%	0.394
分层指数	0.404
圆柱扩展度/mm	0.438

上述采用主因素分析得到了可输送性和稳定性综合表征指标 F，但是 F 值由多个参数构成，在实际工程应用中仍然存在烦琐的问题，而主因素分析证明了各输送性能指标之间具有强非线性联系，因此考虑采用流动性和沉降性方面具有代表性的指标构建料浆可输送性与稳定性表征模型。

2. 主要表征指标确定

分析表 3-1、表 3-2 以及主成分分析中的数据，得出屈服应力与坍落度、扩展度、泌水率、宾汉黏度等输送性能指标存在良好的相关度，屈服应力可解释其他指标程度较高。为了直观表示屈服应力与其他流动性指标的关系，将屈服应力和其他指标的拟合度使用柱状图的形式展示，如图 3-3 所示。

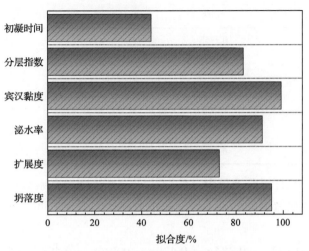

图 3-3　屈服应力与其他指标的拟合度

　　初凝时间与其他变量关系较弱，只需满足料浆在长距离输送过程中不达到初凝状态的基本要求即可，16 组正交配比初凝时间为 300～400min，满足一般长距离管路输送需求，在此暂不考虑。

　　屈服应力对输送性能的表征具有较强的代表性，分层指数则对料浆粗颗粒群沉降特性具有较强的代表性，因此采用屈服应力针对料浆的流动性和单颗粒稳定性进行理论推导，得出料浆输送性能需求的主要表征模型，分层指数则作为颗粒群沉降性能的表征指标，评价输送的安全性与稳定性。通过屈服应力和分层指数这两个指标，辅以初凝时间满足基本要求，则可确定不同管路条件下煤矿粗骨料胶结充填料浆的输送性能需求。

3.2　胶结充填料浆管道输送力学模型

3.2.1　流体区域划分

　　在流体区域划分之前，需要明确非牛顿流体管道流动状态。流动状态可通过雷诺数判定，其计算方程见式（3-3）。一般高浓度料浆管道输送雷诺数小于 2300，处于层流状态[5,6]。

$$Re = \frac{Dv\rho}{\mu'} \tag{3-3}$$

式中，Re 为雷诺数；μ' 为表观黏度，Pa·s；v 为料浆流速，m/s；ρ 为料浆密度，kg/m³；D 为管径，m。

根据充填料浆应力分布，对于管道输送不可压缩的高浓度充填料浆，一般可认为其处于层流状态，对于层流状态的高浓度胶结充填料浆，可以采用宾汉模型描述[7-9]。

$$\tau = \tau_0 + \mu_B \left(\frac{d_u}{d_r} \right) \tag{3-4}$$

式中，τ 为剪切应力，Pa·s；τ_0 为屈服应力，Pa；μ_B 为宾汉黏度，Pa·s；d_u/d_r 为剪切速率，s⁻¹。

根据宾汉模型的定义可知：

$$\frac{d_u}{d_r} = \frac{\tau - \tau_0}{\mu_B} \tag{3-5}$$

在管道中取半径为 r、长度为 L 的圆柱体流体的微元，其圆柱面的面积 S 为 πr^2，压力损失为 ΔP，圆柱面所受的剪切应力为 τ。料浆管道输送剪切应力分布如图 3-4 所示。

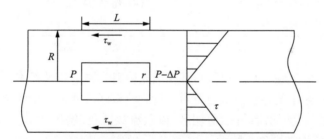

图 3-4　料浆管道输送剪切应力分布示意图

管道剪切流动区的剪切应力自边界层依次降低，管壁边界处具有最大的剪切应力。当剪切应力降低到料浆屈服应力大小时，此处就是剪切流动区与流核区的分界线，内部的料浆整体以柱塞流推动。

根据管流静力学平衡可得式(3-6)：

$$\Delta PS = \pi D'L'\tau \tag{3-6}$$

式中，S 为小圆柱微元的圆面面积，m²；D' 为小圆柱微元直径，m；L' 为小圆柱微元长度，m。

对式(3-6)简化，可得式(3-7)：

$$\tau = \frac{r\Delta P}{2L} \tag{3-7}$$

联立式(3-5)和式(3-7)，可知管道中流体速度分布：

$$\frac{d_u}{d_r} = \frac{\dfrac{r\Delta P}{2L} - \tau_0}{\mu_{\mathrm{B}}} \tag{3-8}$$

对式(3-8)积分变化：

$$u = C_1 - \frac{(2L\tau_0 - r\Delta P)\left(-\dfrac{\tau_0 - \dfrac{r\Delta P}{2L}}{\mu_{\mathrm{B}}}\right)}{2\Delta P} \tag{3-9}$$

C_1 为常数项，求解并代入式(3-9)可得：

$$u = \frac{(2L\tau_0 - R\Delta P)\left(-\dfrac{\tau_0 - \dfrac{R\Delta P}{2L}}{\mu_{\mathrm{B}}}\right)}{2\Delta P} - \frac{(2L\tau_0 - r\Delta P)\left(-\dfrac{\tau_0 - \dfrac{r\Delta P}{2L}}{\mu_{\mathrm{B}}}\right)}{2\Delta P} \tag{3-10}$$

经过前期流变试验可判定煤矸石基胶结充填料浆属于宾汉流体，在层流状态下，煤矸石颗粒在料浆中的运输过程自管道内壁到流核区可视为三个区域，分别是边界层区域（滑移区）、剪切流动区（剪切区）以及流核区（柱塞区）[10,11]。煤矸石基充填料浆管内流动结构如图 3-5 所示。

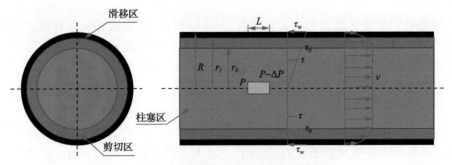

图 3-5　充填料浆管内流动结构示意图

其中，边界层区域主要是料浆中泌出水分作为润滑层，此润滑层可以大大减小管道与料浆之间的摩擦，从而降低管路的磨损。煤矸石颗粒主要存在于剪切流动区域和流核区，其中煤矸石颗粒在剪切流动区处于不稳定状态，由于受到外部作用力，矸石颗粒会向流核区集中。在流核区，煤矸石颗粒基本处于稳定状态，在竖直方向上，受力基本平衡，一般不随着管路变化而变化。

3.2.2　管输煤矸石基充填料浆流核区力学特征

在忽略颗粒之间相互作用的情况下，当去除煤矸石颗粒后，充填料浆可视为均质体，在竖直方向上，煤矸石颗粒在均质体中的受力主要分为重力和浮力及抵抗颗粒下沉趋势的黏滞阻力。令煤矸石颗粒所受重力为 G，所受浮力为 F_B，当颗粒在均质料浆流核区中沉降时，竖直方向上合力为 F。

重力是指煤矸石粗颗粒受到的地球吸引力，其表达式为

$$G = m_p g = \rho_p v_p g \tag{3-11}$$

式中，G 为重力，N；m_p 为颗粒质量，kg；g 为重力加速度，$\mathrm{m/s^{-2}}$；ρ_p 为颗粒密度，$\mathrm{m^3}$；v_p 为颗粒体积，$\mathrm{m^3}$。

浮力是指浸没在均质料浆中，煤矸石粗颗粒各表面受流体压力的差，其表达式为

$$F_B = \rho v_p g \tag{3-12}$$

式中，F_B 为浮力，N；ρ 为料浆密度，$\mathrm{kg/m^3}$。

在流核区，颗粒具有竖直向下运动的趋势，由于屈服应力的存在，颗粒表面受到相应的向上的黏滞阻力。

$$F_{阻} = \tau_0 A = 4\pi r^2 \tau_0 \int_0^{\frac{\pi}{2}} \cos^2\theta \mathrm{d}\theta = \frac{1}{4}\pi^2 d^2 \tau_0 \tag{3-13}$$

式中，$F_{阻}$ 为黏滞阻力，N；d 为颗粒直径，m。

合力提供粗颗粒流核区沉降的加速度，合力的表达式为

$$F = (\rho_p - \rho)v_p g - \frac{1}{4}\pi^2 d^2 \tau_0 \tag{3-14}$$

当合力为 0 时，是颗粒不会发生堆积的临界状态，此时有

$$\tau_0 \geqslant \frac{4(\rho_p - \rho)v_p g}{\pi^2 d^2} \tag{3-15}$$

具体如图 3-6 所示。

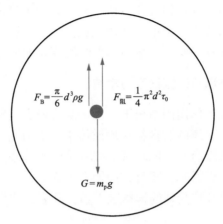

图 3-6　煤矸石粗颗粒流核区沉降受力状态

由此可知，充填料浆粗颗粒在流核区沉降除了与颗粒、均质料浆密度差有关，还和料浆本身的流变性能有关。

3.2.3　管输煤矸石基充填料浆剪切流动区力学特征

煤矸石粗颗粒在管道剪切流动区中流动，相对于流核区沉降所受的作用力较为复杂，其中包括重力、浮力、压力梯度力、黏滞阻力、曳力、附加质量力、Magnus 升力、Saffman 升力等作用力的综合作用，各作用力表达式如下。

重力：指粗颗粒在均质浆体管道输送过程中受到的引力，对于球形颗粒，大小表示为

$$G = m_{\mathrm{p}}g = \frac{\pi}{6}d^3\rho_{\mathrm{p}}g \tag{3-16}$$

浮力：指煤矸石粗颗粒处于流场中时，其各表面受到的流体压力差，对于球形颗粒，大小可以表示为

$$F_{\mathrm{B}} = \frac{\pi}{6}d^3\rho g \tag{3-17}$$

压力梯度力：指煤矸石基充填料浆在管道输送过程入口和出口存在压力差，导致粗颗粒在流场中受到的压力。沿着流动方向，压力梯度力可以表示为

$$F_{\mathrm{p}} = -\frac{\pi d^3}{6}\frac{\partial P}{\partial l} \tag{3-18}$$

黏滞阻力：指煤矸石粗颗粒在黏滞流体中所受的阻力，大小可表示为

$$F_{阻} = 6\pi\mu v r \tag{3-19}$$

曳力：曳力特指流体对煤矸石粗颗粒的作用力。

$$F_{\mathrm{D}} = \frac{18\mu}{\rho_{\mathrm{p}} d^2} \frac{C_{\mathrm{D}} Re}{24} \tag{3-20}$$

式中，μ 为流体黏度，Pa·s；C_{D} 为曳力系数。

曳力系数可表示为

$$C_{\mathrm{D}} = \frac{24}{Re}\left(1 + b_1 Re^{b_2}\right) + \frac{b_3 Re}{b_4 + Re} \tag{3-21}$$

式中，$b_1 = \exp\left(2.3288 - 6.4581 + 2.4486 f^2\right)$；$b_2 = 0.0964 + 0.5565 f$；$b_3 = \exp(4.905 - 13.8944 f + 18.4222 f^2 - 10.2599 f^3)$；$b_4 = \exp(1.4681 + 12.2584 f - 20.7322 f^2 + 15.8855 f^3)$；$f$ 为形状系数，表示与实际颗粒具有相同体积的球形颗粒的表面积和实际颗粒的表面积的比值。颗粒雷诺数可由式 (3-22) 表示：

$$Re = \frac{\rho d \left| u - u_{\mathrm{p}} \right|}{\mu} \tag{3-22}$$

附加质量力：使颗粒周围流体加速而引起的附加作用力。具体可表示为

$$F_{\mathrm{x}} = \frac{1}{2} \frac{\rho}{\rho_{\mathrm{p}}} \frac{\mathrm{d}}{\mathrm{d}p}\left(u - u_{\mathrm{p}}\right) \tag{3-23}$$

式中，F_{x} 为附加质量力，N。

附加质量力适用于颗粒密度小于均质料浆的情况，因此煤矸石颗粒可忽略此力的作用。

Magnus 升力：宾汉流体在管输过程中，柱塞流动区没有速度梯度，而剪切流动区存在速度梯度，而这种速度梯度会造成煤矸石粗骨料两端流速不同，从而发生自旋现象，Magnus 升力正是这种自旋引起的。其方向与料浆流动方向垂直，由管壁指向管道中心。

$$F_{\mathrm{m}} = c_2 r^3 s_2 \rho v \tag{3-24}$$

式中，F_m 为 Magnus 升力，N；c_2 为升力系数，$16\pi^3/3$；r 为主要影响半径；s_2 为角速度，s^{-1}；v 为料浆流速，m/s。

Saffman 升力：剪切流动区存在速度梯度，即使没有颗粒自旋，粗颗粒也会受到颗粒两侧速度梯度引起的力，这种速度梯度产生的升力称为 Saffman 升力，其方向由低速指向高速，但是 Saffman 升力只在亚观尺度上适用，对于煤矸石粗颗粒可忽略其影响。可用式(3-25)表示：

$$F_v = 1.61 d^2 \sqrt{\rho\mu} \left(v - v_p\right)\sqrt{\frac{\mathrm{d}u}{\mathrm{d}y}} \tag{3-25}$$

式中，F_v 为 Saffman 升力，N。

煤矸石粗颗粒在管道中输送的过程是流体与颗粒、颗粒与颗粒、颗粒与壁面相互作用的结果，简化可忽略的力之后可得煤矸石粗颗粒在料浆输送中沉降过程所受的力主要有重力、浮力、压力梯度力、黏滞阻力、曳力、附加质量力、Magnus 升力、Saffman 升力。

$$F = F_D + F_x + F_v + F_m + F_p + G + F_B \tag{3-26}$$

考虑使用式(3-26)表征颗粒沉降过于复杂，对于粗颗粒，有些力过于微小可以忽略，只需考虑粗颗粒在竖直方向上不沉降即可，在非惯性参考系下，需要加入惯性力项 $-ma$ 来与其他力进行平衡，加入的这个由惯性引起的力项称为惯性力。故将粗颗粒在高浓度料浆中竖直方向上受力简化为重力、浮力、黏滞阻力、惯性力保守分析，如图 3-7 所示。

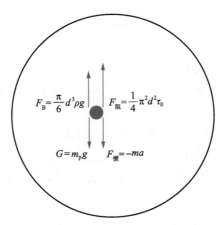

图 3-7　粗颗粒在高浓度料浆中受力简化图

在保守情况下，料浆竖直方向上所受合力为

$$F = F_{惯} + G - F_{B} - F_{阻} \tag{3-27}$$

式中，$F_{惯}$ 为粗颗粒惯性力；$F_{阻}$ 为颗粒表面的黏滞阻力：

$$F_{阻} = \tau_0 A = 4\pi r^2 \tau_0 \int_0^{\frac{\pi}{2}} \cos^2\theta \mathrm{d}\theta = \frac{1}{4}\pi^2 d^2 \tau_0 \tag{3-28}$$

料浆中粗骨料保持平衡需要料浆提供的黏滞阻力，即料浆屈服应力为

$$\tau_0 \geqslant \frac{4\left(2\rho_p - \rho\right)v_p g}{\pi^2 d^2} \tag{3-29}$$

3.2.4　管输煤矸石基充填料浆边界层力学特征

边界层指流体在固体壁面附近存在的一层极薄的流体层。流体在管路输送中起到润滑作用的边界层较薄，远小于煤矸石颗粒，边界层流体常视为均质流体，在煤矸石竖直方向上的沉降分析中常忽略。流体在流动时和壁面之间的相对运动过程中，无限接近壁面的薄层速度可视为零，自管壁向内在靠近管壁的薄层有较大的速度梯度，在边界层层流条件下可以使用白金汉公式求出料浆在管路中的受力状态。

$$\frac{8v}{D} = \frac{\tau_w}{\mu}\left[1 - \frac{4}{3}\left(\frac{\tau_0}{\tau_w}\right) + \frac{1}{3}\left(\frac{\tau_0}{\tau_w}\right)^4\right] \tag{3-30}$$

式中，v 为料浆流速，m/s；D 为管径，m；τ_w 为管壁边界剪切应力，Pa；μ 为流体黏度，Pa·s。

由于屈服应力小于壁面剪切应力，高阶项数量级很小，故忽略高阶项，此时管壁剪切应力方程为

$$\tau_w = \frac{4}{3}\tau_0 + \mu\left(\frac{8v}{D}\right) \tag{3-31}$$

流体受到的剪切应力为

$$\tau = \frac{r\Delta P}{2L_1} \tag{3-32}$$

宾汉流体不同流速和管径下的摩阻损失计算公式为

$$i = \frac{\Delta P}{L_1} = \frac{32v}{D^2}\mu + \frac{16}{3D}\tau_0 \tag{3-33}$$

式中，i 为摩擦损失，Pa/m；L_1 为管道长度，m。

考虑局部损失，可乘以阻力系数 K，K 一般取值为 $1.05\sim1.1$，高浓度胶结充填管输沿程阻力为

$$H_w = iLK \tag{3-34}$$

长距离管路输送满足伯努利能量方程：

$$H_e + H_1 + \frac{P_1}{\gamma_3} + \frac{V_1^2}{2g} = H_2 + H_v + \frac{P_2}{\gamma_3} + \frac{V_2^2}{2g} \tag{3-35}$$

式中，H_e 为泵机的机械水头，m；H_v 为输送阻力，m 水柱；H_1 为入口标高，几何水头，m；H_2 为出口标高，几何水头，m；V_1 为入口速度，m/s；V_2 为出口速度，m/s；P_1 为入口压强，Pa；P_2 为出口压强，Pa；γ_3 为料浆容重，N/m³。

对于不可压缩流体的充填料浆，管路可输送的力学条件为

$$P_e + P_g \geqslant H_w \tag{3-36}$$

式中，P_e 为最大泵送压力，Pa；P_g 为料浆所受重力压强，Pa；H_w 为管输沿程阻力，Pa。

鉴于前文相关性分析中屈服应力与宾汉黏度具有强线性相关性(图 3.8)，而管

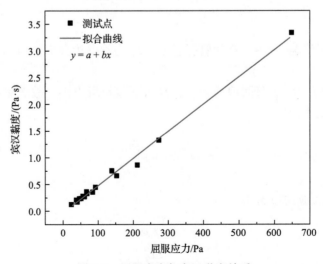

图 3-8　屈服应力与宾汉黏度关系

道输送阻力的计算同时涉及屈服应力与黏度，因此可使用单一指标简化摩阻损失的计算公式。

宾汉流体的屈服应力与黏度具有线性关系，用前期试验数据拟合修正 R^2 为 0.993，拟合公式如下：

$$\tau_0 = 195.23761\mu_B + 6.53319 \tag{3-37}$$

式中，τ_0 为屈服应力，Pa；μ_B 为宾汉黏度，Pa·s。

可将其一般化为

$$\tau_0 = a_1\mu_B + b_1 \tag{3-38}$$

式中，a_1 和 b_1 分别为方程一次项和常数项参数，变形可得：

$$\mu_B = \frac{\tau_0 - 6.53319}{195.23761} \tag{3-39}$$

由于管道料浆输送的主要动力来源为重力势能与泵机，主要阻力来源为料浆沿程阻力和局部阻力。若要料浆稳定输送，动力源需要大于阻力源，即

$$P_e + P_g \geqslant K\left[\left(\frac{32v_1L_1}{D_1^2}\frac{\tau_0 - a_1}{b_1} + \frac{16L_1}{3D_1}\tau_0\right) + \cdots + \left(\frac{32v_nL_n}{D_n^2}\frac{\tau_0 - a_1}{b_1} + \frac{16L_n}{3D_n}\tau_0\right)\right] \tag{3-40}$$

式中，L_n 为第 n 段管道长度，m；D_n 为第 n 段管道直径，m；K 为局部阻力系数。

变形可得：

$$\tau_0 \leqslant \frac{\dfrac{P_e + P_g}{K} + \dfrac{32b_1}{a_1}\left(\dfrac{v_1L_1}{D_1^2} + \cdots + \dfrac{v_nL_n}{D_n^2}\right)}{\dfrac{32v_1L_1}{a_1D_1^2} + \cdots + \dfrac{32v_nL_n}{a_1D_n^2} + \dfrac{16L_1}{3D_1} + \cdots + \dfrac{16L_n}{3D_n}} \tag{3-41}$$

式中，τ_0 为屈服应力，Pa；v_n 为第 n 段料浆流速，m/s。

由式 (3-41) 知，针对给定的外部条件，结合料浆的流变性能，通过控制煤矸石颗粒沉降状态和料浆的流变性能指标可实现长距离管路输送性能调控。但是，以上受力并未考虑颗粒群之间复杂的物理化学反应与相互作用。分层指数是表征

颗粒群沉降性能的主要指标，可以更好地表征长距离管路输送过程中颗粒群的沉降。为了探明分层指数的合理范围，根据 16 组不同配比料浆的分层料浆浓度绘制成如图 3-9 所示的料浆浓度曲线。

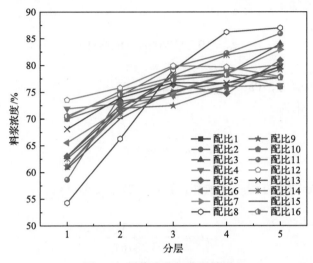

图 3-9　料浆浓度与分层关系

由图 3-9 可知，随着沉降柱的深度增加，料浆浓度增大。沉降柱中料浆出现沉降现象，在长距离管路输送中的料浆会出现类似的沉降现象。由于粗颗粒的密度大于均质料浆的密度，粗颗粒会受到重力的作用而向下沉降，导致底层浓度较高，而均质流体上浮，导致上层浓度较低。料浆浓度随着管道截面高度的变化而变化，形成料浆分层。因此，需要设计一个临界分层指数 SI_0，使料浆在管道输送过程中能够保持稳定流动。

从正交试验数据分析中可知，料浆屈服应力与料浆的浓度正相关，随着料浆浓度的增大，屈服应力也具有增大的趋势。由此得到料浆浓度与屈服应力的关系模型，如图 3-10 所示。

由图 3-10 可得料浆浓度与屈服应力的关系表达式的形式：

$$\tau_0 = e^{c+bC_v+aC_v^2} \tag{3-42}$$

料浆浓度可表示为与屈服应力相关的形式：

$$C_v = \frac{-b \pm \sqrt{b^2 - 4a(c - \ln\tau_0)}}{2a} \tag{3-43}$$

式中，C_v 为料浆浓度，%；a、b、c 分别是浓度二次项、一次项、常数项参数。

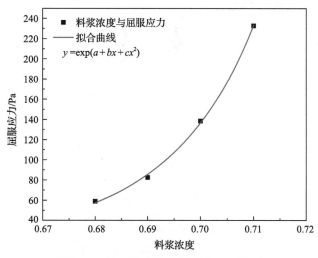

图 3-10　料浆浓度与屈服应力关系模型

分别对 16 组正交试验配比的分层浓度与位置关系进行线性拟合，得到料浆浓度分布关于位置的线性特征，线性拟合相关性见表 3-8，可知煤矸石基充填料浆的浓度与位置的呈较强的线性相关性。

表 3-8　浓度与位置的线性相关性

配比号	1	2	3	4	5	6	7	8
调整 R^2	0.68	0.97	0.90	0.95	0.76	0.93	0.92	0.90
配比号	9	10	11	12	13	14	15	16
调整 R^2	0.82	0.85	0.81	0.39	0.83	0.90	0.79	0.72

以管道中心点为原点，以水平管道竖直向上方向为 Y 轴，以管道中心点水平向右方向为 X 轴建立直角坐标系。在 Y 方向料浆浓度存在差异，而 X 方向料浆浓度分布均匀。在坐标系中绘制管道断面的划分如图 3-11 所示。

以 2 号配比为例，试验数据对模型赋参，得到沿管道顶端壁面竖直自上而下的浓度分布情况，如图 3-12 所示，可知浓度沿着管道自上而下基本呈现线性分布，可用式(3-44)描述。

$$C_v = m_2 y + n_2$$
$$y = \frac{r}{R} \tag{3-44}$$

式中，m_2 为浓度变化率；n_2 为管道中心的浓度；原点上方为正，下方为负，y 的自下而上范围是[–1,1]。

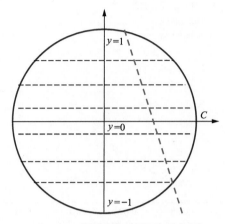

图 3-11　管道断面的划分示意图

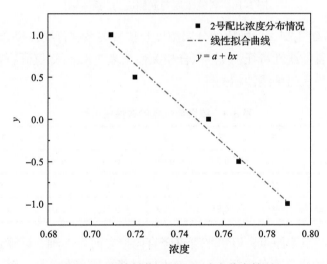

图 3-12　充填料浆 2 号配比浓度分布情况

由此可推得最大浓度 C_{max}、最小浓度 C_{min} 与平均浓度 C_{avg} 含剪切应力表达式如下：

$$C_{max} = \frac{-b + \sqrt{b^2 + 4a\left(c - \ln\tau_{w\,max}\right)}}{2a} \tag{3-45}$$

$$C_{min} = m_2 + n_2 \tag{3-46}$$

$$C_{\mathrm{avg}} = \frac{-b + \sqrt{b^2 - 4a(c - \ln\tau_0)}}{2a} \tag{3-47}$$

联立分层指数标准表达式可得临界分层指数 SI_0 一般形式的表达式为

$$SI_0 = \frac{-b + \sqrt{b^2 - 4a(c - \ln\tau_{\mathrm{w\,max}})} - 2a(m_2 + n_2)}{-b + \sqrt{b^2 - 4a(c - \ln\tau_0)}} \tag{3-48}$$

3.3　胶结充填料浆管道输送性能设计方法

3.3.1　胶结充填料浆管输性能需求设计总体思路

胶结充填料浆管道输送性能需求设计方法主要围绕料浆的流动性和稳定性展开[12-14]。为实现充填料浆安全输送的目标，充填料浆需同时满足流动性和稳定性要求。采用屈服应力和分层指数作为表征料浆在管路中流变性能和颗粒沉降的指标，根据实际工况，得出充填料浆输送性能的合理范围，结合胶结充填体强度需求[15]，在充填体合理强度范围内，确定最终的胶结充填材料配比。

3.3.2　胶结充填料浆管输性能需求设计

在大量试验的基础上，得出充填料浆的流动性能，其性能指标主要有屈服应力、宾汉黏度、坍落度、泌水率、分层指数、扩展度、初凝时间。同时，为了完善充填材料性能设计理论，还测试了充填体强度，综合各项指标测试结果，建立胶结充填材料关键性能指标数据库，见表 2-18。

1. 屈服应力需求

为了保持充填料浆粗颗粒的悬浮，需要料浆提供较大的抗沉降效应，即屈服应力。煤矸石粗颗粒在管路输送中保持悬浮的屈服应力应满足

$$\tau_0 \geqslant \frac{2d(2\rho_1 - \rho)g}{3\pi C'} \tag{3-49}$$

式中，ρ_1 为粗骨料密度，kg/m^3；d 为颗粒直径，m；C' 为颗粒剪切阻力系数，非规则球形颗粒取 1.2～2。

在煤矸石粗骨料胶结充填料浆管道输送系统中，除了考虑煤矸石粗骨料的沉降堵管问题之外，还应该从能量的角度针对管网动力进行设计：

$$\tau_0 \leqslant \frac{\dfrac{P_e + P_g}{K} + \dfrac{32b_1}{a_1}\left(\dfrac{V_1 L_1}{D_1^2} + \cdots + \dfrac{V_n L_n}{D_n^2}\right)}{\dfrac{32V_1 L_1}{a_1 D_1^2} + \cdots + \dfrac{32V_n L_n}{a_1 D_n^2} + \dfrac{16L_1}{3D_1} + \cdots + \dfrac{16L_n}{3D_n}} \tag{3-50}$$

在满足颗粒悬浮的条件下，料浆屈服应力越小，管网的能耗越少。因此，在保证安全的前提下，应尽可能降低料浆屈服应力。

$$\frac{2d(2\rho_p - \rho)g}{3\pi C'} \leqslant \tau_0 \leqslant \frac{\dfrac{P_e + P_g}{K} + \dfrac{32b_1}{a_1}\left(\dfrac{V_1 L_1}{D_1^2} + \cdots + \dfrac{V_n L_n}{D_n^2}\right)}{\dfrac{32V_1 L_1}{a_1 D_1^2} + \cdots + \dfrac{32V_n L_n}{a_1 D_n^2} + \dfrac{16L_1}{3D_1} + \cdots + \dfrac{16L_n}{3D_n}} \tag{3-51}$$

式中，ρ 为料浆密度，$\mathrm{kg/m^3}$；g 为重力加速度，$\mathrm{m/s^2}$；P_e 为最大泵送压力，Pa；P_g 为料浆所受重力压强，Pa；L_n 为第 n 段管道长度；V_n 为 L_n 段料浆流速，$\mathrm{m/s}$；D_n 为第 n 段管道管径，m。

2. 分层指数需求

屈服应力的限制可以维持单个煤矸石大颗粒保持悬浮状态，但是颗粒群往往伴随着物理化学反应，受力较为复杂，因此对于颗粒群的沉降特征仍需要分层指数来限制。一般来说，充填料浆的分层指数应不大于 SI_0，可表示为

$$\mathrm{SI}_0 = \frac{-b + \sqrt{b^2 - 4a(c - \ln\tau_{\mathrm{wmax}}) - 2a(m_2 + n_2)}}{-b + \sqrt{b^2 - 4a(c - \ln\tau_0)}} \tag{3-52}$$

3.3.3　胶结充填料浆管道输送性能需求设计流程

使用屈服应力表征料浆的流动性能与颗粒沉降特性，使用分层指数表征颗粒群的沉降特性。在给定的管路条件和料浆条件下，通过理论模型可设计出料浆输送性能需求的合理范围，具体设计流程如图 3-13 所示。具体表现为测试充填料浆的输送性能，建立料浆流动与沉降性能数据库，通过输送性能表征模型设计料浆屈服应力和分层指数，最终结合力学性能需求优化材料配比。

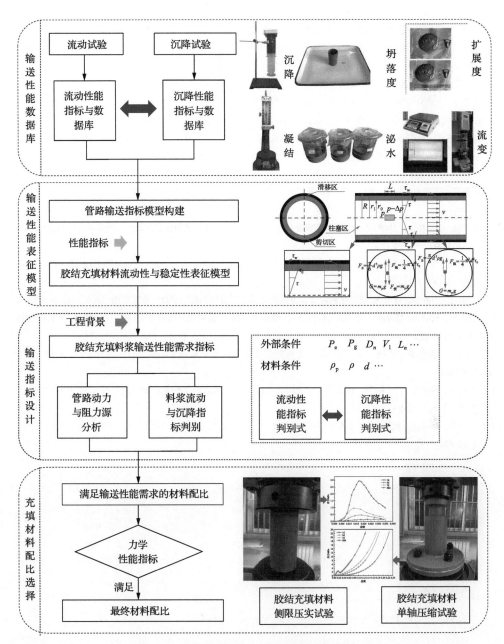

图 3-13　充填料浆管道输送性能需求设计流程

参 考 文 献

[1] 巴蕾. 粗骨料充填料浆输送管道磨损机理以及耐磨材料研究[D]. 北京: 北京科技大学, 2022.

[2] 林海明, 张文霖. 主成分分析与因子分析的异同和 SPSS 软件: 兼与刘玉玫、卢纹岱等同志商榷[J]. 统计研究, 2005, (3): 65-69.

[3] 林海明, 杜子芳. 主成分分析综合评价应该注意的问题[J]. 统计研究, 2013, 30(8): 25-31.

[4] 张文霖. 主成分分析在 SPSS 中的操作应用[J]. 市场研究, 2005, (12): 31-34.

[5] 林高平, 龚晓波, 冯霄, 等. 圆管突扩层流流动计算[J]. 西安交通大学学报, 2000, (6): 108-110.

[6] 凌杰, 王毅. 小雷诺数下圆柱绕流数值模拟[J]. 机械工程与自动化, 2019, (2): 87-88, 91.

[7] 邓代强, 高永涛, 杨耀亮, 等. 基于流体力学理论的全尾砂浆管道输送流变性能[J]. 北京科技大学学报, 2009, 31(11): 1380-1384.

[8] 史采星, 郭利杰, 杨超, 等. 某铜镍矿尾矿流变参数测试及管道输送阻力计算[J]. 中国矿业, 2018, 27(S2): 138-141.

[9] 曾卓雄, 徐义华, 汪月华, 等. 含颗粒宾汉流体密相两相湍流的数值模拟[J]. 水动力学研究与进展(A辑), 2004, (3): 305-309.

[10] 吴爱祥, 李红, 程海勇, 等. 全尾砂膏体流变学研究现状与展望(下): 流变测量与展望[J]. 工程科学学报, 2021, 43(4): 451-459.

[11] 王洪江, 吴爱祥, 肖卫国, 等. 粗粒级膏体充填的技术进展及存在的问题[J]. 金属矿山, 2009, (11): 1-5.

[12] 黄玉诚, 段晓博, 王瑜敏, 等. 煤矸石胶结充填管路输送不满管流及其防治方法研究[J]. 煤炭科学技术, 2020, 48(9): 117-122.

[13] 刘鹏亮, 张华兴, 崔锋, 等. 风积砂似膏体机械化充填保水采煤技术与实践[J]. 煤炭学报, 2017, 42(1): 118-126.

[14] 林倚天, 苏士杰, 赵明, 等. 基于环管实验的煤矸石-粉煤灰充填料浆的管路输送阻力研究[J]. 中国煤炭地质, 2021, 33(S1): 83-86.

[15] 邓雪杰, 刘浩, 王家臣, 等. 煤矿采空区充实率控制导向的胶结充填体强度需求[J]. 煤炭学报, 2022, 47(12): 4250-4264.

第4章　煤矿胶结充填体早期强度需求与标定方法

4.1　煤矿胶结充填体早期强度定义

"早期强度"是施工过程中一个重要的指标，最早广泛应用于混凝土行业，原指混凝土在浇筑后较短时间内所具有的强度，早期强度的确定在冬季施工或紧急抢修等工程中具有重要意义。早期时间长短没有一个固定的标准，一般指 28d 之前的龄期所具有的强度。煤矿胶结充填开采领域沿用了该术语，一般用于指胶结充填体在充填后 1d、3d 和 7d 的单轴抗压强度。但由于胶结充填开采工艺的不同，该术语并不能体现胶结充填体早期强度在充填开采工艺中的工程意义，而需要从工艺角度对煤矿胶结充填体的早期强度进行明确定义。煤矿胶结充填按工艺一般分为综采长壁胶结充填开采、巷式胶结充填开采和其他胶结充填开采技术，前两者应用最广泛且对早期强度有明确需求。

4.1.1　综采长壁胶结充填体早期强度

综采长壁胶结充填开采工艺主要分为割煤—挂袋—充填—移架。长壁胶结充填工作面每推进一个充填步距，需要沿工作面煤壁方向在支架后方以及两端头做隔离，在采煤工作面后方新产生的采空区形成封闭隔离空间，称为待充填区，随后用胶结充填材料充填隔离墙内全部待充填空间，等待充填材料凝结固化达到设计早期强度以后，再移架并进行下一循环充填开采。可见，早期强度决定着综采长壁胶结充填工作面移架时间，严重影响胶结充填工作面的生产效率。因此，对于综采长壁胶结充填开采，将胶结充填材料充入充填空间，凝结固化直至达到能移架时的强度称为综采长壁胶结充填体的早期强度。

4.1.2　巷式胶结充填体早期强度

巷式胶结充填开采工艺可以认为是采煤与充填间隔平行开展，循环连续作业。循环内充填开采巷道的充填体强度是影响充填采空区充实率的重要因素，充填体强度过高成本较高，不利于生产效益提高，强度过低充填体易变形造成充实率过低。因此，巷式胶结充填开采的早期强度应满足充填体邻巷安全开采的工艺需求，对于巷式胶结充填开采，将循环内充填体相邻巷道开采时充填体的强度称为巷式胶结充填体的早期强度。

4.2 煤矿胶结充填体早期强度需求设计原理

4.2.1 综采长壁胶结充填体早期强度设计原理

采用经典 Mitchell 模型[1-5]计算胶结充填体自稳强度，其原理如图 4-1 所示。

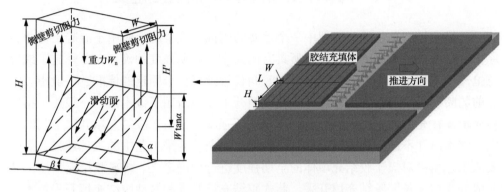

图 4-1　Mitchell 模型计算原理

Mitchell 模型认为充填体自重的一部分会被充填体两侧粗糙岩壁接触面产生的剪力承担，且对于排水胶结的充填体，简化此剪力为胶结充填体剪切强度（假设充填体剪切强度同充填体黏聚力），于是得到减去两侧壁剪切抗力的滑块等效自重 W_n 为

$$W_n = WH'(\gamma L - 2C_s \cos\beta) \tag{4-1}$$

楔形体的等效高度 H' 为

$$H' = H - \frac{W\tan\alpha}{2} \tag{4-2}$$

同时，有

$$\tau = \sigma_2 \cdot \tan\varphi + C \tag{4-3}$$

式中，

$$\sigma_2 = \frac{W_n \cos\beta}{\dfrac{WL}{\cos\alpha}} \tag{4-4}$$

而安全系数 F_S 为

$$F_S = \cfrac{\left(\cfrac{\cfrac{W_n \cos\beta \tan\varphi}{WL}}{\cos\alpha} + C \right) \cdot \cfrac{WL}{\cos\alpha}}{W_n \sin\beta} = \frac{\tan\varphi}{\tan\beta} + \frac{CWL}{W_n \cos\alpha \sin\beta} \qquad (4\text{-}5)$$

令 $C_s = C$，$F_S = 1$，$\varphi = 0$，可得极限平衡状态下：

$$\frac{CWL}{W_n \cos\alpha \sin\beta} = 1 \qquad (4\text{-}6)$$

将式 (4-1) 代入式 (4-5)，可得充填体自稳所需要的强度（即充填体底部的垂直应力）为

$$\sigma_F = 2C = \frac{2H'\gamma L \cos\alpha \sin\beta}{L + H' \sin(2\beta)\cos\alpha} \qquad (4\text{-}7)$$

式中，L、W、H 为胶结充填体的长、宽和高，m；γ 为充填体容重，N/m^3；$\alpha = 45° + \varphi/2$；β 为煤层倾角，(°)；φ 为充填体内摩擦角，(°)；σ_2 为斜截面上的正应力，MPa；C 为充填体的黏聚力，MPa。

除了以上采用经典 Mitchell 模型进行充填体早期强度的计算，还可以采用以下方法。

1. 考虑顶载的 Mitchell 改良模型[6-8]

考虑顶载的 Mitchell 改良模型如图 4-2 所示。

假设顶部载荷 P 为滑动块自重的 x 倍，则滑块等效自重 W_n 为

$$W_n = WH'[(1+x)\gamma L - 2c'] \qquad (4\text{-}8)$$

同理，安全系数 F_S 为

$$F_S = \frac{C\cfrac{WL}{\cos\alpha} + W_n \cos\alpha \tan\varphi}{W_n \sin\alpha} = \frac{\tan\varphi}{\tan\alpha} + \frac{2CL}{H'[(1+x)\gamma L - 2c']\sin 2\alpha} \qquad (4\text{-}9)$$

取安全系数为 1，内摩擦角为 0，$c' = C$，代入式 (4-9) 即得出极限平衡条件下充填体强度表达式：

$$\sigma_F = 2C = \frac{\left(H - \cfrac{W}{2}\right)(1+x)\gamma L}{L + H - \cfrac{W}{2}} \qquad (4\text{-}10)$$

式中，c' 为充填体与两侧岩壁的黏聚力，MPa。

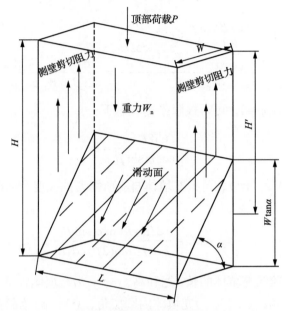

图 4-2　考虑顶载充填体极限平衡分析示意图

2. 考虑不均匀性的 Mitchell 改良模型[9-11]

考虑不均匀性的 Mitchell 改良模型如图 4-3 所示。
滑块自重 G 为

$$G = WH'\gamma L \tag{4-11}$$

滑动体上部受载荷 F_0 为

$$F_0 = LW\sigma_0 \tag{4-12}$$

式中，σ_0 为充填体上部岩层载荷，MPa。
　　则滑动体下滑力 F_2 为

$$F_2 = (G + F_0)\sin\alpha \tag{4-13}$$

滑动面抗滑力 T_1 为

$$T_1 = \tau \frac{WL}{\cos\alpha} = (c + \sigma_n \tan\varphi)\frac{WL}{\cos\alpha} \tag{4-14}$$

$$\sigma_n = \frac{(F_0 + G)\cos\alpha}{\dfrac{WL}{\cos\alpha}} = \sigma_F \cos\alpha \tag{4-15}$$

式中，σ_F 为充填体底部的垂直应力，MPa。

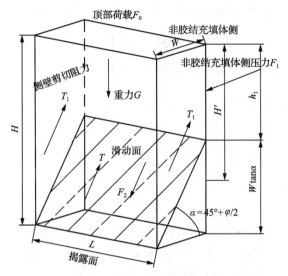

图 4-3 考虑不均匀性充填体极限分析受力图

非胶结充填体侧压力 F_1 为

$$F_1 = 0.5\lambda\gamma_2 h_1^2 \tag{4-16}$$

$$h_1 = H - W\tan\alpha \tag{4-17}$$

两侧岩壁阻力 T_2：

$$T_2 = 2WH'\tau' = 2W\left(H - \frac{W\tan\alpha}{2}\right)\left(c' + \frac{1}{2}k\sigma_F\tan\varphi_1\right) \tag{4-18}$$

为保证充填体自稳，则

$$T_1 + T_2 > F_1 + F_2\cos\alpha \tag{4-19}$$

即

$$(c + \sigma_F\cos\alpha\tan\varphi)\frac{WL}{\cos\alpha} + 2W\left(H - \frac{W\tan\alpha}{2}\right)\left(c' + \frac{1}{2}k\sigma_F\tan\varphi_1\right)$$
$$> \left[WL\sigma_0 + W\left(H - \frac{W\tan\alpha}{2}\right)\gamma L\right]\sin\alpha + \frac{1}{2}\lambda\gamma_2(H - W\tan\alpha)^2\cos\alpha \tag{4-20}$$

化简可得：

$$\sigma_F > \frac{WL[2\sigma_0 + (2H - W\tan\alpha)\gamma]\sin\alpha + \lambda\gamma_2(H - W\tan\alpha)^2\cos\alpha}{2\tan\varphi WL + Wk\tan\varphi'(2H - W\tan\alpha)}$$

$$- \frac{2W\left[\dfrac{cL}{\cos\alpha} + c'(2H - W\tan\alpha)\right]}{2\tan\varphi WL + Wk\tan\varphi_1(2H - W\tan\alpha)} \tag{4-21}$$

式中，σ_0 为充填体上部岩层载荷，MPa；k 为侧压力系数，$k = 1 - \sin\varphi$，φ 为充填体内摩擦角；c' 为充填体与两侧岩壁的黏聚力，MPa；φ_1 为充填体与两侧岩壁的内摩擦角，(°)；γ_2 为非充填体侧容重，kN/m^3；h_1 为滑动体与非充填体侧接触面的高度；λ 为非充填体侧侧压系数。

3. 综合模型[12,13]

该模型不再认为充填体内部存在贯穿整个充填体的滑动面，而是从距充填体顶部 z(m) 的位置取一厚度为 $\mathrm{d}z$(m) 的薄块进行受力分析，求得平衡状态下充填体的强度大小，具体模型如图 4-4 所示。

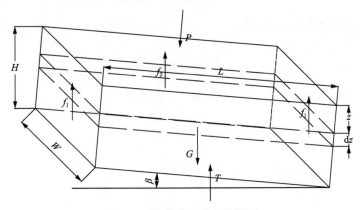

图 4-4　综合模型受力分析图

充填体厚度为 $\mathrm{d}z$ 的薄块自重 G 为

$$G = LW\gamma\mathrm{d}z \tag{4-22}$$

上方压力 P 为

$$P = LW\sigma_0 \tag{4-23}$$

下方支撑 T 为

$$T = LW(\sigma_F + \mathrm{d}\sigma_F)\cos\beta \tag{4-24}$$

两侧摩擦力在垂直方向的分力 f_1 为

$$f_1 = \tau_1 W \mathrm{d}z \cos\beta \tag{4-25}$$

两侧对充填体的挤压力 S 为

$$S = W \sigma_\mathrm{h} \mathrm{d}z \tag{4-26}$$

式中，

$$\sigma_\mathrm{h} = K \sigma_\mathrm{F} \tag{4-27}$$

故

$$f_1 = (k_1 \sigma_F \tan\varphi_1 + c') W \mathrm{d}z \cos\beta \tag{4-28}$$

非充填体侧的摩擦力在垂直方向的分力为

$$f_2 = (k_2 \sigma_F \tan\varphi_2 + c_3) L \mathrm{d}z \cos\beta \tag{4-29}$$

垂直方向受力平衡为

$$P\cos\beta + G = T + 2f_1 + f_2 \tag{4-30}$$

故有

$$
\begin{aligned}
LW\sigma_0\cos\beta + LW\gamma_1\mathrm{d}z &= LW(\sigma_F + \mathrm{d}\sigma_F)\cos\beta \\
&+ (k_2\sigma_F\tan\varphi_2 + c_3)L\mathrm{d}z\cos\beta + 2(k_1\sigma_F\tan\varphi_1 + c'W\mathrm{d}z\cos\beta)
\end{aligned}
\tag{4-31}
$$

极限状态下：$\sigma_0 = \sigma_F$，对式(4-31)两边同除 $LW\mathrm{d}z$，然后化简，可得：

$$\frac{\mathrm{d}\sigma_F}{\mathrm{d}z} + \frac{2Wk_1\tan\varphi_1 + Lk_2\tan\varphi_2}{LW}\sigma_F = \gamma_1 - \frac{2Wc' + Lc_3}{LW}\cos\beta \tag{4-32}$$

式中，$\dfrac{2Wk_1\tan\varphi_1 + Lk_2\tan\varphi_2}{LW}$ 与 $\gamma_1 - \dfrac{2Wc' + Lc_3}{LW}\cos\beta$ 可以看成常数项，将上述公式作为一阶线性非齐次微分方程来求解，解得：

$$\sigma_F = \frac{LW\gamma_1 - (2Wc' + Lc_3)\cos\beta}{2Wk_1\tan\varphi_1 + Lk_2\tan\varphi_2} + C\mathrm{e}^{-\frac{2Wk_1\tan\varphi_1 + Lk_2\tan\varphi_2}{LW}Z_1} \tag{4-33}$$

c' 为常数，当 $Z_1 = 0$ 时，$\sigma_0 = \sigma_F$，所以

$$C = \sigma_0 - \frac{LW\gamma_1 - (2Wc' + Lc_3)\cos\beta}{2Wk_1\tan\varphi_1 + Lk_2\tan\varphi_2} \tag{4-34}$$

式中，Z_1 为薄块距离上表面距离；k_1、k_2 为侧压系数；φ_2 为充填体与非充填体侧内摩擦角，(°)；c' 为充填体与两侧岩壁的黏聚力，MPa；φ_1 为充填体与两侧岩壁的内摩擦角(°)；σ_F 为作用在充填体底部的垂直应力，kPa；c_3 为充填体与非充填体侧黏聚力非充填体与两侧岩壁的黏聚力。

4. 采用 Thomas 模型[14-17]计算充填体早期强度

$$\sigma_F = \frac{\gamma H}{1 + H/W} \tag{4-35}$$

式中，σ_F 为作用在充填体底部垂直应力，kPa；γ 为充填体容重，kN/m³；H 为充填体的高度，m；W 为充填体宽度，m。

Thomas 模型适用于充填体长度不小于充填体高度 1/2 的场景。

5. 采用卢平修正模型[18-20]计算充填体早期强度

$$\sigma_F = \frac{\gamma H}{(1-k)\left(\tan\alpha + \dfrac{2H}{w} \times \dfrac{C_1}{C}\sin\alpha\right)} \tag{4-36}$$

式中，k 为侧压系数，$k = 1 - \sin\varphi$；C 为充填体的黏聚力，MPa；C_1 为围岩黏聚力，MPa；$\alpha = 45° + \varphi/2$。

综上所述，胶结充填体早期强度设计需要参照矿井的开采技术条件和充填条件，选用合适的方法计算早期强度。经典 Mitchell 模型考虑充填体与岩壁接触面的力学特性；Thomas 模型考虑充填体与围岩壁间摩擦力产生的成拱作用，从充填材料容重和充填体的几何尺寸入手，计算充填体的早期强度；卢平认为 Thomas 模型未涉及充填材料的本身强度特性，在此基础上提出了修正模型以改进计算方法。这些方法在考虑影响因素方面存在局限性，只为充填体强度设计提供参考依据。

4.2.2 巷式胶结充填体早期强度设计原理

1. 巷式充填开采岩层控制基本原理

巷式充填开采的本质是利用巷式开采对围岩扰动较小的特点，采用充填材料充填入掘出的煤巷中实现置换开采，构建充填体与煤体的动态二元承载结构支撑覆岩，控制岩层移动。影响巷式充填开采的因素很多，如巷道掘进期间对围岩的扰动程度、充填材料的自身物理力学性能、充填效果、掘进期间巷道围岩稳定性、

掘进期间留设煤柱的稳定性、掘进与充填的衔接顺序等。

巷式充填开采岩层控制的关键是在开采过程中减少对上覆岩层稳定性的破坏，并确保开采过程中剩余煤柱不失稳，采用充填材料充填掘出的巷道实现高充实率的充填，使得开采过程中充填体与剩余煤柱的组合体共同支撑覆岩，开采结束后由充填体支撑覆岩，控制岩层移动。结合巷式充填开采的工艺流程，巷式充填开采岩层控制基本原理如图 4-5 所示。

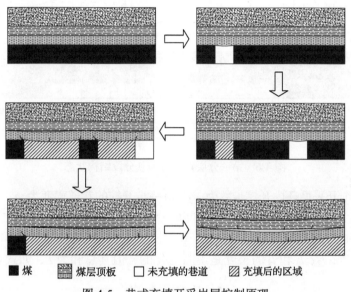

■ 煤　　▦ 煤层顶板　　□ 未充填的巷道　　▨ 充填后的区域

图 4-5　巷式充填开采岩层控制原理

由图 4-5 可知，采用巷式开采的方式开采煤层后，煤层由原始状态变为被开掘的状态，上部岩层受到一定程度的扰动；待开掘的巷道被充填体充填后，间隔一定的安全距离以外，下一条巷道随后被开掘，充填体和煤体形成"充填体-煤体"二元承载结构共同支撑覆岩；随着巷式充填开采生产循环的进一步进行，充填体范围逐渐增加，煤柱范围逐渐减小，充填体和煤体的二元组合在不断地变化，覆岩在动态"煤柱-充填体"二元承载结构支撑下发生一定的移动；待整个煤层充填置换完毕，所有覆岩均由充填体支撑。"煤柱"与"充填体"相互耦合形成的动态"煤柱-充填体"二元承载结构对岩层移动控制效果的定量分析将在后面章节中详细阐述。

2. 组合弹性地基力学模型及求解

以特厚煤层上向分层巷式胶结充填开采场景为背景进行力学建模分析，分别针对第一分层或其余分层开采建立力学模型。

1) 第一分层开采力学模型建立

假设开采范围的总长度为 $L_{总}$，每个开采循环的长度为 L，充填开采过的循环数为 n，则开采过的范围为 nL。开采过后的空间立即用充填材料充填，形成的充填体与煤柱共同支持覆岩。第一分层开采时地基分段结构状态如图 4-6 所示。

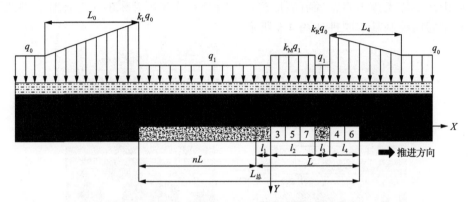

图 4-6 第一分层开采时地基分段结构状态

假设一个开采循环内开挖步数为 n_s，每一步开挖的巷道宽度为 a，循环内第一段充填范围为 l_1，循环内两充填段之间的煤柱宽度为 l_2，循环内第二段充填范围为 l_3，循环内末尾煤柱宽度为 l_4。由开采工艺可知，随着充填开采作业的不断进行，循环内 l_1、l_2、l_3 和 l_4 的长度是不断变化的，但其总和为 L，如式 (4-37) 所示。

$$L = l_1 + l_2 + l_3 + l_4 \tag{4-37}$$

由具体工艺可知，每个循环有 7 个开挖步，即 n_s 的取值为 1~7。一个充填开采循环内不同开挖步时各段长度的组合见表 4-1。

表 4-1 一个充填开采循环内不同开挖步对应各段长度组合

n_s	l_1	l_2	l_3	l_4
1	a	$3a$	0	$4a$
2	a	$3a$	a	$3a$
3	$2a$	$2a$	a	$3a$
4	$2a$	$2a$	$2a$	$2a$
5	$3a$	a	$2a$	$2a$
6	$3a$	a	$3a$	a
7	$4a$	0	$3a$	a

注：a 为每一步开挖的巷道宽度。

第一分层开采过程中，以其上方的顶煤为研究对象，将本分层分段简化为弹性地基，建立的力学模型如图 4-7 所示。

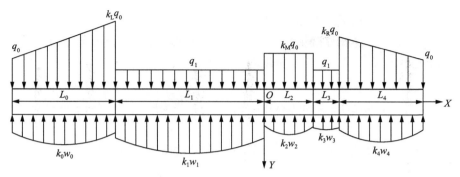

图 4-7　第一分层开采力学模型

建立的弹性地基梁模型分为五段，L_0 和 L_4 为边界煤柱中应力增高区的范围，L_1 为已经完成循环的范围与当前开采循环内第一段充填范围之和，L_2 为当前开采循环内两充填段之间的煤柱宽度，L_3 为当前开采循环内第二段充填的范围。

力学模型中各段的长度与开采工艺中各段长度存在以下对应关系，如式(4-38)所示。

$$\begin{cases} L_1 = nL + l_1 \\ L_2 = l_2 \\ L_3 = l_3 \end{cases} \tag{4-38}$$

根据图 4-7 建立的坐标系分析顶梁的挠度。假设煤的弹性地基系数为 k_c，充填体的弹性地基系数为 k_g。

(1)$-L_0-L_1 \leqslant x \leqslant -L_1$ 段。在 $-L_0-L_1 \leqslant x \leqslant -L_1$ 段，顶梁挠度的微分方程为

$$EI \frac{\mathrm{d}^4 w_0(x)}{\mathrm{d}x^4} + k_0 w_0(x) = q_1(x) \tag{4-39}$$

煤壁上方的载荷为

$$q_1(x) = \frac{(k_L - 1)q_0}{L_0} x + k_L q_0 + \frac{L_1(k_L - 1)q_0}{L_0} \tag{4-40}$$

式中，k_L 为应力集中系数，无量纲。

可得此段顶梁挠度为

$$w_0(x) = \mathrm{e}^{\alpha x}[A_0 \cos(\alpha x) + B_0 \sin(\alpha x)] + \mathrm{e}^{-\alpha x}[C_0 \cos(\alpha x) + D_0 \sin(\alpha x)] + \frac{q_1(x)}{k_0} \tag{4-41}$$

式中，特征系数 $\alpha = \sqrt[4]{\dfrac{k_0}{4EI}} = \sqrt[4]{\dfrac{k_c}{4EI}}$；$k_0 = k_c$ 为煤的弹性地基系数，N/m^3；E 为顶梁

的弹性模量，Pa；I 为顶梁截面的惯性矩，m^4。

在 $x \to \infty$ 时顶梁的下沉量为一定值，左端的煤体很长，可将顶梁视为半无限体，可知 $C_0 = 0$，$D_0 = 0$。式（4-41）可简化为

$$w_0(x) = e^{\alpha x}[A_0 \cos(\alpha x) + B_0 \sin(\alpha x)] + \frac{1}{k_0}\left[\frac{(k_L - 1)q_0}{L_0}x + k_L q_0 + \frac{L_1(k_L - 1)q_0}{L_0}\right] \quad (4-42)$$

（2）$-L_1 < x \leqslant 0$ 段。在 $-L_1 < x \leqslant 0$ 段，顶梁的挠度的微分方程为

$$EI\frac{d^4 w_1(x)}{dx^4} + k_1 w_1(x) = q_1 \quad (4-43)$$

可得此段顶梁挠度为

$$w_1(x) = e^{-\beta x}[A_1 \cos(\beta_2 x) + B_1 \sin(\beta_2 x)] + e^{\beta x}[C_1 \cos(\beta_2 x) + D_1 \sin(\beta_2 x)] + \frac{q_1}{k_1} \quad (4-44)$$

式中，特征系数 $\beta_2 = \sqrt[4]{\dfrac{k_1}{4EI}} = \sqrt[4]{\dfrac{k_g}{4EI}}$；$k_1 = k_g$ 为胶结充填体弹性地基系数，N/m^3。

（3）$0 < x \leqslant L_2$ 段。在 $0 < x \leqslant L_2$ 段，顶梁的挠度的微分方程为

$$EI\frac{d^4 w_2(x)}{dx^4} + k_2 w_2(x) = k_M q_0 \quad (4-45)$$

式中，k_M 为应力集中系数，无量纲。

此段顶梁挠度为

$$w_2(x) = e^{-\alpha x}[A_2 \cos(\alpha x) + B_2 \sin(\alpha x)] + e^{\alpha x}[C_2 \cos(\alpha x) + D_2 \sin(\alpha x)] + \frac{k_M q_0}{k_2} \quad (4-46)$$

式中，$k_2 = k_c$ 为煤的弹性地基系数，N/m^3。

（4）$L_2 < x \leqslant L_2 + L_3$ 段。在 $L_2 < x \leqslant L_2 + L_3$ 段，顶梁的挠度的微分方程为

$$EI\frac{d^4 w_3(x)}{dx^4} + k_3 w_3(x) = q_1 \quad (4-47)$$

可得此段顶梁的挠度为

$$w_3(x) = e^{-\beta x}[A_3 \cos(\beta_2 x) + B_3 \sin(\beta_2 x)] + e^{\beta x}[C_3 \cos(\beta_2 x) + D_3 \sin(\beta_2 x)] + \frac{q_1}{k_3} \quad (4-48)$$

式中，特征系数 $\beta_2 = \sqrt[4]{\dfrac{k_g}{4EI}}$；$k_3 = k_g$ 为胶结充填体弹性地基系数，N/m^3。

(5) $L_2 + L_3 < x \leqslant L_2 + L_3 + L_4$ 段。在 $L_2 + L_3 < x \leqslant L_2 + L_3 + L_4$ 段，顶梁挠度的微分方程为

$$EI \frac{\mathrm{d}^4 w_4(x)}{\mathrm{d}x^4} + k_4 w_4(x) = q_2(x) \tag{4-49}$$

煤壁上方的载荷为

$$q_2(x) = \frac{(1-k_R)q_0}{L_4} x + k_R q_0 + \frac{(L_2 + L_3)(k_R - 1)q_0}{L_4} \tag{4-50}$$

式中，k_R 为应力集中系数，无量纲。

此段顶梁挠度为

$$w_4(x) = \mathrm{e}^{-\alpha x}[A_4 \cos(\alpha x) + B_4 \sin(\alpha x)] + \mathrm{e}^{\alpha x}[C_4 \cos(\alpha x) + D_4 \sin(\alpha x)] + \frac{q_2(x)}{k_4} \tag{4-51}$$

式中，$k_4 = k_c$ 为煤的弹性地基系数，N/m^3。

在 $x \to \infty$ 时顶梁的下沉量为一定值，右端的煤体很长，可将顶梁视为半无限体，可知 $C_4 = 0$，$D_4 = 0$。式 (4-51) 可简化为

$$w_4(x) = \mathrm{e}^{-\alpha x}[A_4 \cos(\alpha x) + B_4 \sin(\alpha x)] + \frac{1}{k_4}\left[\frac{(1-k_R)q_0}{L_4} x + k_R q_0 + \frac{(L_2 + L_3)(k_R - 1)q_0}{L_4}\right] \tag{4-52}$$

顶梁任意截面的转角 $\theta(x)$、弯矩 $M(x)$ 以及剪力 $Q(x)$ 与挠度 $w(x)$ 的关系式为

$$\begin{cases} \theta(x) = \dfrac{\mathrm{d}w(x)}{\mathrm{d}x} \\[2mm] M(x) = -EI \dfrac{\mathrm{d}w^2(x)}{\mathrm{d}x^2} \\[2mm] Q(x) = -EI \dfrac{\mathrm{d}w^3(x)}{\mathrm{d}x^3} \end{cases} \tag{4-53}$$

由顶梁的边界条件与各段间的连续性条件可得：

$$\begin{cases} w_0(-L_1) = w_1(-L_1) \\ \theta_0(-L_1) = \theta_1(-L_1) \\ M_0(-L_1) = M_1(-L_1) \\ Q_0(-L_1) = Q_1(-L_1) \\ w_1(0) = w_2(0) \\ \theta_1(0) = \theta_2(0) \\ M_1(0) = M_2(0) \\ Q_1(0) = Q_2(0) \\ w_2(L_2) = w_3(L_2) \\ \theta_2(L_2) = \theta_3(L_2) \\ M_2(L_2) = M_3(L_2) \\ Q_2(L_2) = Q_3(L_2) \\ w_3(L_2 + L_3) = w_4(L_2 + L_3) \\ \theta_3(L_2 + L_3) = \theta_4(L_2 + L_3) \\ M_3(L_2 + L_3) = M_4(L_2 + L_3) \\ Q_3(L_2 + L_3) = Q_4(L_2 + L_3) \end{cases} \tag{4-54}$$

将式(4-54)代入具体的工程参数，可解得各段参数 A_0、B_0、A_1、B_1、C_1、D_1、A_2、B_2、C_2、D_2、A_3、B_3、C_3、D_3、A_4、B_4，由此可得到顶梁各处的挠度，具体计算采用 Maple，MATLAB 等软件工具实现。

2) 其余分层开采力学模型建立

由于上向分层长壁逐巷胶结充填开采方法的特殊性，除第一分层外，其余分层开采时底板均为充填体，因此其余分层开采过程中的地基分段结构与第一分层开采时不同，如图 4-8 所示。

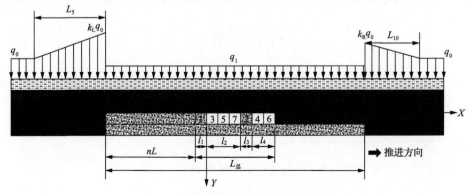

图 4-8　其余分层开采时地基结构状态

其余分层开采过程中，开采工序与第一分层相同，每个循环内同样分为两段充填的范围和两段开采的煤柱，各范围的长度表示及各长度之间的关系见式(4-37)和表 4-1。以上方的煤岩层(最上分层开采时研究对象为顶板岩层，其余分层开采时研究对象为上方的顶煤)为研究对象，将本分层与下分层充填体的组合分段简化为弹性地基，建立的力学模型如图 4-9 所示。

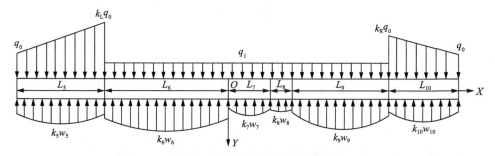

图 4-9　其余分层开采力学模型

由图 4-9 可知，针对其余分层开采建立的组合弹性地基梁模型分为六段，L_5 和 L_{10} 为边界煤柱中应力增高区的范围，L_6 为已经完成循环的范围与当前开采循环内第一段充填范围之和，L_7 为当前开采循环内两充填段之间未开采的煤柱宽度，L_8 为当前开采循环内第二段充填的范围，L_9 为循环内第二段充填范围边界到下分层开采边界的长度范围。

力学模型中各段的长度与实际开采工艺中各段长度存在的对应关系如式(4-55)所示。

$$\begin{cases} L_6 = nL + l_1 \\ L_7 = l_2 \\ L_8 = l_3 \\ L_9 = L_{总} - (L_6 + L_7 + L_8) \end{cases} \tag{4-55}$$

力学模型的求解过程中，假设煤的弹性地基系数为 k_c，充填体的弹性地基系数为 k_g。

(1)$-L_5-L_6 \leqslant x \leqslant -L_6$ 段。在 $-L_5-L_6 \leqslant x \leqslant -L_6$ 段，顶梁挠度的微分方程为

$$EI \frac{\mathrm{d}^4 w_5(x)}{\mathrm{d} x^4} + k_5 w_5(x) = q_3(x) \tag{4-56}$$

煤壁上方的载荷为

$$q_3(x) = \frac{(k_L - 1)q_0}{L_5} x + k_L q_0 + \frac{L_6 (k_L - 1) q_0}{L_5} \tag{4-57}$$

式中，k_L 为应力集中系数，无量纲。

此段顶梁挠度为

$$w_5(x) = e^{\alpha_5 x}[A_5\cos(\alpha_5 x) + B_5\sin(\alpha_5 x)] + e^{-\alpha_5 x}[C_5\cos(\alpha_5 x) + D_5\sin(\alpha_5 x)] + \frac{q_3(x)}{k_5}$$

$$(4\text{-}58)$$

式中，特征系数 $\alpha_5 = \sqrt[4]{\dfrac{k_5}{4EI}}$；$k_5 = k_c/i\,(i=2,\cdots,6)$，为煤的组合弹性地基系数，$\mathrm{N/m^3}$；$E$ 为顶梁的弹性模量，Pa；I 为顶梁截面的惯性矩，$\mathrm{m^4}$。

在 $x \rightarrow -\infty$ 时，顶梁的下沉量为一定值，左端的煤体很长，可将顶梁视为半无限体，可知 $C_5 = 0$，$D_5 = 0$。式 (4-58) 可简化为

$$w_5(x) = e^{\alpha_5 x}[A_5\cos(\alpha_5 x) + B_5\sin(\alpha_5 x)] + \frac{1}{k_8}\left[\frac{(k_L-1)q_0}{L_5}x + k_L q_0 + \frac{L_6(k_L-1)q_0}{L_5}\right]$$

$$(4\text{-}59)$$

(2) $-L_6 < x \leqslant 0$ 段。在 $-L_6 < x \leqslant 0$ 段，顶梁的挠度的微分方程为

$$EI\frac{\mathrm{d}^4 w_6(x)}{\mathrm{d}x^4} + k_6 w_6(x) = q_2 \tag{4-60}$$

可得此段顶梁挠度为

$$w_6(x) = e^{-\beta_6 x}[A_6\cos(\beta_6 x) + B_6\sin(\beta_6 x)] + e^{\beta_6 x}[C_6\cos(\beta_6 x) + D_6\sin(\beta_6 x)] + \frac{q_2}{k_6} \tag{4-61}$$

式中，特征系数 $\beta_6 = \sqrt[4]{\dfrac{k_6}{4EI}}$；$k_6 = k_g/i\,(i=2,\cdots,6)$，为胶结充填体的组合弹性地基系数，$\mathrm{N/m^3}$。

(3) $0 < x \leqslant L_7$ 段。在 $0 < x \leqslant L_7$ 段，顶梁的挠度的微分方程为

$$EI\frac{\mathrm{d}^4 w_7(x)}{\mathrm{d}x^4} + k_7 w_7(x) = q_2 \tag{4-62}$$

可得此段顶梁挠度为

$$w_7(x) = e^{-\beta_7 x}[A_7\cos(\beta_7 x) + B_7\sin(\beta_7 x)] + e^{\beta_7 x}[C_7\cos(\beta_7 x) + D_7\sin\beta_7 x] + \frac{q_2}{k_7} \tag{4-63}$$

式中，特征系数 $\beta_7 = \sqrt[4]{\dfrac{k_7}{4EI}}$；$k_7 = k_c k_g/[(i-1)k_c + k_g]\,(i=2,\cdots,6)$，为充填体和煤的组

合弹性地基系数，N/m^3。

（4）$L_7 < x \leqslant L_7 + L_8$ 段。在 $L_7 < x \leqslant L_7 + L_8$ 段，顶梁的挠度的微分方程为

$$EI\frac{\mathrm{d}^4 w_8(x)}{\mathrm{d}x^4} + k_8 w_8(x) = q_2 \tag{4-64}$$

可得此段顶梁的挠度为

$$w_8(x) = \mathrm{e}^{-\beta_8 x}[A_8\cos(\beta_8 x) + B_8\sin(\beta_8 x)] + \mathrm{e}^{\beta_8 x}[C_8\cos(\beta_8 x) + D_8\sin(\beta_8 x)] + \frac{q_2}{k_8} \tag{4-65}$$

式中，特征系数 $\beta_8 = \sqrt[4]{\dfrac{k_8}{4EI}}$；$k_8 = k_g/i\,(i=2,\cdots,6)$，为胶结充填体的组合弹性地基系数，$N/m^3$。

（5）$L_7 + L_8 < x \leqslant L_7 + L_8 + L_9$ 段。在 $L_7 + L_8 < x \leqslant L_7 + L_8 + L_9$ 段，顶梁挠度的微分方程为

$$EI\frac{\mathrm{d}^4 w_9(x)}{\mathrm{d}x^4} + k_9 w_9(x) = q_2 \tag{4-66}$$

可得此段顶梁的挠度为

$$w_9(x) = \mathrm{e}^{-\beta_9 x}[A_9\cos(\beta_9 x) + B_9\sin(\beta_9 x)] + \mathrm{e}^{\beta_9 x}[C_9\cos(\beta_9 x) + D_9\sin(\beta_9 x)] + \frac{q_2}{k_9} \tag{4-67}$$

式中，特征系数 $\beta_9 = \sqrt[4]{\dfrac{k_9}{4EI}}$；$k_9 = k_c k_g/[(i-1)k_c + k_g]\,(i=2,\cdots,6)$，为胶结充填体和煤的组合弹性地基系数，$N/m^3$。

（6）$L_7 + L_8 + L_9 < x \leqslant L_7 + L_8 + L_9 + L_{10}$ 段。在 $L_7 + L_8 + L_9 < x \leqslant L_7 + L_8 + L_9 + L_{10}$ 段，顶梁挠度的微分方程为

$$EI\frac{\mathrm{d}^4 w_{10}(x)}{\mathrm{d}x^4} + k_{10} w_{10}(x) = q_4(x) \tag{4-68}$$

煤壁上方的载荷为

$$q_4(x) = \frac{(1-k_R)q_0}{L_{10}}x + k_R q_0 + \frac{(L_7 + L_8 + L_{10})(k_R - 1)q_0}{L_{10}} \tag{4-69}$$

式中，k_R 为应力集中系数，无量纲。

此段顶梁挠度为

$$w_{10}(x) = \mathrm{e}^{-\alpha_{10}x}[A_{10}\cos(\alpha_{10}x) + B_{10}\sin(\alpha_{10}x)] + \mathrm{e}^{\alpha_{10}x}[C_{10}\cos(\alpha_{10}x) + D_{10}\sin(\alpha_{10}x)] + \frac{q_2(x)}{k_{10}}$$

$$(4\text{-}70)$$

式中，特征系数 $\alpha_{10} = \sqrt[4]{\dfrac{k_{10}}{4EI}}$; $k_{10} = k_{\mathrm{g}}/i\,(i=2,\cdots,6)$ ，为煤的组合弹性地基系数，$\mathrm{N/m}^3$。

在 $x\to\infty$ 时顶梁的下沉量为一定值，右端的煤体很长，可将顶梁视为半无限体，可知 $C_{10}=0$，$D_{10}=0$。式(4-70)可简化为

$$w_{10}(x) = \mathrm{e}^{-\alpha_{10}x}[A_{10}\cos(\alpha_{10}x) + B_{10}\sin(\alpha_{10}x)] + \frac{1}{k_{10}}\left[\frac{(1-k_{\mathrm{R}})q_0}{L_{10}}x + k_{\mathrm{R}}q_0 + \frac{(L_7+L_8+L_{10})(k_{\mathrm{R}}-1)q_0}{L_{10}}\right]$$

$$(4\text{-}71)$$

顶梁任意截面的转角 $\theta(x)$、弯矩 $M(x)$ 以及剪力 $Q(x)$ 与挠度 $w(x)$ 的关系式为

$$\begin{cases} \theta(x) = \dfrac{\mathrm{d}w(x)}{\mathrm{d}x} \\[2mm] M(x) = -EI\dfrac{\mathrm{d}w^2(x)}{\mathrm{d}x^2} \\[2mm] Q(x) = -EI\dfrac{\mathrm{d}w^3(x)}{\mathrm{d}x^3} \end{cases} \qquad (4\text{-}72)$$

由顶梁的边界条件与各段间的连续性条件，可得

$$\begin{cases} w_5(-L_6) = w_6(-L_6) \\ \theta_5(-L_6) = \theta_6(-L_6) \\ M_5(-L_6) = M_6(-L_6) \\ Q_5(-L_6) = Q_6(-L_6) \\ w_6(0) = w_7(0) \\ \theta_6(0) = \theta_7(0) \\ M_6(0) = M_7(0) \\ Q_6(0) = Q_7(0) \\ w_7(L_7) = w_8(L_7) \\ \theta_7(L_7) = \theta_8(L_7) \\ M_7(L_7) = M_8(L_7) \\ Q_7(L_7) = Q_8(L_7) \end{cases}$$

$$
\begin{cases}
w_8(L_7 + L_8) = w_9(L_7 + L_8) \\
\theta_8(L_7 + L_8) = \theta_9(L_7 + L_8) \\
M_8(L_7 + L_8) = M_9(L_7 + L_8) \\
Q_8(L_7 + L_8) = Q_9(L_7 + L_8) \\
w_9(L_7 + L_8 + L_9) = w_{10}(L_7 + L_8 + L_9) \\
\theta_9(L_7 + L_8 + L_9) = \theta_{10}(L_7 + L_8 + L_9) \\
M_9(L_7 + L_8 + L_9) = M_{10}(L_7 + L_8 + L_9) \\
Q_9(L_7 + L_8 + L_9) = Q_{10}(L_7 + L_8 + L_9)
\end{cases}
\tag{4-73}
$$

由式(4-73)，代入具体的工程参数，可解得各段参数 A_5、B_5、A_6、B_6、C_6、D_6、A_7、B_7、C_7、D_7、A_8、B_8、C_8、D_8、A_9、B_9、C_9、D_9、A_{10}、B_{10}，由此可得到顶梁的挠度曲线，具体计算过程采用 Maple 和 MATLAB 等专业计算软件工具实现。

3. 岩层破断判断及胶结充填体强度设计

第一强度理论又称为最大拉应力理论，其内涵是材料发生断裂是由最大拉应力引起的，即当材料受到的最大拉应力超过其许用拉应力时材料发生破断。该理论可作为本项研究中岩层破断的判定条件。由之前的力学推导可以得出岩层的最大拉应力 $\sigma_{\max}$，因此岩层不发生破断的判定条件可以表示为式(4-74)。

$$
\sigma_{\max} \leqslant [\sigma_{\max}]
\tag{4-74}
$$

式中，$[\sigma_{\max}]$ 为岩层的许用拉应力。

将不同的充填材料弹性模量代入力学模型进行计算，可以得出各分层开采过程中不同充填材料性质对应的顶板最大挠度，通过顶板达到临界破坏状态时对应的挠度，计算出各分层保证顶板不发生破断时对充填材料抗压强度的要求。

4.3　基于贯入法的充填体凝结时间标定方法

胶结充填材料的凝结时间决定了充填体固结的快慢，在一定程度上衡量了其达到早期强度的速度，是影响胶结充填开采效率的关键因素之一。现常用的胶结充填材料凝结时间测试方法是利用维卡仪进行测定，同时依照的是水泥净浆的测试标准。但水泥初凝后的强度远远大于胶结充填体所需的初凝强度，同时水泥不含骨料等大颗粒，利用水泥测试标准测试胶结充填材料凝结时间并不准确。为了让所测试的胶结充填材料凝结时间对充填开采工作更有指导意义，需要利用维卡仪重新标定胶结充填材料贯入深度，从而测量符合胶结充填开采需求的胶结充填材料凝结时间。

4.3.1　胶结充填材料自稳凝结时间标定

1. 自稳凝结时间

胶结充填材料自稳凝结时间是指该材料从混合完毕到达到自稳强度所需的时间。利用胶结充填体早期强度设计方法计算出充填开采需要的自稳强度，通过该强度重新标定维卡仪贯入胶结充填材料的深度，以标定的贯入深度来确定胶结充填材料的自稳凝结时间，即达到该凝结时间，胶结充填体便可实现初凝自稳，工作面进而向前推进，其原理如图 4-10 所示。

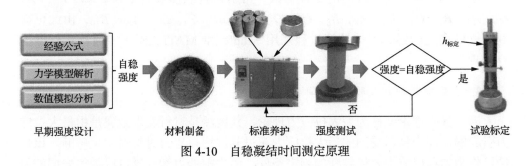

图 4-10　自稳凝结时间测定原理

2. 贯入深度标定

下面以某矿胶结充填材料为例，进行胶结充填材料维卡仪贯入深度标定。基于第 2 章的力学性能测试方案，将所有配比试样进行早期强度的测试，分别测定试样在 8h、12h 和 14h 龄期的单轴抗压强度。同时，对应测试相同配比在 8h、12h 和 14h 龄期试样的维卡仪贯入深度。

贯入深度标定步骤如下：根据力学试验方案制备胶结充填料浆，称取对应质量的水泥、粉煤灰、煤矸石、添加剂和水放入搅拌桶，搅拌时间为 5min，转速为 (140 ± 5) r/min，形成胶结充填料浆备用。

取标准力学模具和维卡仪模具，将胶结充填料浆均匀装满所有试模，振动数次刮平后放入标准养护箱中养护 8h、12h 和 14h。养护条件为温度 (20 ± 2) ℃，相对湿度 95%以上。

在养护 8h、12h 和 14h 龄期后将力学模具取出，进行脱模并测试试样单轴抗压强度，相同配比、相同龄期的试样重复测试三次，取其平均值作为最终结果。

在养护 8h、12h 和 14h 龄期的同时将维卡仪模具取出，选取初凝针安装到维卡仪上，调节维卡仪的试针和维卡仪模具顶部液面接触，对准零点。放开试针并记录其贯入料浆的深度，并在不同位置重复三次，取平均值。

根据力学性能试验方案进行测试及数据收集，最终得到强度与贯入深度的关系并进行拟合分析,得到不同强度下的维卡仪贯入深度变化规律,如图 4-11 所示。

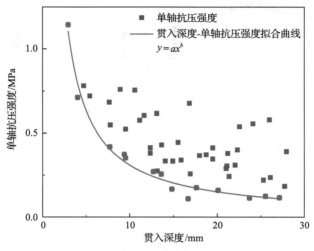

图 4-11　贯入深度与单轴抗压强度的关系

由图 4-11 可知,随着单轴抗压强度的增大,试样的贯入深度降低,并趋于稳定。在 0~0.25MPa 的单轴抗压强度范围内试样贯入深度在 12.1~27.95mm 变化,试样贯入深度极不稳定,单轴抗压强度与试样贯入深度关系不明显。0.25~0.5MPa 的单轴抗压强度范围内试样贯入深度在 7.75~12.5mm 变化。在 0.5~0.75MPa 的单轴抗压强度范围内试样贯入深度在 4.05~7.75mm 变化。在大于 0.75MPa 的单轴抗压强度范围内试样贯入深度基本不再变化,试样贯入深度变化趋于稳定,并与单轴抗压强度呈正相关关系。可以得出,当试样具备低单轴抗压强度时,其贯入深度大小分布差别大;当试样具备较高的单轴抗压强度时,其贯入深度大小分布差别不大。随着试样单轴抗压强度的增大,试样压缩率趋于稳定,以同一单轴抗压强度对应的最小贯入深度为指标,拟合出强度与贯入深度的下边界线,其表达式为

$$y = 3.41 / x^{1.04} \tag{4-75}$$

假设胶结充填体自稳强度为 0.25MPa,可得胶结充填体达到自稳强度时的维卡仪贯入深度为 14.5mm,即当利用维卡仪测试胶结充填体贯入深度达到 14.5mm 时,记录的时间为对应胶结充填体的自稳凝结时间。

4.3.2　胶结充填材料自稳凝结时间测试

1. 自稳凝结时间试验方案

胶结充填材料通常掺入外加剂以调节自稳凝结时间,从而缩短自身的自稳凝结时间、提高工作效率,同时又能具有较高强度,保证开采工作的安全。根据矿井实

际情况，选取表 2-4 中 9 号配比、15 号配比和现场原有配比进行胶结充填材料自稳凝结时间测试，以分析不同优化手段对胶结充填材料自稳凝结时间的影响规律。

试验以早强剂、速凝剂和颗粒级配等优化手段调节胶结充填材料的自稳凝结时间。此外，从工艺角度调整胶结充填材料混合方式，分析制备工艺对胶结充填材料自稳凝结时间的影响作用，其优化试验方案见表 4-2。其中，一次装模为将添加剂与充填原料同时搅拌混合制备成料浆装模；分批装模为先在标准模具中装入部分料浆后再加入添加剂，循环装料 4 次装满模具制备成试样；分离装模为先把添加剂装入模具底部，再将料浆一次性装满模具制备成试样。

表 4-2　胶结充填材料外加添加剂优化试验方案

类型	早强剂掺量/‰	速凝剂掺量/%	激发剂掺量/%	颗粒级配	混合方式
早强剂对比组	1	0	0	—	一次装模
	3	0	0	—	一次装模
	5	0	0	—	一次装模
	9	0	0	—	一次装模
	10	0	0	—	一次装模
	15	0	0	—	一次装模
速凝剂对比组	0	6(占水泥掺量)	0	—	一次装模
	0	4(占水泥掺量)	0	—	一次装模
	0	2(占水泥掺量)	0	—	一次装模
激发剂对比	0	0	0.50	—	一次装模
	0	0	1.50	—	一次装模
	0	0	2.50	—	一次装模
颗粒级配对比	0	0	0	$n=0.4$	一次装模
	0	0	0	$n=0.5$	一次装模
	0	0	0	$n=0.6$	一次装模
混合方式对比	0	6(占水泥掺量)	0	—	一次装模
	0	6(占水泥掺量)	0	—	分批装模
	0	6(占水泥掺量)	0	—	分离装模

注：n 代表级配指数。

2. 早强剂对自稳凝结时间的影响

早强剂影响下胶结充填材料自稳凝结时间的变化规律如图 4-12 所示。

由图 4-12 可知，随着早强剂掺量的增加，胶结充填材料的自稳凝结时间逐渐

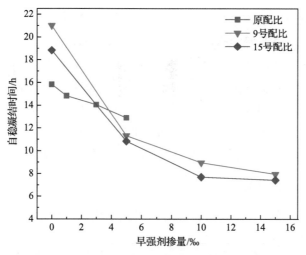

图 4-12　早强剂影响下自稳凝结时间的变化规律

缩短。9 号配比和 15 号配比变化规律类似，早强剂掺量从 0‰增加到 5‰时，9 号配比自稳凝结时间由 21h 迅速降低到 11.32h，降幅达到 46.10%，这表明早强剂的适量加入有助于缩短材料的自稳凝结时间。当早强剂掺量从 5‰增加到 15‰时，9 号配比自稳凝结时间由 11.32h 迅速降低到 7.95h，降幅为 29.77%。从图中可看出，过量的早强剂对自稳凝结时间的作用效果有限。现场原配比早强剂掺量由 0‰增加到 5‰，其自稳凝结时间由 15.83h 降低到 12.9h，降幅 18.51%。

3. 速凝剂对自稳凝结时间的影响

速凝剂影响下胶结充填材料自稳凝结时间变化规律如图 4-13 所示。

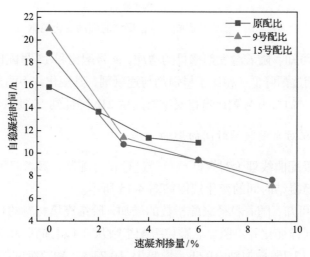

图 4-13　速凝剂影响下自稳凝结时间的变化规律

由图 4-13 可知，随着速凝剂掺量的增加，胶结充填材料的自稳凝结时间逐渐降低。9 号配比和 15 号配比变化规律类似，9 号配比速凝剂掺量从 0%增加到 3%时，材料自稳凝结时间由 21h 迅速降低到 11.4h，降幅达到 45.71%，这表明速凝剂的适量加入有助于缩短材料的自稳凝结时间。当速凝剂掺量从 3%增加到 9%时，材料自稳凝结时间由 11.4h 迅速降低到 7.17h，降幅为 37.11%。从图中可看出，速凝剂掺量大于 3%后，对自稳凝结时间的降低作用有所减弱。现场原配比速凝剂掺量由 0%增加到 6%，其自稳凝结时间由 15.83h 降低到 10.95h，降幅 30.83%。

4. 激发剂对自稳凝结时间的影响

激发剂影响下胶结充填材料自稳凝结时间变化规律如图 4-14 所示。

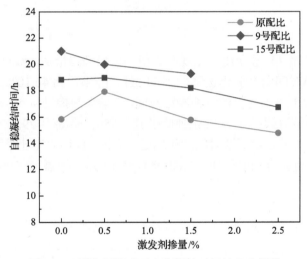

图 4-14　激发剂影响下自稳凝结时间的变化规律

由图 4-14 可知，随着激发剂掺量的增加，9 号配比和 15 号配比胶结充填材料的自稳凝结时间逐渐降低，相比于早强剂与速凝剂，其变化并不明显。激发剂掺量从 0%增加到 1.5%时，9 号配比自稳凝结时间由 21h 降低到 19.28h，降幅为 8.19%。

5. 颗粒级配对自稳凝结时间的影响

采用泰勒级配曲线理论对煤矸石粒径进行设计配制，颗粒级配影响作用下胶结充填材料自稳凝结时间的变化规律如图 4-15 所示。

由图 4-15 可知，随着粒径级配指数的增加，胶结充填材料的自稳凝结时间先增加后降低，同样变化并不明显。颗粒级配指数从 0.4 增加到 0.5 时，9 号配比自稳凝结时间由 17.7h 增加到 19.6h，增幅为 10.73%。颗粒级配指数从 0.5 增加

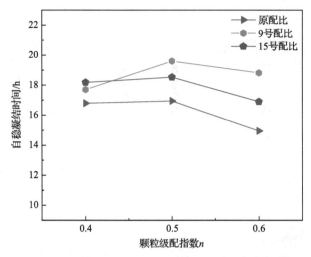

图 4-15　颗粒级配影响下自稳凝结时间的变化规律

到 0.6 时，9 号配比自稳凝结时间由 19.6h 减少到 18.82h，降幅为 3.98%。总体而言，颗粒级配指数对材料自稳凝结时间影响不大。

6. 混合方式对自稳凝结时间的影响

采用一次装模、分批装模和分离装模等工艺制备胶结充填材料，混合方式影响作用下胶结充填材料自稳凝结时间的变化规律如图 4-16 所示。

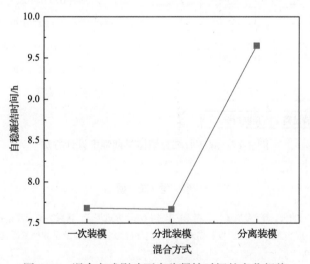

图 4-16　混合方式影响下自稳凝结时间的变化规律

由图 4-16 可知，一次装模和分批装模自稳凝结时间分别为 7.68h 和 7.67h，远低于分离装模试样的自稳凝结时间 9.65h，表明现有的一次装模工艺优于分离装模的工艺。考虑到缩短自稳凝结时间效果可选择一次装模和分批装模，但分批装模对应充填工艺复杂，增加了人工和时间成本。因此，分批装模和分离装模工艺在井下实施的可行性不大。

4.4　早期强度需求设计方法

早期强度需求设计方法主要采用传统的力学模型分析手段，针对不同的充填开采工艺选择合理的力学模型进行分析求解，从而得到满足性能需求的充填体早期强度指标，如图 4-17 所示。

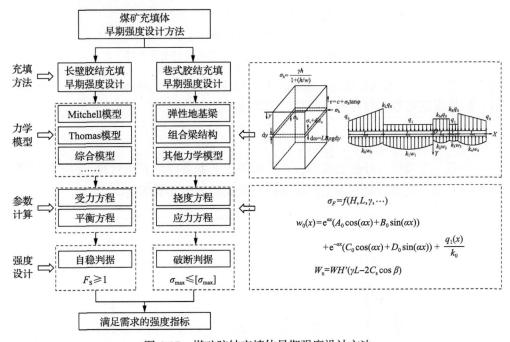

图 4-17　煤矿胶结充填体早期强度设计方法

参 考 文 献

[1] 郭利杰, 刘光生, 马青海, 等. 金属矿山充填采矿技术应用研究进展[J]. 煤炭学报, 2022, 47(12): 4182-4200.

[2] 魏晓明, 郭利杰, 周小龙, 等. 高阶段胶结充填体全时序应力演化规律及预测模型研究[J]. 岩土力学, 2020, 41(11): 3613-3620.

[3] 杨磊, 邱景平, 孙晓刚, 等. 阶段嗣后胶结充填体矿柱强度模型研究与应用[J]. 中南大学学报(自然科学版), 2018, 49(9): 2316-2322.

[4] Li L, Aubertin M. An improved method to assess the required strength of cemented backfill in underground stopes with an open face[J]. International Journal of Mining Science and Technology, 2014, 24(4): 549-558.

[5] 张常光, 蔡明明, 祁航, 等. 考虑充填顺序与后壁黏结力的采场充填计算统一解[J]. 岩石力学与工程学报, 2019, 38(2): 226-236.

[6] Yang P, Li L, Aubertin M. A new solution to assess the required strength of mine backfill with a vertical exposure[J]. International Journal of Geomechanics, 2017, 17(10): 04017084.

[7] Liu G, Li L, Yang X, et al. Required strength estimation of a cemented backfill with the front wall exposed and back wall pressured[J]. International Journal of Mining and Mineral Engineering, 2018, 9(1): 1-20.

[8] Zou S, Nadarajah N. Optimizing backfill design for ground support and cost saving[C]//Proceedings of Golden Rocks 2006: The 41st U.S. Symposium on Rock Mechanics(USRMS), Golden, Colorado, 2006.

[9] 王志会, 吴爱祥, 王贻明. 胶结充填体强度设计三维解析模型进展及展望[J]. 矿业研究与开发, 2020, 40(1): 37-42.

[10] 刘志祥, 李夕兵. 爆破动载下高阶段充填体稳定性研究[J]. 矿冶工程, 2004, (3): 21-24.

[11] 刘志祥, 刘青灵, 周士霖. 基于可靠度理论的充填体强度设计[J]. 矿冶工程, 2012, 32(6): 1-4, 8.

[12] 刘光生, 杨小聪, 郭利杰. 阶段空场嗣后充填体三维拱应力及强度需求模型[J]. 煤炭学报, 2019, 44(5): 1391-1403.

[13] 谢学斌, 张欢. 非平行壁面采场充填体三维应力分布规律研究[J]. 中国安全生产科学技术, 2023, 19(2): 55-62.

[14] 吴顺川, 李天龙, 程海勇, 等. 高应力环境水平矿柱尺寸演变过程力学响应及稳定性[J]. 中南大学学报(自然科学版), 2021, 52(3): 1027-1039.

[15] 常宝孟, 杜翠凤, 魏丁一, 等. 基于库仑摩擦原理的充填体强度力学模型[J]. 中南大学学报(自然科学版), 2020, 51(3): 777-782.

[16] 占飞, 付玉华, 杨世兴. 某铜矿胶结充填体的强度值设计[J]. 有色金属科学与工程, 2018, 9(2): 75-80.

[17] 王俊, 乔登攀, 韩润生, 等. 阶段空场嗣后充填胶结体强度模型及应用[J]. 岩土力学, 2019, 40(3): 1105-1112.

[18] 亓中华, 张纪伟, 胡建华, 等. 卧虎山矿充填体强度参数的反演计算与数值模拟[J]. 矿业研究与开发, 2018, 38(11): 26-30.

[19] 由希, 任凤玉, 何荣兴, 等. 阶段空场嗣后充填胶结充填体抗压强度研究[J]. 采矿与安全工程学报, 2017, 34(1): 163-169.

[20] 张宝, 吴亚飞, 王玉丁, 等. 基于老尾矿再选的采空区协同治理与矿柱资源回采研究[J]. 矿业研究与开发, 2023, 43(9): 1-6.

第5章　胶结充填体后期强度需求及其对采空区充实率的影响机制

5.1　煤矿胶结充填采空区充实率的内涵

5.1.1　充实率的定义

1. 等价采高理论

采高是影响上覆岩层破坏与移动、矿压规律和地表沉降的重要因素。充填开采实现了采空区的充填，抑制上覆岩层的破坏和移动，利用传统垮落法的采高不能很好地描述充填开采中的岩层移动和矿压规律。因此，张吉雄教授团队首先在固体充填中引入了"等价采高"的概念[1]，等价采高是指工作面煤层开采厚度减去采空区充填体最终压实后的高度，如图 5-1 所示[2]。等价采高 H_z[3]可以表示为

$$H_z = h_d = h_t + h_q + h_k \tag{5-1}$$

式中，H_z 为等价采高；h_d 为顶板最终下沉量；h_t 为顶底板提前下沉量；h_q 为充填体欠接顶量；h_k 为充填体的压缩量。

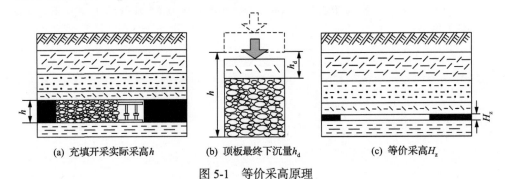

(a) 充填开采实际采高 h　　　(b) 顶板最终下沉量 h_d　　　(c) 等价采高 H_z

图 5-1　等价采高原理

2. 充实率

充填开采岩层控制的核心是充实率，即采空区的充实程度。充实率 φ 是指充填体在覆岩载荷下完全压实后的最终有效高度与煤层采厚的比值，可用等价采高

模型来进行表征[4-7]，见式(5-2)。

$$\varphi_c = \frac{h - H_z}{h} \tag{5-2}$$

式中，φ_c 为采空区充实率；h 为实际采高。

　　充实率的概念清晰地表达了充填开采岩层控制的原理，充实率越高，等价采高越小，开采对覆岩的影响破坏程度越低，因此控制充实率是充填开采控制岩层移动的关键。

5.1.2　充实率的影响因素

　　由式(5-2)可知，采空区充实率主要由实际采高和等价采高决定。其中，等价采高可分为顶底板提前下沉量 h_t、充填体欠接顶量 h_q 和充填体的压缩量 h_k 三部分。前两部分可由现场实测得到，充填体的压缩量 h_k 可看作侧限压缩试验中试样的垂直位移，且试验中充填体受到的应力与其压缩量呈对数增长关系[8-10]。进一步引入充填体压缩率 η 的概念：压缩率是指侧限条件下，在垂直应力作用下充填体的压缩量与充填体高度的比值，所以 h_k 可表示为式(5-3)，将式(5-3)代入式(5-1)可得式(5-4)。

$$h_k = \eta(h - h_t - h_q) \tag{5-3}$$

$$H_z = \eta h - (\eta - 1)(h_t + h_q) \tag{5-4}$$

式中，η 为充填体压缩率。

　　最终通过结合等价采高理论和充实率，可得到充实率的影响因素，包含实际采高、充填体压缩率、顶底板提前下沉量和充填欠接顶量，如式(5-5)所示。

$$\varphi = \frac{h - H_z}{h} = \frac{(1 - \eta)(h - h_t - h_q)}{h} \tag{5-5}$$

5.1.3　充填体受力及其压缩率

　　由上述分析可知，充填体在充入采空区后并没有立即受力压缩，而是在顶板下沉与其接触后开始受力，假设胶结充填体充入采空区后与周围岩壁接触良好，长时间来看，上覆岩层在初次垮落后会继续对采空区充填体进行压实，直至充填体受到的应力增加到原岩应力状态，此时充填体相比初始高度被压缩的量即为压缩量，该值与充填体初始高度的比值称为充填体压缩率，如图 5-2 所示。

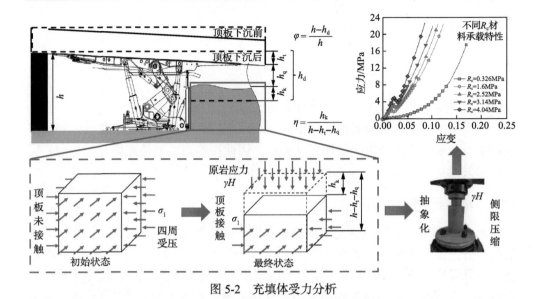

图 5-2　充填体受力分析

因为实际充填体侧向受力并不均等而难以分析，所以可将采空区充填体受力过程抽象为侧限压缩试验。胶结充填体的受力压缩变形规律可由侧限压缩应力-应变曲线来表征，曲线上任意一点的应力可看作原岩垂直应力，应变可看作应力达到该原岩应力时充填体达到的压缩率。

5.2　煤矿胶结充填采空区充实率表征模型

5.2.1　胶结充填体强度与压缩率的关系

1. 试验数据分析

根据侧限压缩试验，可得到不同应力条件下不同配比试样的压缩率，以某矿煤层 800m 的埋藏深度为例，相当于采空区充填体所受原岩垂直应力约为 20MPa，所以此处以侧限压缩试验中应力达到 20MPa 时试样的压缩率进行分析。通过相同的配比对应，再由单轴压缩试验可得到同一配比试样的单轴抗压强度，将所有试样 1d、3d、7d、28d 的压缩率与单轴抗压强度（R_c）汇总如图 5-3 所示。

由图 5-3 可知，随着单轴抗压强度的增大，试样的压缩率逐渐降低，并趋于稳定。试样处于 1d 龄期时，在 0～0.25MPa 的单轴抗压强度范围内试样压缩率在 16.34%～22.90%变化，试样压缩率极不稳定，单轴抗压强度与试样压缩率关系不明显。3d 龄期时，0.04～0.92MPa 的单轴抗压强度范围内试样压缩率在 15.02%～21.11%变化。7d 龄期时，0.09～1.45MPa 的单轴抗压强度范围内试样压缩率在 12.89%～21.24%变化。28d 龄期时，0.33～3.85MPa 的单轴抗压强度范围内试样压缩率在

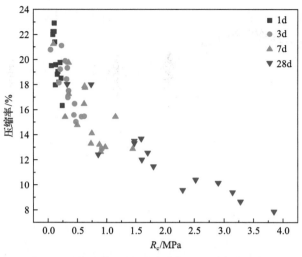

图 5-3　胶结充填材料抗压强度和压缩率的关系

7.86%～18.03%变化，试样压缩率变化趋于稳定，并与单轴抗压强度呈正相关关系。因此，当试样强度较低时，其压缩率大小分布差别较大，当试样强度较高时，其压缩率大小分布与强度相关性较为稳定。

2. 边界线的拟合

由图 5-4 可知，随着试样单轴抗压强度的增大，试样压缩率趋于稳定，以同一单轴抗压强度对应的最大最小压缩率为指标，拟合出最大最小压缩率数据点的上边界线和下边界线，如图 5-4 所示。

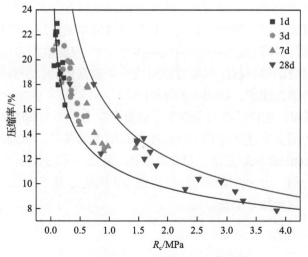

图 5-4　压缩率-单轴抗压强度边界线拟合

利用 CurveFitter、MATLAB 和 Origin2021 曲线最优模型拟合功能进行曲线方程优选，拟合结果见表 5-1。

表 5-1　边界线拟合结果

函数名	表达式	拟合结果		平方差	
		上边界线	下边界线	上边界线	下边界线
Allometrical	$y = ax^b$	$y = 0.16038x^{-0.40355}$	$y = 0.11513x^{-0.25501}$	0.98388	0.98171
Exp2PMod1	$y = ae^{bx}$	$y = 0.21739e^{-0.27084x}$	$y = 0.16214e^{-0.20099x}$	0.98098	0.86462
Exp1P3	$y = ae^{-ax}$	$y = 0.1986e^{-0.1986x}$	$y = 0.15698e^{-0.15698x}$	0.92334	0.89729
Log2P2	$y = \ln(a + bx)$	$y = \ln(1.22098 - 0.04054x)$	$y = \ln(1.16884 - 0.02328x)$	0.92933	0.79697

由表 5-1 可知，Allometrical 函数的平方差最接近 1，可以更好地表示充填体压缩率与单轴抗压强度的关系，Exp1P3 函数的参数最少，在一定程度上也能反映其关系。采用 Allometrical 函数来描述充填体单轴抗压强度（R_c）与充填体压缩率（η）的关系，如式（5-6）所示。

$$R_c = a\eta^b \tag{5-6}$$

5.2.2　充实率表征模型

1. 力学性能库的构建

基于无侧限单轴压缩试验方案和侧限压缩率试验方案的一致性，通过对应相同材料配比的试验数据，每组试样可以得到自身的单轴抗压强度指标和对应的侧限应力-应变曲线。侧限应力-应变曲线由多个应力-应变数据点组成，每个应力-应变数据点与对应的单轴抗压强度指标组成一个数据集合，所有的数据集合一起构成充填材料力学性能库，如图 5-5 所示。

由图 5-5 可知，在特定应力条件下，以垂直应力大小为 20MPa 为例，力学性能库即可转换为前文所述的单轴抗压强度与压缩率的关系。由前期研究可知，该关系可由 Allometrical 函数表征；而在单轴抗压强度一定的条件下，以单轴抗压强度为 0.09MPa 为例，力学性能库可转换为侧限压缩应力-应变曲线，侧限压缩应力-应变曲线可用对数函数来表征。

2. 边界面的拟合

假设胶结充填体充入采空区后与周围岩壁接触良好，上覆岩层在初次垮落后

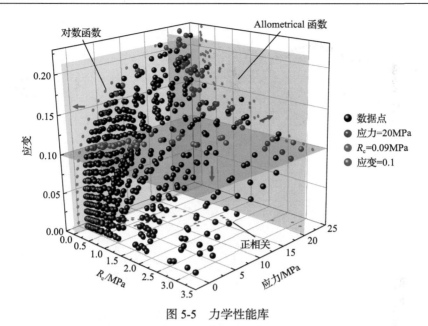

图 5-5　力学性能库

会继续对采空区充填体进行压实，直至充填体受到的应力增加到原岩应力状态，此时可将采空区充填体受力状态抽象为侧限压缩试验。所以胶结充填体的受力压缩规律可由侧限压缩应力-应变曲线来表征，曲线上任意一点的应力可看作原岩应力，应变可看作应力达到该原岩应力的充填体所达到的压缩率。至此力学性能库便可看作不同单轴抗压强度的胶结充填体在不同原岩应力状态下的压缩率。

为了进一步简化模型，可通过海姆公式将原岩应力转换为对应埋深。结合 Allometrical 函数表征的单轴抗压强度与压缩率的关系和应力-应变曲线对数函数，可得到力学性能库的三维曲面函数，如式(5-7)所示。

$$\eta = aR_c^b \ln(cH_h + d_1) \tag{5-7}$$

式中，R_c 为胶结充填材料单轴抗压强度，MPa；H_h 为煤层埋深，m；a 为模型参数，调节充填体压缩率大小；b 为模型参数，调节充填体压缩率随单轴抗压强度 R_c 的变化程度；c 为模型参数，调节充填体压缩率随埋深 H_h 的变化程度；d_1 为模型参数，因为应力为 0 时应变为 0，所以一般取 1。

利用该三维曲面函数对力学性能库进行上边界面拟合，从而确定模型参数，图中边界面在单轴抗压强度为 0.02~46MPa、煤层埋深为 0~1000m 和压缩率为 0%~55%范围内进行显示，如图 5-6 和图 5-7 所示。

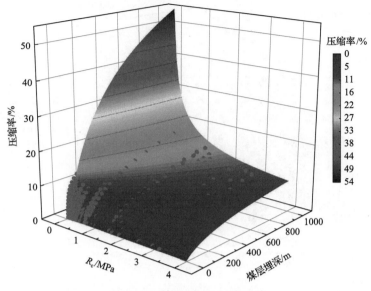

图 5-6　力学性能库上边界面

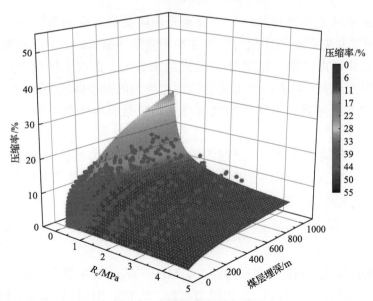

图 5-7　力学性能库下边界面

　　由图 5-6 和图 5-7 可知，单轴抗压强度一定情况下，在小于 1MPa 的低强度范围内，随着煤层埋深的增加充填体的压缩率增加，且单轴抗压强度越小其增加越剧烈。在大于 1MPa 的范围内，煤层埋深对充填体压缩率的影响很小。为了避免上下边界面的相交并简化公式，并且强度设计一般取最大值，所以取上边界面参数 b、c 进行统一，重新拟合的结果如图 5-8 所示。

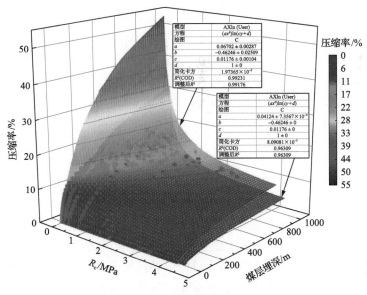

图 5-8　力学性能库边界面

由图 5-8 可知，同一埋深、同一单轴抗压强度充填体的压缩率在一定范围内变化，存在最大压缩率和最小压缩率，分别对应上下边界面曲线方程，如式(5-8)和式(5-9)所示。对应地，同一埋深、固定压缩率的情况下，充填体的单轴抗压强度存在最大值和最小值，以 800m 埋深的煤层为例，图 5-8 转换为图 5-9，图中上下边界面转换为上下边界线。

$$\eta_{\max} = 0.06702 R_{c}^{-0.46246} \ln(0.01176 H_{h} + 1) \tag{5-8}$$

$$\eta_{\min} = 0.04124 R_{c}^{-0.46246} \ln(0.01176 H_{h} + 1) \tag{5-9}$$

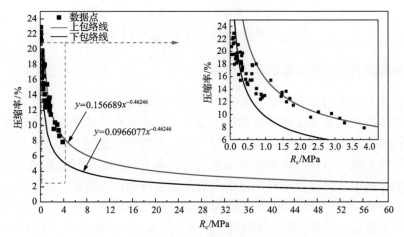

图 5-9　压缩率-单轴抗压强度上下边界线

由图 5-9 可知,在压缩率一定的情况下,充填体所要求的单轴抗压强度在一定范围内波动,存在最大值和最小值。通过函数可以预测,充填体单轴抗压强度在小于 4MPa 的范围内,其压缩率受单轴抗压强度影响程度大;当单轴抗压强度大于 4MPa 时,充填体的压缩率趋于稳定并在一定范围内波动,且单轴抗压强度越大该波动范围越小,即充填体单轴抗压强度大于 4MPa 后,再增加充填体强度对其压缩率影响极小。在此范围内,通过提高充填体强度而减小其压缩率是不现实的。

3. 充实率表征模型

将力学性能库三维曲面函数代入式(5-5),可得到采空区充实率表征模型,如式(5-10)所示。代入上述拟合的上下边界面确定参数后,可得到确定埋深条件下,任意充实率对应的单轴抗压强度。其中,由下边界面得出的为最低目标单轴抗压强度,当充填体单轴抗压强度大于该值时,表明存在满足目标充实率的材料配比,可称为乐观原则。由上边界得出的为目标单轴抗压强度,即采用相同胶结充填材料进行充填时,任意一种材料配比的单轴抗压强度只要大于或等于该值,便可达到需要的充实率效果,可称为保守原则。由此可知,当对于充填体强度要求较低时,可采用乐观原则进行强度需求设计(式(5-11)),当对充填体强度要求较高时,可采用式(5-12)进行强度需求设计。

$$\varphi = \frac{[1 - aR_c^{\ b}\ln(cH_h + d_1)](h - h_t - h_q)}{h} \tag{5-10}$$

$$R_{c1} = \left[\frac{1 - h\varphi / (h - h_t - h_q)}{0.06702\ln(0.01176H_h + 1)}\right]^{\frac{1}{-0.46246}} \tag{5-11}$$

$$R_{c2} = \left[\frac{1 - h\varphi / (h - h_t - h_q)}{0.04124\ln(0.01176H_h + 1)}\right]^{\frac{1}{-0.46246}} \tag{5-12}$$

5.2.3　多因素对充实率的影响作用机制

采空区充实率的影响因素主要包含充填体单轴抗压强度、煤层埋深、实际采高、充填体欠接顶量和顶底板提前移近量等。其中,充填开采实际采高多为煤层厚度,特殊充填条件下如分层巷式充填的实际采高较为固定,因此实际采高和煤层埋深可作为地质参数,该类参数一般不进行调节,却影响其他参数对充实率的调节效果。充填体欠接顶量和顶底板提前移近量作为可人为控制的工艺参数,对充实率具有直接的影响作用。相关研究中通过调节充填密实度、工作面推进速度可对该类参数进行控制。充填体强度、拟合参数 a、b、c 和 d_1 作为充填材料参数,该类参数与充填材料性质有关,同样直接影响采空区充实率的大小。通过单因素控制法分析不同类型的因素对胶结充填采空区充实率的变化规律，结合工程地质条件模型参数取值如表 5-2 所示。

表 5-2　单因素控制变量分析模型参数取值

参数取值	材料参数				地质参数		技术参数	
	单轴抗压强度 R_c /MPa	材料参数 a	材料参数 b	材料参数 c	煤层埋深 H_h /m	实际采高 h/m	充填体欠接顶量 h_q/m	顶板提前下沉量 h_t/m
固定取值	2	0.14041	−0.41707	0.00296	800	2.3	0.15	0.1
取值范围	0/2/4/6	0.05/0.1	−0.2/−0.4	0.002/0.004	50/300/550/800	1.5/3.0/4.5/6.0	0.1/0.2/0.3/0.4	0.05/0.1/0.15/0.2

1. 地质参数对胶结充填采空区充实率的影响

地质参数实际采高与煤层埋深对胶结充填采空区充实率的影响规律如图 5-10 所示。

由图 5-10(a)可知，胶结充填采空区充实率与煤层埋深呈现对数函数关系，函数曲线随煤层埋深的增加逐渐平缓。当埋深较浅时，充实率对其敏感性较高；当埋深达到 200m 后，充实率基本呈线性下降，敏感性较低，只有在煤层较浅时，埋深的增加才会显著降低采空区充实率。由函数曲线可知，煤层埋深的增大会造成曲线截距的增大但曲线斜率基本不变，即采空区充实率随埋深变化速度基本不变。在采高为 1.5m 时，煤层埋深影响下的充实率整体较低，表明中厚煤层和厚煤层所对应的充实率差别较大。

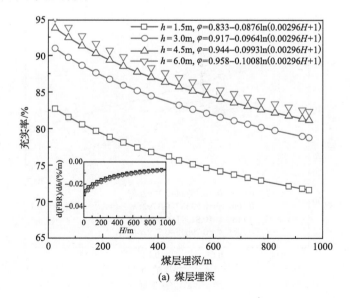

(a) 煤层埋深

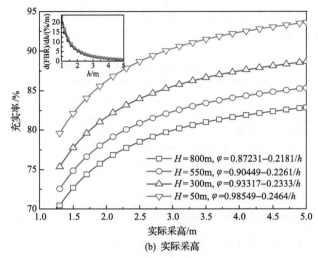

(b) 实际采高

图 5-10 地质参数对胶结充填采空区充实率的影响规律

由图 5-10(b)可知,随着实际采高的增加充实率逐渐增加。同样,当实际采高为 1～3m 时,充实率上升显著,到 3m 左右时变化曲线基本平缓,充实率对采高的敏感性降低。随着煤层埋深的增加,采空区最大充实率减小,充实率变化率基本不变。在埋深为 50m 时充实率整体较大,表明浅埋煤层和深埋深煤层所对应的充实率差别较大。

2. 工艺参数对胶结充填采空区充实率的影响

工艺参数对胶结充填采空区充实率的影响规律如图 5-11 所示。

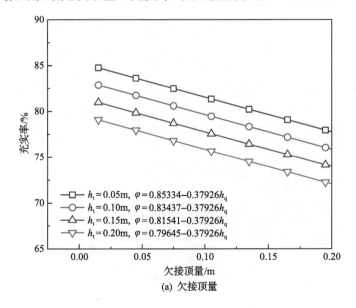

(a) 欠接顶量

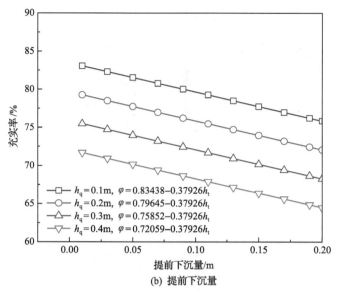

(b) 提前下沉量

图 5-11　工艺参数对胶结充填采空区充实率的影响规律

　　由图 5-11 可知,充填体欠接顶量和顶板提前下沉量均与充实率呈现线性关系,并且随着顶板提前下沉量和充填体欠接顶量的增大, 线性函数的截距逐渐减小而斜率保持不变,说明采空区所能达到的最大充实率逐渐减小而充实率的变化速率不变。上述分析表明,工艺参数对充实率具有相同的影响作用,不同的顶板提前下沉量和欠接顶量影响采空区充实率上限,且在任意范围内两者的变化对采空区充实率的影响都是显著的。

3. 材料参数对胶结充填采空区充实率的影响

　　由式(5-10)可知,采用不同的充填材料所得的充实率不同,体现在充实率表征模型中充填体单轴抗压强度和试验拟合出的材料参数 a、b、c 和 d 不同。其中,由于应力为 0 时充填体应变一定为 0,所以 d 一般直接取 1,可以不进行考虑。不同材料参数对胶结充填采空区充实率的影响作用如图 5-12 所示。

　　由图 5-12(a)可知,随着单轴抗压强度的增加,充实率逐渐增大且最终趋于稳定,两者呈现幂函数关系。其中,在单轴抗压强度较低时,充实率对单轴抗压强度的敏感性较高,其变化率能达到 10%/MPa 以上。在单轴抗压强度较高时,充实率对单轴抗压强度的敏感性较低,其变化率逐渐降低且趋于稳定,不同材料参数条件下具有类似规律。表明充填体强度对采空区充实率的影响是有一定限度的,只有在充填体强度偏低时,提高强度才可能显著提高其充实率。同样地,在低强度范围内,材料参数的不同相应地造成充实率产生 7% 左右的变化,在较高强度范围内充实率变化 2% 左右,充实率变化率呈现类似规律。表明只有在低强度范围内,充填材料的改变才对充实率有显著影响。

　　由图 5-12(b)、(c)和(d)可知，随着材料参数 a、b 和 c 的增大，充实率逐渐减小，三者分别与充实率呈现线性关系、指数函数关系和对数函数关系。由曲线函数可知，材料参数的变化不对充实率上限造成影响，但参数 a 和 b 的变化对充实率大小均存在一定的影响，材料参数 R_c 和 c 只有在较低范围内提高才对充实率有显著改善。因此，为了显著提高充实率，可采取提高低强度充填体的强度，提高低 c 值充填材料的 c 值或提高充填体 a 和 b 值的策略。

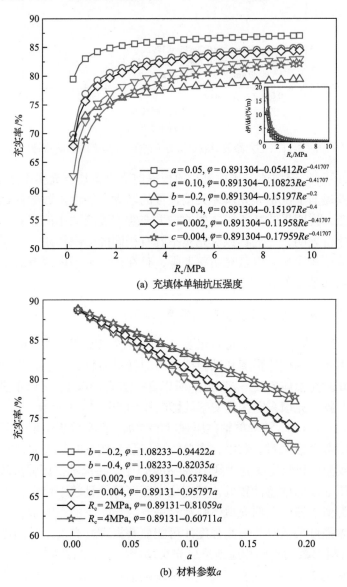

$\square\ a=0.05,\ \varphi=0.891304-0.05412Re^{-0.41707}$
$\circ\ a=0.10,\ \varphi=0.891304-0.10823Re^{-0.41707}$
$\triangle\ b=-0.2,\ \varphi=0.891304-0.15197Re^{-0.2}$
$\triangledown\ b=-0.4,\ \varphi=0.891304-0.15197Re^{-0.4}$
$\diamond\ c=0.002,\ \varphi=0.891304-0.11958Re^{-0.41707}$
$\star\ c=0.004,\ \varphi=0.891304-0.17959Re^{-0.41707}$

(a) 充填体单轴抗压强度

$\square\ b=-0.2,\ \varphi=1.08233-0.94422a$
$\circ\ b=-0.4,\ \varphi=1.08233-0.82035a$
$\triangle\ c=0.002,\ \varphi=0.89131-0.63784a$
$\triangledown\ c=0.004,\ \varphi=0.89131-0.95797a$
$\diamond\ R_c=2\text{MPa},\ \varphi=0.89131-0.81059a$
$\star\ R_c=4\text{MPa},\ \varphi=0.89131-0.60711a$

(b) 材料参数 a

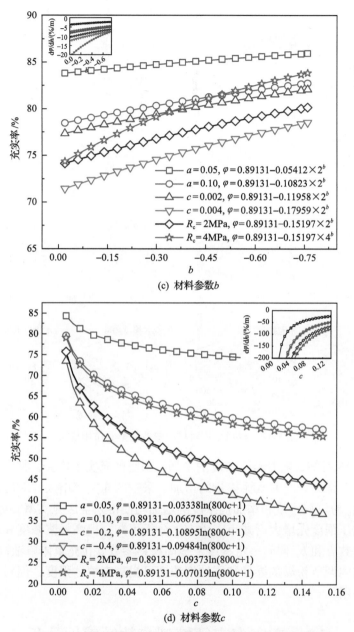

(c) 材料参数b

(d) 材料参数c

图 5-12　材料参数对胶结充填采空区充实率的影响规律

　　由于材料参数难以直接调节,故分析材料参数在材料配比影响下的变化规律,将不同配比条件下的试验数据通过充实率表征模型拟合,通过调节材料配比进而调节材料参数从而达到合理的充实率,如图 5-13 所示。

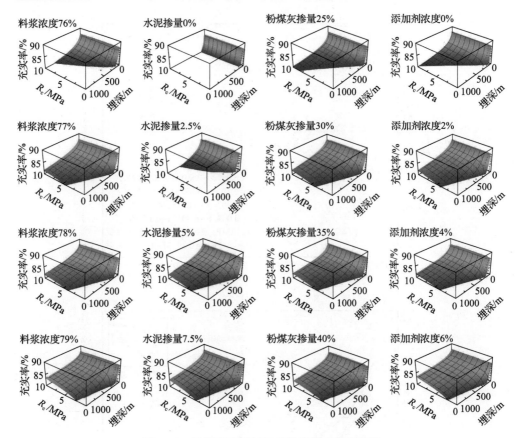

图 5-13　材料配比对材料参数的影响作用规律

由图 5-13 可知，随着料浆浓度的增加，采空区充实率增大，其中充填体单轴抗压强度逐渐增大。随着水泥掺量的增加，采空区充实率增大，对应的充填体强度不断增强。粉煤灰掺量和添加剂浓度的增加均使得采空区充实率整体逐渐增大，其中单轴抗压强度先增大后减小。由上述分析可知，提高料浆浓度和水泥掺量可减小材料参数 a 和 b，同时一定程度上提高材料参数 c 和充填体单轴抗压强度 R_c。在适当范围内调节粉煤灰掺量和添加剂浓度可提高充填体强度，但对其他材料参数无明显作用。

5.3　充实率表征模型参数敏感性分析

5.3.1　Sobol 敏感性分析方法

敏感性分析是指对一个模型输出结果的不确定性进行研究，并进一步判断不确定性的来源，也就是研究输入参数的改变造成的输出变化程度的大小。因此，敏感性分析是进行数学建模过程中一个必不可少的常规步骤。表征模型中参数 a、b、c 和 d_1 均与充填材料有关，不参与敏感性分析，采用上述上下边界面的材料参数对表征模型赋值后对剩下的表征模型参数进行敏感性分析，进一步研究各因素对采空区充实率的影响作用，如式(5-13)和式(5-14)所示。

$$\varphi_1 = \frac{[1 - 0.06702 R_c^{-0.46246} \ln(0.01176 H_h + 1)](h - h_t - h_q)}{h} \tag{5-13}$$

$$\varphi_2 = \frac{[1 - 0.04124 R_c^{-0.46246} \ln(0.01176 H_h + 1)](h - h_t - h_q)}{h} \tag{5-14}$$

1. 敏感性分析方法介绍

Sobol 敏感性分析是全局分析方法，不仅可以计算单个输入因素对模型输出结果的影响，还可以计算模型输入因素之间相互作用对模型输出结果的影响。它可将模型或系统的输出方差分解归因于单个因素或多个因素的子方差，这些子方差在总方差中的占比分数可以直接代表敏感度的度量[11]，具体算法如下。

假设模型为 $y = f(X) = f(x_1, x_2, \cdots, x_m)$，$x_1, x_2, \cdots, x_m$ 表示模型输入参数，则模型的总方差为

$$V(y) = \sum_{i=1}^{m} V_i + \sum_{i<j}^{m} V_{ij} + \cdots + V_{1,2,\cdots,m} \tag{5-15}$$

式中，$V(y)$ 为模型输出的总方差；V_i 为第 i 个参数作用下输出的方差；V_{ij} 为第 i 个和第 j 个参数共同作用下输出的方差；$V_{1,2,\cdots,m}$ 为所有参数共同作用输出的方差。

一阶敏感度 S_i、二阶敏感度 S_{ij} 与全阶敏感度 S_{Ti} 指标定义如下：

$$S_i = \frac{V_i}{V(y)}, \quad S_{ij} = \frac{V_{ij}}{V(y)}, \quad S_{Ti} = 1 - \frac{V_{-i}}{V(y)} \tag{5-16}$$

式中，一阶敏感度 S_i 表示 x_i 对模型输出结果的影响程度；二阶敏感度 S_{ij} 表示 x_i 和 x_j 共同作用下对于模型输出结果的影响程度，全阶敏感度 S_{Ti} 刻画的是所有包括 x_i 在内的参数组合对于模型输出的影响。因此，全阶敏感度 S_{Ti} 与一阶敏感度 S_i 之差可以用来分析第 i 个模型参数与其他模型参数的相互作用影响。

2. 分析方案及工具

Python 中的敏感度分析工具 SALib 敏感性分析库，内置了 Sobol 算法。整体步骤，SALib 先提供采样输入，Python 将采样输入自定义的模型得到对应输出结

果，最后将其送回 SALib 即可完成分析。采样的方法一般都是蒙特卡罗采样以及一系列基于蒙特卡罗变种采样方法，对充实率表征模型采用 Sobol sequence 采样，设置采样的样本数为 $N=220$，参数变量数目为 $D=5$，分别为充填体单轴抗压强度 R_c、煤层埋深 H_h、煤层实际采高 h、顶底板提前下沉量 h_t 和充填体欠接顶量 h_q，模型参数取样范围如表 5-3 所示。

表 5-3　模型参数敏感性分析取样范围

煤层类型	参数指标				
	R_c/MPa	H_h/m	h/m	h_t/m	h_q/m
浅埋中厚煤层	0.1～4.5	0～300	1.5～3.5	0～0.2	0～0.5
深埋中厚煤层	0.1～4.5	300～1000	1.5～3.5	0～0.2	0～0.5
浅埋厚煤层	0.1～4.5	100～300	3.5～5.0	0～0.2	0～0.5
深埋厚煤层	0.1～4.5	300～1000	3.5～5.0	0～0.2	0～0.5

5.3.2　参数敏感性结果分析

1. 一阶和全阶敏感度分析

图 5-14 为表征模型各参数的一阶及全阶敏感度指数。每个模型参数对应的柱状图形表示其全阶敏感度指数，柱状图形由两部分组成，下部分为一阶敏感度指数，上部分为全阶敏感度指数与一阶敏感度的差值，代表该模型参数与其他模型参数相互作用的影响程度。

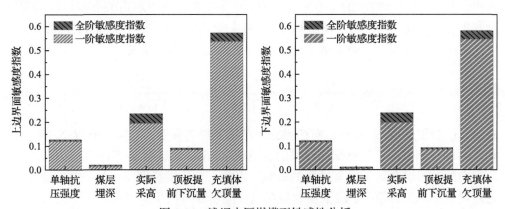

图 5-14　浅埋中厚煤模型敏感性分析

由图 5-14 可知，在浅埋中厚煤的条件下，上下边界面表征模型参数对输出结果有相似的影响。充填体欠接顶量 h_q 一阶敏感度指数为 0.538 和 0.546，对表征模型输出结果有显著的影响，且一阶敏感度指数占全阶敏感度指数比例较大，表明

充填体欠接顶量 h_q 对煤矿采空区充实率有着决定性的作用。其次是实际采高 h 和单轴抗压强度 R_c，顶底板提前下沉量 h_t 由于其范围变化较小，煤层埋深 H_h 对充实率结果影响最小。由此得出，在浅埋深薄煤层的条件下，为了获得良好的充实率，可以对充填体欠接顶量 h_q 和实际采高 h 进行调节。一次采全高方法中实际采高 h 即为煤厚，因此对充填体欠接顶量 h_q 的控制尤为重要。

由图 5-15 可知，在浅埋厚煤的条件下，上下边界面参数中充填体欠接顶量 h_q 一阶敏感度指数为 0.454 和 0.477，单轴抗压强度 R_c 一阶敏感度指数为 0.377 和 0.377，h_q 和 R_c 对表征模型输出结果有显著的影响，且对煤矿采空区充实率有决定性的作用。随着煤层变厚，相比浅埋中厚煤充填体欠接顶量 h_q 降低，可以认为煤层变厚之后欠接顶量对充实率影响变小了。单轴抗压强度 R_c 的敏感度指数相比浅埋中厚煤中有所增加，表明充填体的最终压缩量对充实率的影响变大。

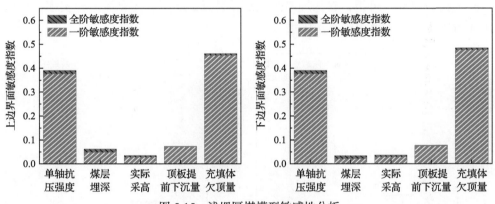

图 5-15　浅埋厚煤模型敏感性分析

由图 5-16 可知，在深埋中厚煤的条件下，上下边界面表征模型参数对输出结果的影响程度相似。影响程度由大到小为 h_q、R_c、h、h_t 和 H_h，充填体欠接顶量

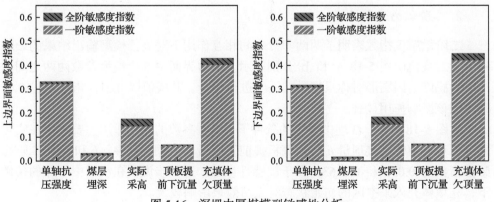

图 5-16　深埋中厚煤模型敏感性分析

h_q 一阶敏感度指标为 0.403 和 0.421，单轴抗压强度 R_c 一阶敏感度指数为 0.323 和 0.309，相比浅埋中厚煤，上下边界面充填体欠接顶量 h_q 敏感度指数降低，可以认为埋深增加后欠接顶量对充实率影响变小。单轴抗压强度 R_c 敏感度指数相比浅埋中厚煤有所增加，表明充填体的最终压缩量对充实率的影响变大，实际采高 h 一阶敏感度指数也有所下降。由此得出，在深埋中厚煤层的条件下，为了获得良好的充实率，可以对充填体欠接顶量 h_q 和单轴抗压强度 R_c 进行调节。

由图 5-17 可知，在深埋厚煤层的条件下，上下边界面单轴抗压强度 R_c 一阶敏感度指数为 0.658 和 0.661，占全阶敏感度指数比例较大，表明充填体单轴抗压强度对采空区充实率有着决定性的作用。充填体欠接顶量 h_q 一阶敏感度指数为 0.223 和 0.245，相比浅埋中厚煤、浅埋厚煤和深埋中厚煤，随着埋深增加和煤层变厚上下边界面模型参数充填体欠接顶量 h_q 一阶敏感度指数降低，单轴抗压强度 R_c 一阶敏感度指数增加。可得，在深埋厚煤层的条件下，为了获得良好的充实率，可以优先考虑提高充填体单轴抗压强度。

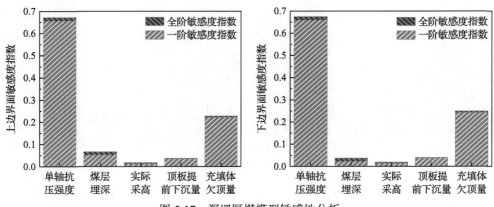

图 5-17　深埋厚煤模型敏感性分析

2. 二阶敏感度分析

二阶敏感度指数表明了两两参数之间相互作用下对表征模型输出结果的影响程度，二维色阶图 5-18(a) 和 (b) 分别表示上下边界面中 5 个模型参数两两之间的二阶敏感度，因图形对称只显示其一半进行分析。其阈值取 0.01，指数超过 0.01 则表明该影响作用显著。

由图 5-18 可知，浅埋中厚煤的条件下，模型参数的相互作用主要集中在实际采高 h 和充填体欠接顶量 h_q、顶底板提前下沉量 h_t 之间。其中，h 和 h_q 的二阶敏感性指数为 0.033 和 0.0363，属于敏感性参数。进一步说明在浅埋中厚煤的条件下，充填体充入采空区的初始状态对充填效果影响较大。

由图 5-19 可知，浅埋厚煤的条件下，单轴抗压强度 R_c 和煤层埋深 H_h 的二阶

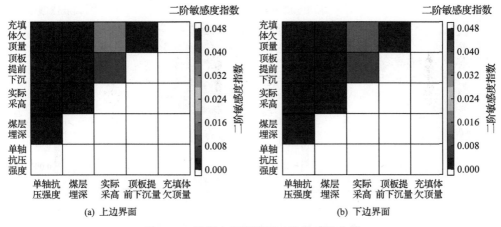

图 5-18　浅埋中厚煤模型二阶敏感性分析

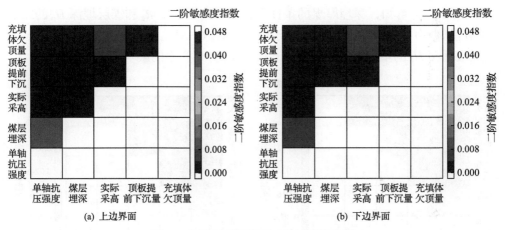

图 5-19　浅埋厚煤模型二阶敏感性分析

敏感度指数为 0.0116 和 0.00582，属于敏感性参数，进一步表明在浅埋厚煤的情况下，调节单轴抗压强度 R_c 可对充实率有显著的控制效果，且表明 R_c 对充填效果的影响常常受到煤层埋深 H_h 的限制，同一单轴抗压强度 R_c 的充填效果在不同埋深的条件下不一样。相比上边界面，下边界面 R_c 和 H_h 的二阶敏感度指数较小，这是由于下边界面代表相同埋深同一充实率下要求的最小单轴抗压强度，在浅埋范围内，改变单轴抗压强度对充实率的影响小于上边界面，与图 5-14 所示一致。

　　由图 5-20 可知，深埋中厚煤的条件下，模型参数的相互作用主要集中在实际采高 h 和充填体欠接顶量 h_q 之间。其二阶敏感度指数为 0.0247 和 0.0258，属于敏感性参数。同样说明，中厚煤层的充填效果与充填体的初始状态息息相关。相比浅埋中厚煤可知，在深埋中厚煤层条件下充填体欠接顶量 h_q 对充实率影响很大，且与实际采高 h 存在较强的相互作用，这是埋深增加，充填体受到的压力增加造成的。

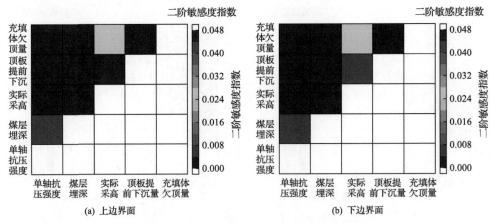

图 5-20　深埋中厚煤模型二阶敏感性分析

由图 5-21 可知，深埋厚煤的条件下，单轴抗压强度 R_c 和煤层埋深 H_h 的二阶敏感度指数为 0.0125 和 0.0126，属于敏感性参数。对比浅埋厚煤到深埋厚煤，表明煤层埋深 H_h 的增加会增加单轴抗压强度 R_c 对充实率的影响程度。

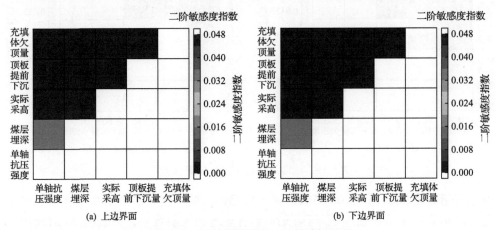

图 5-21　深埋厚煤模型二阶敏感性分析

5.4　煤矿胶结充填目标充实率

5.4.1　控制顶板下沉的目标充实率

温克尔 1867 年前后提出了弹性地基梁假设：地基表面上任一点所受的压力强度与该点的地基沉降成正比，关系式如下：

$$p = k'\omega \tag{5-17}$$

式中，p 为单位面积上的压力强度；ω 为地基沉降；k' 为地基系数。

由上述胶结充填材料的力学性能试验可知，侧限状态下充填体受到的应力与其压缩量呈对数增长关系，因此可将充填体视为弹性地基[12-15]。顶板和充填体构成了弹性地基梁模型，其地基梁的上部载荷 q 由顶板岩层的自重、上覆岩层对直接顶的载荷组成，并且胶结充填体作为弹性地基对梁存在地基反力 $p_{地}$。沿着充填工作面推进方向截面，取采空区中点为坐标原点建立坐标轴，形成的胶结充填开采顶板下沉计算模型如图 5-22 所示。

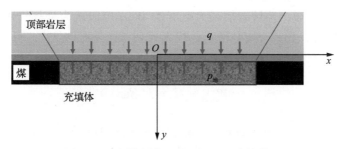

图 5-22　胶结充填开采顶板下沉计算模型

地基沉降即顶板岩层挠度 y、地基梁的上部载荷 q 和地基反力 $p_{地}$ 满足弹性地基梁的挠度曲线微分方程：

$$E_r I \frac{\mathrm{d}^4 y}{\mathrm{d}x^4} = q(x) - p_{地}(x) \tag{5-18}$$

式中，$E_r I$ 为梁的抗弯刚度。

取特征系数 $\beta = \sqrt[4]{\dfrac{k}{4 E_r I}}$，并对微分方程（式(5-19)）求解可得其通解，如式(5-20)所示。

$$\frac{\mathrm{d}^4 y(x)}{\mathrm{d}x^4} + 4\beta^4 (y - h_t - h_q) = \frac{q(x)}{E_r I} \tag{5-19}$$

$$y = \mathrm{e}^{\beta x}(A\cos(\beta x) + B\sin(\beta x)) + \mathrm{e}^{-\beta x}(C\cos(\beta x) + D\sin(\beta x)) + h_t + h_q + q(x)/k' \tag{5-20}$$

由对称关系，取 $x>0$ 进行定性分析，$x\to\infty$ 处的顶板下沉量趋于一定值。且当 $x\to\infty$ 时，$\mathrm{e}^{-\beta x}\to\infty$，$\mathrm{e}^{-\beta x}\to 0$，所以当且仅当 $A=B=0$ 时满足上述定性分析。因此，胶结充填开采顶板挠度曲线方程可简化为

$$y = \mathrm{e}^{-\beta x}(C\cos(\beta x) + D\sin(\beta x)) + h_t + h_q + q(x)/k' \tag{5-21}$$

由边界条件可知, $x=0$, $y=W_{max}$, $dy/dx=0$, 代入式 (5-21) 可得 $C=D=W_{max}$, 并令 $h_t+h_q+q(x)/k=Q$, 最终可得到胶结充填开采顶板下沉计算公式：

$$y = (W_{max} - Q)e^{-\beta x}(\cos(\beta x) + \sin(\beta x)) + Q, \quad x > 0 \qquad (5\text{-}22)$$

$$y = (W_{max} - Q)e^{-\beta x}(\cos(\beta x) - \sin(\beta x)) + Q, \quad x < 0 \qquad (5\text{-}23)$$

式中, W_{max} 为顶板岩层最大下沉量。

由上述分析可知, 顶板岩层最大下沉量 W_{max} 可以认为是等价采高 H_z, 结合式 (5-2) 可得 W_{max}, 如式 (5-24) 所示, 代入式 (5-22)～式 (5-23), 可得到胶结充填开采顶板下沉计算公式, 如式 (5-24)～式 (5-26) 所示。

$$W_{max} = H_z = h - h\varphi \qquad (5\text{-}24)$$

$$y = [h - h\varphi - Q]e^{-\beta x}(\cos(\beta x) + \sin(\beta x)) + Q, \quad x > 0 \qquad (5\text{-}25)$$

$$y = [h - h\varphi - Q]e^{\beta x}(\cos(\beta x) - \sin(\beta x)) + Q, \quad x < 0 \qquad (5\text{-}26)$$

针对给定的许用顶板下沉量 $[y]$, 通过式 (5-25) 或式 (5-26), 可得到胶结充填控制顶板下沉的目标充实率 φ_x, 见式 (5-27) 和式 (5-28)。

$$\varphi_x = 1 - [(y - Q)/e^{\beta x}(\cos(\beta x) + \sin(\beta x)) + Q]/h, \quad x > 0 \qquad (5\text{-}27)$$

$$\varphi_x = 1 - [(y - Q)/e^{\beta x}(\cos(\beta x) - \sin(\beta x)) + Q]/h, \quad x < 0 \qquad (5\text{-}28)$$

5.4.2　控制导水裂隙带的目标充实率

根据胶结充填等价采高的计算[16-20], 结合《建筑物、水体、铁路及主要井巷煤柱留设及压煤开采规程》(即《三下采煤规程》) 中推荐的导水裂隙带预计公式进行基于导水裂隙带的充填体强度设计, 预计经验公式见表 5-4。

表 5-4　覆岩导水裂隙带高度预计经验公式

上覆岩层岩性	导水裂隙带高度预计经验公式一/m	导水裂隙带高度预计经验公式二/m
坚硬	$H_i = \dfrac{100\sum h}{1.2\sum h + 2.0} \pm 8.9$	$H_i = 30\sqrt{\sum h} + 10$
中硬	$H_i = \dfrac{100\sum h}{1.6\sum h + 3.6} \pm 5.6$	$H_i = 20\sqrt{\sum h} + 10$

续表

上覆岩层岩性	导水裂隙带高度预计经验公式一/m	导水裂隙带高度预计经验公式二/m
软弱	$H_i = \dfrac{100\sum h}{3.1\sum h + 5.0} \pm 4.0$	$H_i = 10\sqrt{\sum h} + 5$
极软弱	$H_i = \dfrac{100\sum h}{5.0\sum h + 8.0} \pm 3.0$	

　　由胶结充填区域上覆岩层地质条件，可选择中硬岩性对应的预计公式进行计算，结合等价采高公式(5-2)，可以得出胶结充填开采条件下的预计导水裂隙带高度，如式(5-29)～式(5-31)所示。

$$H_z = h(1-\varphi) \tag{5-29}$$

$$H_i = \frac{100h(1-\varphi)}{A_1 h(1-\varphi) + B_1} \pm C_1 \tag{5-30}$$

$$H_i = A_2\sqrt{h(1-\varphi)} + B_2 \tag{5-31}$$

　　针对给定的许用导水裂隙带高度$[H_i]$，通过式(5-30)和式(5-31)，可得到胶结充填控制导水裂隙带的目标充实率φ_d，见式(5-32)和式(5-33)。

$$\varphi_d = 1 + \frac{B_1\left([H_i] \pm C_1\right)}{A_1 h\left([H_i] \pm C_1\right) - 100h} \tag{5-32}$$

$$\varphi_d = 1 - \frac{[H_i] - B_2}{A_2^2 h} \tag{5-33}$$

式中，φ_d为导水裂隙带的目标充实率；H_i为导水裂隙带高度，m；A_1、A_2、B_1、B_2、C_1为岩性参数，与上覆岩层岩性有关，具体取值可参考《三下采煤规程》。

5.4.3　控制地表沉陷的目标充实率

　　根据概率积分法的基本原理可得到传统垮落法下各指标极值计算公式，结合等价采高式(5-2)，可得到胶结充填开采条件下的地表沉陷各指标极值计算公式[21,22]，见表 5-5。

　　通过表 5-5 中胶结充填开采极值计算公式，并针对给定的许用地表下沉量$[w(x,y)]$，可得胶结充填控制地表沉陷的目标充实率φ_s，见式(5-34)。

$$\varphi_{\mathrm{s}} = 1 - \frac{[w(x, y)]}{h q_1 \cos \beta} \tag{5-34}$$

式中，φ_{s} 为地表沉陷的目标充实率；q_1 为下沉系数；β 为煤层倾角，(°)；x、y 为地表任意点横纵坐标；w 为 x-y 坐标 (x, y) 点的地表下沉量，mm。

表 5-5　地表沉陷各指标极值

指标	极值计算公式		极值点位置
	传统垮落法开采	胶结充填开采	
地表下沉量/mm	$w_{\max 1} = h q_1 \cdot \cos \alpha$	$w_{\max 2} = h(1-\varphi) q_1 \cdot \cos \alpha$	$x \leqslant r$
地表倾斜/(mm/m)	$i_{\max 1} = \dfrac{w_{\max 1}}{r}$	$i_{\max 2} = \dfrac{w_{\max 2}}{r}$	$x = 0$
曲率/($10^{-3}\mathrm{m}^{-1}$)	$K_{\max 1} = \pm 1.52 \dfrac{w_{\max 1}}{r^2}$	$K_{\max 2} = \pm 1.52 \dfrac{w_{\max 2}}{r^2}$	$x \approx \pm 0.4r$
水平变形/(mm/m)	$\varepsilon_{\max 1} = \pm 1.52 b \dfrac{w_{\max 1}}{r}$	$\varepsilon_{\max 2} = \pm 1.52 b \dfrac{w_{\max 2}}{r}$	$x \approx \pm 0.4r$
水平移动/mm	$u_{\max 1} = b w_{\max 1}$	$u_{\max 2} = b w_{\max 2}$	$x = 0$

注：b 为常数；r 为主要影响半径；$w_{\max}$ 为地表最大下沉量，mm。

5.5　充实率表征模型的数值模拟验证

5.5.1　数值模拟参数

1. 采矿地质条件

研究的充填开采区域的煤厚 1.10～3.50m，平均 2.30m，煤层埋深 730～900m，倾角 15°～36°，平均为 22°，煤层顶底板特征见表 5-6。充填工作面长 80m，走向

表 5-6　煤层顶底板特征

类别		岩石名称	厚度/m	主要岩性特征
顶板	老顶	细砂岩	2.87～9.97 / 4.30	浅灰色，泥质胶结，含粉砂岩团块，含植物化石
	直接顶	炭质泥岩	4.38～6.70 / 5.19	黑色，贝壳状断口，黑褐色条痕，节理发育
底板	直接底	泥岩	0～0.60 / 0.40	黑色，结构致密，易碎，含少量植物根化石
	老底	细砂岩	2.40～3.60 / 3.00	黑色，结构致密，泥质胶结，含少量植物根化石

720m，日进 1.8m。充填站地面布置一个充填钻孔，采用 ϕ219mm×18mm 的充填管道输送。

2. 岩层模拟参数

各岩层的地质力学参数见表 5-7。

表 5-7　煤岩层地质力学指标

岩性	体积模量 /GPa	剪切模量 /GPa	密度 /(10³kg/m³)	抗拉强度 /MPa	黏聚力 /MPa	内摩擦角 /(°)
细粒粗砂岩	17.94	8.76	2.6	3.1	8.3	32
细砂岩	14.29	9.84	2.6	2.5	3.1	25
细粒石英砂岩	12.64	9.09	2.6	1.5	1.58	30
砂质泥岩	12.86	8.85	2.6	1.1	1.26	26
煤层	1.25	0.71	1.38	1.8	1.96	26
炭质泥岩	10.33	6.20	2.7	2.1	2.26	26
粉砂岩	12.07	8.68	2.7	1.6	1.3	33
石英粗砂岩	14.29	9.84	2.7	3	4	33

3. 充填体参数

为了得到胶结充填体充入采空区后且与顶板开始接触时的力学参数，利用 FLAC3D 进行单轴压缩试验对试验中的充填材料进行参数反演。采用 100mm×50mm 的莫尔-库仑圆柱模型，分析充填体主要力学参数体积模量 K、剪切模量 G、黏聚力、内摩擦角。其中体积模量和剪切模量可由试验中得出的弹性模量和泊松比计算得到，如式(5-35)和式(5-36)所示，抗拉强度由莫尔-库仑强度准则性质求得。因此，只需对充填体的黏聚力和内摩擦角进行参数反演，设计黏聚力在 0~2MPa 以 0.2MPa 的增量变化，内摩擦角在 20°~30° 以 1° 的增量变化，分别对比试验中强度接近的应力-应变曲线，最终确定 1MPa、2MPa、3MPa 和 4MPa 充填体的力学参数，如表 5-8 所示。

$$K = \frac{E}{3(1-2\mu)} \tag{5-35}$$

$$G = \frac{E}{2(1+\mu)} \tag{5-36}$$

表 5-8　充填体力学指标

充填体强度 /MPa	体积模量 /MPa	剪切模量 /MPa	密度 /(10³kg/m³)	抗拉强度 /MPa	黏聚力 /MPa	内摩擦角 /(°)
1	105.15	63.09	1.9	0.472	0.2	21
2	164.00	98.43	1.9	0.910	0.4	22
3	270.71	162.43	2.0	1.365	0.6	22
4	325.93	195.56	2.0	1.752	0.8	23

4. 充填体非线性变化的模拟

由充填体的力学性能分析可知，在侧限状态下充填体所受的应力与应变呈现对数关系。可认为胶结充填体在采空区上覆岩层的载荷作用下其应力-应变关系也应为非线性的对数关系，而在一般数值模拟中充填体的本构关系采用莫尔-库仑强度准则，没有体现胶结充填体侧限受压下的非线性变化特性。因此，采用动态更新充填体的体积模量和剪切模量的方法，模拟分析充填体强度对胶结充填采场岩层移动变化的影响规律。

由充填体的力学性能分析可知，通过确定充填体的初始单轴抗压强度可得到充填体的应力-应变关系曲线，以 1MPa 充填体强度和上边界线参数为例，如式(5-37)所示。为得到充填体压实过程中的变形模量，根据式(5-36)进行计算及结果拟合，可得到充填体弹性模量与其所受轴向应力呈线性关系，如图 5-23 所示。

$$\varepsilon = 0.06702 R_c^{-0.46246} \ln(0.4704\sigma + 1) \qquad (5\text{-}37)$$

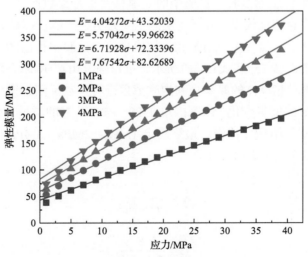

图 5-23　胶结充填体弹性模量随应力的变化特征

由图5-23拟合关系可得胶结充填体压实过程中弹性模量随应力的动态变化关系，采用FLAC3D中Fish函数对式(5-37)进行描述，从而模拟胶结充填体的非线弹性特征。

5.5.2　模型及模拟方案

1. 模型建立及划分

基本模型长×宽×高为 170m×550m×218m，充填工作面推进长度分别以120m、240m、360m、470m进行开挖。模型下边界设置为固定垂直位移，四周为水平方向固定，上部施加 17.5MPa 的等效载荷代替上覆岩层进行应力边界条件设置，本构关系采用莫尔-库仑强度准则。综合考虑精度及计算性能，只对煤层及煤层上方网格进行细分，模型共划分为 327888 个单元、347738 个节点，三维模型的网格划分如图 5-24 所示。

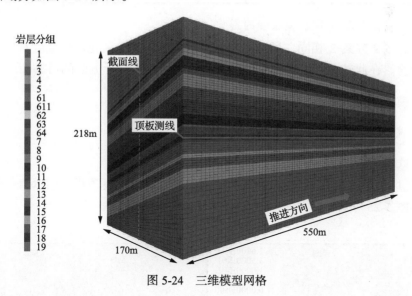

图 5-24　三维模型网格

2. 模拟方案的确定

1) 充填体欠接顶量对充实率的影响

充实率的主要影响因素包括实际采高、充填体压缩率、顶底板提前下沉量和充填欠接顶量。其中，采高与提前下沉量在模拟中一般为固定值，充填体压缩率与强度有关。因此，按照工程条件顶底板提前下沉量为 0.1m，采高为 2.3m，并限制其他条件不变，模拟中保持充填体的强度为 4MPa，设计充填体欠接顶量分别为 150mm、300mm 和 450mm，分析验证充填体欠接顶量对最终充实率的影响，具体见表 5-9 方案 1。

2) 充填体强度对充实率的影响

为了模型应力的准确传导，模拟中充填体欠接顶量和顶底板提前下沉量均为 0，并保持其他条件不变。采用设计充填体强度分别为 1MPa、2MPa、3MPa 和 4MPa 的数值模型进行计算分析，分析验证充填体强度对充实率的影响，具体见表 5-9 方案 2。

表 5-9　数值模拟方案

方案	采高/m	充填体欠接顶量/m	顶底板提前下沉量/m	强度/MPa
方案 1	2.3	0.15/0.30/0.45	0.1	4
方案 2	2.3	0	0	1/2/3/4
方案 3	2.3	0	0	1/2/3/4

3) 充填体强度对导水裂隙带的影响

与表 5-9 方案 2 相同，通过不同充填体强度分析验证充填体强度对导水裂隙带的影响。在此基础上，设计充填体强度并分析验证设计方法的可靠性。

5.5.3　模拟结果分析

1. 充填体欠接顶量对充实率的影响

1) 数值模拟结果分析

通过对方案 1 的数值模拟，得到不同欠接顶量条件下顶板岩层垂直位移的情况，如图 5-25～图 5-27 所示。

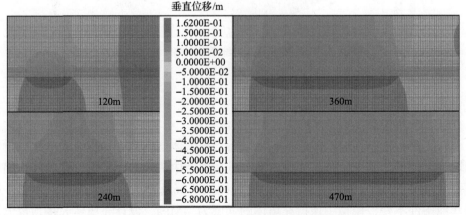

图 5-25　欠接顶量为 0.15m 时顶板岩层移动规律

垂直位移/m

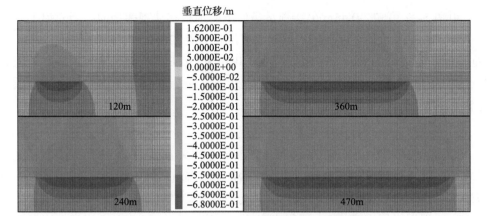

图 5-26　欠接顶量为 0.30m 时顶板岩层移动规律

垂直位移/m

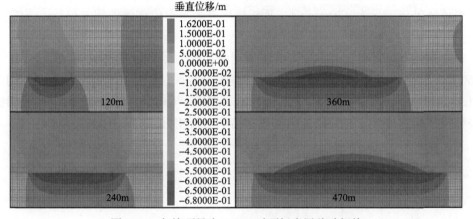

图 5-27　欠接顶量为 0.45m 时顶板岩层移动规律

　　由图 5-25 可知，充填体欠接顶量为 0.15m 时，随着充填工作面的推进，顶板岩层下沉量逐渐增大。当工作面推进 120m 时，顶板岩层最大下沉量为 0.226m；随着工作面推进到 240m，最大下沉量达到 0.325m；当推进到 360m 时，下沉区域进一步扩大且最大下沉量达到 0.385m；当工作面推进到 470m 时，工作面充填开采完成，顶板在欠接顶量为 0.15m 的充填体作用下最大下沉量达到 0.418m。

　　由图 5-26 可知，在 0.30m 欠接顶量条件下，随着工作面推进，顶板岩层下沉量同样逐渐增加。当工作面推进到 120m 时，顶板岩层最大下沉量为 0.267m；推进到 240m 时，顶板最大下沉量达到 0.391m；当工作面推进到 360m 时，顶板岩层最大下沉量增加到 0.473m；当工作面充填开采完成时，顶板岩层最大下沉量为 0.520m，与 0.15m 欠接顶量相比，顶板岩层下沉量更大。这是由于充填体欠接顶量的增加相当于增加了等价采高，采高的增加造成了顶板岩层下沉量的增大。

由图 5-27 可知，0.45m 欠接顶量条件下的顶板移动规律相似。当充填工作面推进到 120m 时，采空区顶板岩层最大下沉量为 0.325m；工作面推进到 240m 和 360m 时，顶板岩层最大下沉量分别为 0.493m 和 0.602m；当工作面充填开采完成后，在 0.45m 欠接顶量条件下顶板岩层最大下沉量为 0.661m，与 0.30m 欠接顶量相比，该顶板岩层下沉量同样有所增加。

2) 充填体欠接顶量对充实率影响的理论验证

由图 5-25～图 5-27 可知，充填工作面完全开采并推进 470m 后，顶板岩层的垂直位移随着充填体欠接顶量的增加而增加。当充填体欠接顶量为 150mm 时，顶板岩层的最大垂直位移为 0.418m，可认为胶结充填体充分压实后顶板岩层下沉了 0.418m，根据煤层采高 2.3m 可得出充填开采充实率为 81.83%。当充填体欠接顶量为 300mm 时，顶板岩层最大垂直位移增加到 0.520m，可得出充实率为 77.39%。当充填体欠接顶量为 450mm 时，顶板岩层最大垂直位移增加到 0.661m，充实率为 71.26%。

以相同开采条件代入式 (5-10) 可得到表征模型计算的充实率，当欠接顶量为 150mm、300mm 和 450mm 时，对应的理论充实率（乐观原则和保守原则）分别为 81.71% 和 84.56%、75.73% 和 78.37% 及 69.75% 和 76.09%。对比模拟结果，表明由表征模型得出的计算充实率与数值模拟结果分析相近，如图 5-28 所示。

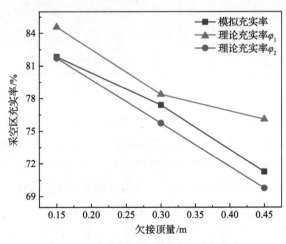

图 5-28　不同欠接顶量采空区充实率

2. 充填体强度对充实率的影响

1) 数值模拟结果分析

通过对方案 2 的数值模拟，分析了充填体单轴抗压强度对采空区充实率的影响，结果如图 5-29～图 5-32 所示。

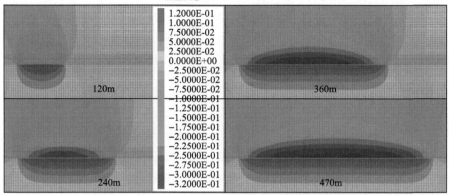

图 5-29　充填体强度为 1MPa 时的顶板岩层移动规律

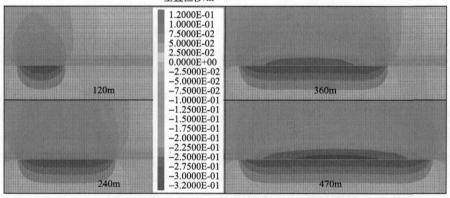

图 5-30　充填体强度为 2MPa 时的顶板岩层移动规律

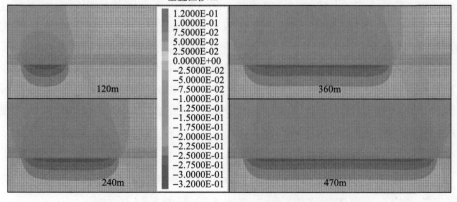

图 5-31　充填体强度为 3MPa 时的顶板岩层移动规律

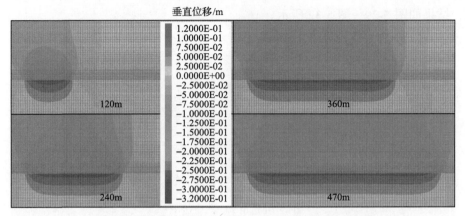

图 5-32　充填体强度为 4MPa 时的顶板岩层移动规律

由图 5-29 可知，在胶结充填体强度为 1MPa 条件下，上覆岩层变形以整体弯曲为主，并随着工作面的推进顶板岩层下沉量逐渐增加。当充填工作面推进到120m 时，采空区顶板岩层最大下沉量为 0.205m；推进到 240m 和 360m 时对应的顶板岩层最大下沉量分别是 0.269m 和 0.301m；当充填工作面推进完成时，采空区中部出现最大下沉量，达到 0.311m。可知随着工作面推进距离的增加，顶板岩层下沉量先增加后趋于稳定。

由图 5-30 可知，在强度为 2MPa 的充填体条件下，顶板岩层下沉量随着工作面推进增加后逐渐稳定。当充填工作面推进到 120m 时，采空区顶板岩层最大下沉量为 0.172m；工作面推进到 240m 和 360m 时，顶板岩层最大下沉量分别为0.225m 和 0.248m；当工作面充填开采完成后，在强度为 2MPa 的充填体作用下顶板岩层最大下沉量为 0.258m，相比强度为 1MPa 的充填体，顶板岩层下沉量有所降低，表明高强度的充填体对顶板岩层起到更好的支持作用。

由图 5-31 可知，在强度为 3MPa 的充填体作用下，顶板岩层移动规律与上述类似。在工作面推进到 120m、240m 和 360m 时，采空区顶板岩层最大下沉量分别为 0.141m、0.182m 和 0.199m；在完成工作面的充填开采后，顶板岩层最大下沉量达到 0.208m，顶板岩层下沉量随着充填体强度的增大进一步降低。

由图 5-32 可知，在强度为 4MPa 的充填体作用下，顶板岩层移动规律类似，且下沉量进一步降低。在工作面推进到 120m、240m 和 360m 时，采空区顶板最大下沉量分别为 0.122m、0.156m 和 0.169m；在完成工作面的充填开采后，顶板最大下沉量达到 0.178m。

2) 充填体强度对充实率影响的理论验证

通过顶板测线的监测，进一步对采空区充实率进行具体分析，并和表征模型所得出的理论充实率进行比较验证，如图 5-33 和图 5-34 所示。

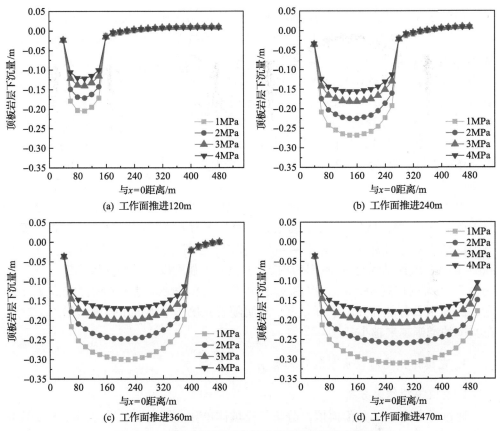

(a) 工作面推进120m　　　　　(b) 工作面推进240m

(c) 工作面推进360m　　　　　(d) 工作面推进470m

图 5-33　不同单轴抗压强度下顶板岩层测线位移规律

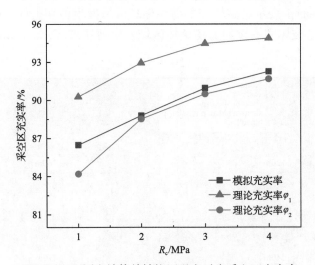

图 5-34　不同充填体单轴抗压强度对应采空区充实率

　　由图 5-33 可知,随着充填体单轴抗压强度的增加,顶板岩层最大下沉量减小,胶结充填的充实率不断增大。当充填体单轴抗压强度为 1MPa 时,顶板岩层最大下沉量为 0.311m,由于该方案中欠接顶量和顶底板提前下沉量为 0,可以认为 1MPa 的充填体在充分压实后的最大压缩量为 0.311m,对应的胶结充填采空区充实率为 86.48%;当充填体单轴抗压强度为 2MPa 时,顶板岩层最大下沉量为 0.258m,对应胶结充填采空区充实率为 88.78%;当充填体单轴抗压强度为 3MPa 时,顶板岩层最大下沉量为 0.208m,对应采空区充实率为 90.96%,当充填体单轴抗压强度为 4MPa 时,顶板岩层最大下沉量为 0.178m,对应充实率为 92.26%。

　　由图 5-34 可知,以相同条件代入式(5-10),1MPa 条件下理论充实率分别为 84.19% 和 90.27%;2MPa 条件下理论充实率分别为 88.52% 和 92.94%;3MPa 条件下理论充实率分别为 90.49% 和 94.46%;4MPa 条件下计算充实率分别为 91.67% 和 94.87%;模拟结果与理论结果均接近,表明了强度设计模型的可靠性。且充实率由 86.48% 增加到 88.78%,再由 90.96% 增加到 92.26%,差值分别为 2.3 个百分点、2.18 个百分点和 1.3 个百分点,表明随着充填体单轴抗压强度的增加,对应充实率的增幅越来越小。

3. 充填体强度对导水裂隙带的影响

1) 数值模拟结果分析

　　通过对方案 3 的数值模拟,分析了充填体单轴抗压强度对采空区导水裂隙带的影响,如图 5-35 所示。图中,None 表示未破坏区域,shear-n 表示正在剪切破坏,shear-n shear-p 表示已破坏完的剪切破坏区域发生剪切破坏,shear-n shear-p tension-p 表示已破坏完的拉伸剪切破坏区域发生剪切破坏,tension-p 表示已破坏完的拉伸破坏。

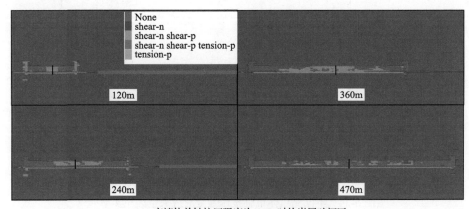

(a) 充填体单轴抗压强度为1MPa时的岩层破坏区

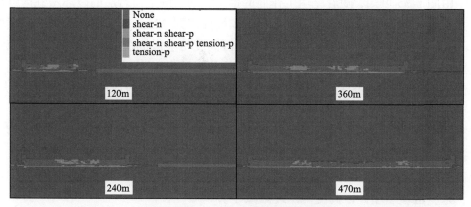

(b) 充填体单轴抗压强度为2MPa时的岩层破坏区

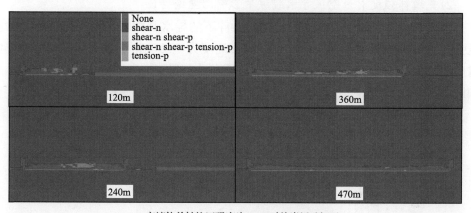

(c) 充填体单轴抗压强度为3MPa时的岩层破坏区

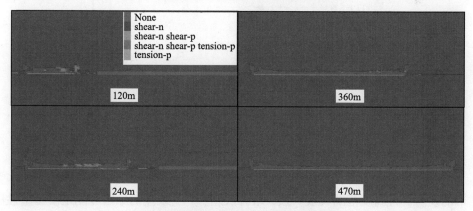

(d) 充填体单轴抗压强度为4MPa时的岩层破坏区

图 5-35　不同强度充填体覆岩塑性区变化规律

由图 5-35 可知，随着充填工作面的推进，采空区上覆岩层的破坏塑性区逐渐扩大。在 1MPa 充填体的作用下，当工作面推进到 120m 时，覆岩塑性区高度为 12m。工作面推进到 470m 时，覆岩塑性区高度基本保持在 12m 左右，表明充填体防止了导水裂隙带随着工作面的推进进一步扩大；当充填体单轴抗压强度为 2MPa 时，覆岩塑性区高度同样为 12m，原因可能是上覆岩层网格高度划分过大。但可以看出，相比于 1MPa 的塑性区，2MPa 时覆岩塑性区破坏程度有所下降，表明充填体单轴抗压强度的提高对覆岩塑性区的发育有一定的抑制作用。充填体单轴抗压强度为 3MPa 时，覆岩塑性区高度在 5.5～12m 范围内。当充填体单轴抗压强度达到 4MPa 时，覆岩塑性区高度降低到 3.5～10m。可知随着充填体强度的增加，采空区覆岩塑性区高度范围逐渐减小。

2) 充填体强度对采空区导水裂隙带影响的理论验证

由式 (5-29)～式 (5-31) 可得出相同条件下的导水裂隙带高度，充填体单轴抗压强度为 1MPa 充填体对应的导水裂隙带高度为 14.30m，2MPa 和 3MPa 充填体对应分别为 12.16m 和 11.14m，4MPa 时覆岩导水裂隙带高度为 10.50m（理论值），如图 5-36 所示。

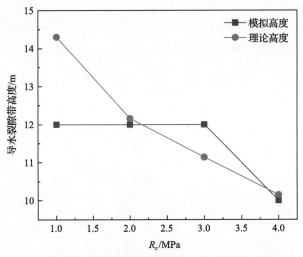

图 5-36　不同单轴抗压强度采空区导水裂隙带高度

由图 5-36 可知，对比模拟结果与理论计算结果，发现强度的提升能降低导水裂隙带的发育，且高度范围大致一致，略有误差。产生误差的原因可能是模型塑性区内岩层网格划分太大，岩层状态变化不连续。另外，导水裂隙带预计公式结果为一定范围，且强度设计模型中有上下边界面，也造成结果为一定范围，两个取值范围的叠加取值造成了结果的误差。

5.6　胶结充填体后期强度需求设计方法

将胶结充填目标充实率代入充实率表征模型进行强度需求设计，可得到不同采高、埋深等开采条件下，达到任意目标充实率所需要的充填体单轴抗压强度，充实率控制导向的胶结充填体强度需求计算模型如式(5-38)所示。

$$R_c = \left[\frac{1 - h\varphi_m / (h - h_t - h_q)}{a' \ln(c'H + d_1)} \right]^{\frac{1}{-b}}, \quad \varphi_m = \varphi_x, \varphi_d, \varphi_s, \cdots \quad (5\text{-}38)$$

式中，φ_m 为目标充实率；d_1 为材料参数；φ_x 为下沉的目标充实率。

充实率控制导向的充填体强度需求计算模型中涉及的相关具体参数可由图 5-8 和充实率表征模型给出。图 5-8 中模型的上下边界面分别对应两种强度需求设计原则，下边界面对应乐观原则，上边界面对应保守原则。采用乐观原则设计出的胶结充填体强度需求临界值可以满足最低要求，胶结充填体强度偏低，成本较低，但在一定程度上存在实际充实率达不到目标充实率的可能性。采用保守原则设计出的胶结充填体强度需求临界值可以确保实际充实率达到目标充实率，充填体强度较高，成本较高。工程应用中，可以分别采用两种原则进行设计，然后根据矿井实际情况确定设计指标。

基于建立的胶结充填采空区充实率表征模型，结合不同胶结充填开采应用场景的目标充实率设计原理，形成了充实率控制导向的胶结充填体强度需求设计方法[23,24]。该方法的具体设计流程如下：①通过侧限压缩和无侧限压缩试验，建立胶结充填体强度和压缩特征数据库；②结合采矿地质条件，得出该条件下胶结充填体强度和压缩率的关系，建立胶结充填采空区充实率表征模型；③确定目标充实率，根据目标充实率得出充填体强度需求指标。充实率控制导向的胶结充填体强度需求设计流程如图 5-37 所示。

充实率控制导向的胶结充填体强度需求设计方法中涉及的胶结充填体单轴抗压强度和压缩率间的关系、表征模型均可采用上文得出的胶结充填采空区充实率表征模型进行分析，但不同胶结充填材料模型参数会有一定的差异。需要说明的是，此处提出的是充实率控制导向的充填体强度需求设计方法流程，其他工程应用的过程中需要根据实际条件对模型的具体参数进行更改。此外，如果遇煤层群等特殊开采条件，需要对充实率表征模型进一步优化。

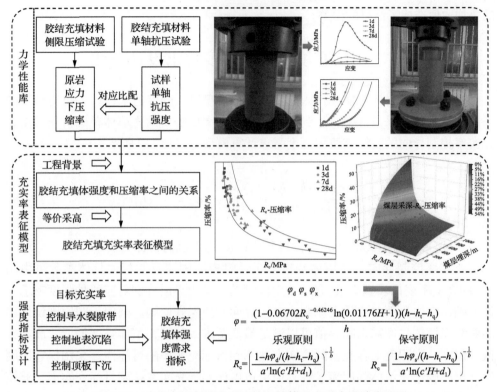

图 5-37　充实率控制导向的胶结充填体强度需求设计流程图

参 考 文 献

[1] 张吉雄, 缪协兴, 郭广礼. 矸石(固体废物)直接充填采煤技术发展现状[J]. 采矿与安全工程学报, 2009, 26(4): 395-401.

[2] Zhang J X, Deng X J, Zhao X J, et al. Effective control and performance measurement of solid waste backfill in coal mining[J]. International Journal of Mining, Reclamation and Environment, 2017, 31(2): 91-104.

[3] 黄艳利. 固体密实充填采煤的矿压控制理论与应用研究[D]. 徐州: 中国矿业大学, 2012.

[4] 周跃进, 陈勇, 张吉雄, 等. 充填开采充实率控制原理及技术研究[J]. 采矿与安全工程学报, 2012, 29(3): 351-356.

[5] 张升, 张吉雄, 闫浩, 等. 极近距离煤层固体充填充实率协同控制覆岩运移规律研究[J]. 采矿与安全工程学报, 2019, 36(4): 712-718.

[6] 黄鹏, 李百宜, 肖猛, 等. 近距离煤层充填上行开采临界充实率设计[J]. 采矿与安全工程学报, 2016, 33(4): 597-603.

[7] 黄艳利, 张吉雄, 张强, 等. 充填体压实率对综合机械化固体充填采煤岩层移动控制作用分析[J]. 采矿与安全工程学报, 2012, 29(2): 162-167.

[8] 李猛, 张吉雄, 黄艳利, 等. 基于固体充填材料压实特性的充实率设计研究[J]. 采矿与安全工程学报, 2017, 34(6): 1110-1115.

[9] 李猛, 张吉雄, 缪协兴, 等. 固体充填体压实特征下岩层移动规律研究[J]. 中国矿业大学学报, 2014, 43(6): 969-973,980.

[10] 李猛, 张卫清, 李艾玲, 等. 矸石充填材料承载压缩变形时效性试验研究[J]. 采矿与安全工程学报, 2020, 37(1): 147-154.

[11] Liu H, Deng X J, Shi X, et al. A New index and control method of filling effect for cemented paste backfill in coal mines[J]. International Journal of Mining, Reclamation and Environment, 2023, 37(10): 805-825.

[12] 李猛, 张吉雄, 姜海强, 等. 固体密实充填采煤覆岩移动弹性地基薄板模型[J]. 煤炭学报, 2014, 39(12): 2369-2373.

[13] 陈杰, 杜计平, 张卫松, 等. 矸石充填采煤覆岩移动的弹性地基梁模型分析[J]. 中国矿业大学学报, 2012, 41(1): 14-19.

[14] 黄鹏, 张吉雄, 郭宇鸣, 等. 深部矸石充填体黏弹性效应及顶板时效变形特征[J]. 中国矿业大学学报, 2021, 50(3): 489-497.

[15] 张吉雄, 李剑, 安泰龙, 等. 矸石充填综采覆岩关键层变形特征研究[J]. 煤炭学报, 2010, 35(3): 357-362.

[16] 李猛, 张吉雄, 邓雪杰, 等. 含水层下固体充填保水开采方法与应用[J]. 煤炭学报, 2017, 42(1): 127-133.

[17] 张吉雄, 李猛, 邓雪杰, 等. 含水层下矸石充填提高开采上限方法与应用[J]. 采矿与安全工程学报, 2014, 31(2): 220-225.

[18] Zhang J X, Jiang H Q, Deng X J, et al. Prediction of the height of the water-conducting zone above the mined panel in solid backfill mining[J]. Mine Water and the Environment, 2014, 33(4): 317-326.

[19] Zhang J X, Zhou N, Huang Y L, et al. Impact law of the bulk ratio of backfilling body to overlying strata movement in fully mechanized backfilling mining[J]. Journal of Mining Science, 2011, 47(1): 73-84.

[20] 张强, 张吉雄, 巨峰, 等. 固体充填采煤充实率设计与控制理论研究[J]. 煤炭学报, 2014, 39(1): 64-71.

[21] 郭庆彪, 郭广礼, 吕鑫, 等. 基于连续-离散介质耦合的密实充填开采地表沉陷预测模型[J]. 中南大学学报(自然科学版), 2017, 48(9): 2491-2497.

[22] Guo G L, Zhu X J, Zha J F, et al. Subsidence prediction method based on equivalent mining height theory for solid backfilling mining[J]. Transactions of Nonferrous Metals Society of China, 2014, 24(10): 3302-3308.

[23] 邓雪杰, 刘浩, 卢迪, 等. 一种煤矿充实率导向的胶结充填体强度需求表征模型及设计方法: 中国, CN112948991A[P]. 2021-01-28.

[24] 邓雪杰, 刘浩, 王家臣, 等. 煤矿采空区充实率控制导向的胶结充填体强度需求[J]. 煤炭学报, 2022, 47(12): 4250-4264.

第 6 章　胶结充填材料配比优化方法

6.1　超目标优化改进算法

6.1.1　NSGA 算法

优化目标可以理解为目标函数，在多目标优化问题中优化目标个数在两个及以上。因此，多目标优化问题和单目标优化相比，最大的区别在于多目标优化是一个向量优化（目标函数向量）的问题。而向量之间仅存在偏序关系，难以直接比较向量之间的大小，这就导致该类优化问题的解决非常困难。现实问题中，多个优化目标之间或多或少都会存在矛盾。例如，我们想要一种成本低且强度较高的胶结充填材料配比，自然就要在价格和性能这两个优化目标之间进行平衡。

使用传统数学优化算法解决多目标优化问题通常是将各个子目标聚合成一个带权重的单目标函数，系数由决策者决定，或者由优化方法自适应调整[1-8]。即通过加权等方式将多目标问题转化为单目标问题进行求解，这样每次只能得到一种权值下的最优解。且存在如下问题。

(1)单目标权值难以确定。

(2)各个目标之间量纲不统一，可能会造成单目标优化问题鲁棒性差。

非支配排序遗传算法(non-dominated sorting genetic algorithms, NSGA)系列[9-13]算法都是基于 Pareto 支配关系来解决多目标优化问题的智能算法。针对 Pareto 支配，这里给出以下解释。

假设存在任意两个解 A 和 B，对所有目标函数而言，A 的性能均优于 B，则称 A 支配 B。若没有解可以支配 A，则 A 就称为非支配解(不受支配解)，也称 Pareto 解。由所有非支配解构成的解集在目标空间的映射称为 Pareto 前沿。若解 B 对于所有目标函数均劣于 A，则称 A 优于 B，也称 A 支配 B，B 为受支配解，如图 6-1 所示。

可以看出，NSGA 算法不是仅根据某一个目标值决定优劣关系，而是根据多个目标值确定最优解。NSGA 经历了 NSGA[14]、NSGA-Ⅱ[15] 和 NSGA-Ⅲ[16,17] 的发展，相较于 NSGA 和 NSGA-Ⅱ，NSGA-Ⅲ引入参考点机制，对于那些非支配并且接近参考点的种群个体进行保留。对 3～15 个目标的优化问题具有良好的搜索 Pareto 最优解集的能力。

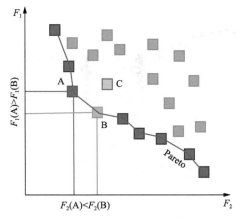

图 6-1 Pareto 非支配解原理

6.1.2 NSGA-Ⅲ超目标算法

1. 优化原理

胶结充填材料对强度、坍落度、凝结时间和泌水率等方面都有性能需求，因此胶结充填材料配比的优化是多目标优化。将多目标优化的问题转化为单一目标优化的问题是常用的方法，如线性加权、满意度函数法和总评归一法等。而这类方法难以准确设计各个目标值权重，同时满足各目标函数的唯一最优解可能不存在。因此，采用 NSGA 遗传算法进行多目标问题优化，基于多个目标函数，通过 NSGA 算法得到对应的 Pareto 解集，再根据设计或实际需要从解集中选择满意的最优解。大部分研究多以 NSGA-Ⅱ研究 3 个目标以内的多目标优化问题，但对于 3 个及超过 3 个目标的多目标优化问题，NSGA-Ⅱ算法存在收敛性较差的问题，因此引入对高维优化具有较好收敛性的NSGA-Ⅲ算法进行胶结充填材料配比的多目标优化，以提高结果的准确性，其算法原理如图 6-2 所示。

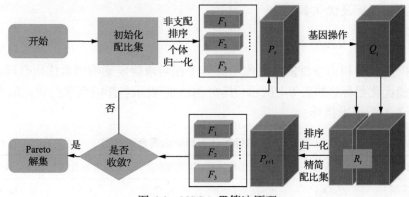

图 6-2 NSGA-Ⅲ算法原理

2. NSGA 算法实现工具

得益于 NSGA 的广泛应用，通过 Python、MATLAB 等多种工具均可以实现 NSGA 算法的编写与运行，采用 Tian 等[18]开发的 MATLAB 开源优化平台 PlatEMO 进行胶结充填材料的配比优化。利用 MATLAB 运行 PlatEMO 的 GUI 模型，输入目标函数及参数范围，设置种群数量和迭代次数。然后选择 NSGA-Ⅲ算法进行配比寻优，得到最终的 Pareto 前沿解集，如图 6-3 所示。

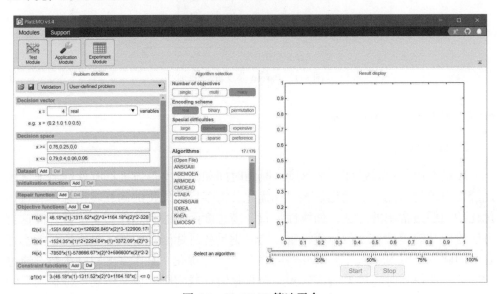

图 6-3　PlatEMO 算法平台

6.2　胶结充填材料配比优化方法

6.2.1　控制目标及优化参数

1. 性能指标与影响因素范围

根据充填材料力学性能数据库与具体工程需求确定影响因素优化合理范围和各个性能优化目标，如表 6-1 所示。其中，$[a_i, b_i]$ 表示各影响因素的变化范围，$[c_i, d_i]$ 表示各工程需求指标。

表 6-1　多目标优化下影响因素合理范围

影响因素	料浆浓度/%	粉煤灰掺量/%	添加剂浓度/%	水泥掺量/%	其他
因素范围	$[a_1,b_1]$	$[a_2,b_2]$	$[a_3,b_3]$	$[a_4,b_4]$	$[a_5,b_5]$

续表

优化目标	坍落度 /mm	泌水率 /%	凝结时间 /min	屈服应力 /Pa	分层 指数	早期强度 /MPa	后期强度 /MPa	其他
工程 需求	$[c_1, d_1]$	$[c_2, d_2]$	$[c_3, d_3]$	$[c_4, d_4]$	$[c_5, d_5]$	$[c_6, d_6]$	$[c_7, d_7]$	$[c_8, d_8]$

2. 多性能指标非线性模型

由前述流变和力学性能正交试验结果分析可知，各性能指标的最优因素组合不同，为了进一步探究合理适宜的胶结充填材料配比，建立不同性能指标的多元非线性回归模型，如式(6-1)所示。以第 3 章建立的多元非线性回归模型为例，如式(6-2)~式(6-5)所示，结合 NSGA-Ⅲ算法对多个性能指标进行多目标设计，以获得满足多个性能需要的胶结充填材料配比。

$$Y = f(x_1, x_2, x_3, \cdots) \tag{6-1}$$

$$\begin{aligned}Y_{\text{分层指数}} &= 53.269 + 0.003x_1^2 + 0.002x_2^2 + 0.01x_3^2 + 0.04x_4^2 - 0.199x_1 \\ &\quad - 0.042x_2 - 1.418x_3 - 0.075x_4\end{aligned} \tag{6-2}$$

$$\begin{aligned}Y_{\text{屈服应力}} &= 83037.338 + 3.376x_1^2 + 1.799x_2^2 + 17.681x_3^2 + 46.737x_4^2 - 153.02x_1 \\ &\quad - 9.514x_2 - 2399.937x_3 + 4.629x_4\end{aligned} \tag{6-3}$$

$$Y_{12\text{h}} = -0.399 + 0.003x_1 + 0.003x_2 + 0.005x_3 - 0.002x_4 \tag{6-4}$$

$$Y_{28\text{d}} = -15.802 + 0.101x_1 + 0.406x_2 + 0.179x_3 + 0.095x_4 \tag{6-5}$$

式中，Y 是目标变量；$Y_{\text{分层指数}}$ 是充填料浆的分层指数；$Y_{\text{屈服应力}}$ 是充填料浆的屈服应力，Pa；$Y_{12\text{h}}$ 是养护 12h 充填体的强度，MPa；$Y_{28\text{d}}$ 是养护 28d 充填体的强度，MPa。

3. 优化参数设置

利用 MATLAB 运行 NSGA-Ⅲ算法对胶结充填材料配比进行多目标优化。合理求解精度下设置遗传算法种群大小和进化代数。将上述因素范围、多元非线性模型和优化参数输入 PlatEMO 平台进行计算即可得到对应的 Pareto 解集。

6.2.2　胶结充填材料多目标配比优化流程

采用 NSGA-Ⅲ算法进行超目标优化，胶结充填材料配比的 NSGA-Ⅲ超目标优化流程如图 6-4 所示。

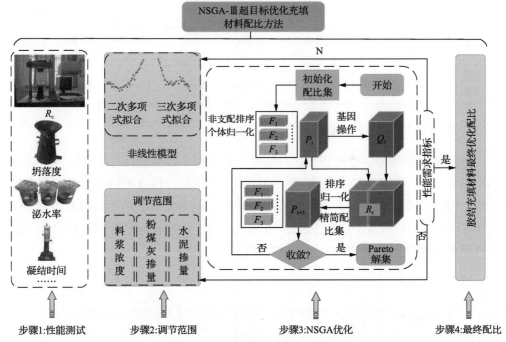

图 6-4　胶结充填材料配比的 NSGA-Ⅲ超目标优化流程图

由图 6-4 可知，NSGA-Ⅲ超目标优化充填材料配比的基本流程为：①制备胶结充填材料进行材料性能测试；②确定影响因素合理范围，采用统计理论建立非线性多元分析模型；③采用 NSGA-Ⅲ算法对多个性能指标的分析模型进行超目标优化，得到合理范围内的 Pareto 配比集；④根据工程需求从 Pareto 配比集中得出最优配比。

6.3　煤矿胶结充填体性能与配比智能化设计平台

6.3.1　性能与配比智能化设计原理

本平台基于第 3 章所述胶结充填料浆输送性能设计原理、第 4 章所述胶结充填体早期强度需求设计以及第 5 章所述的基于煤矿采空区充实率导向的胶结充填体强度需求研究[19,20]进行功能设计。煤矿胶结充填体性能与配比智能化设计平台程序运行逻辑如图 6-5 所示。

在大量试验的基础上得到充填体关键性能指标数据库。平台基于该数据库采用屈服应力和分层指数作为表征料浆在管路中流变性能和颗粒沉降的指标，构建管路输送指标模型，根据实际工况，得出充填料浆输送性能的合理范围。

将符合输送性能的胶结充填材料分为两组：一组制成强度测试标准试样，在

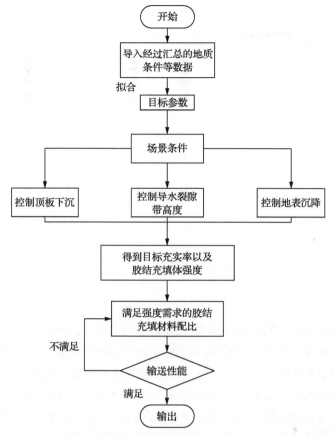

图 6-5　煤矿胶结充填体性能与配比智能化设计平台程序运行逻辑

养护不同龄期后脱模，进行单轴抗压强度试验，测试其力学性能。将所得到的力学性能与养护龄期等数据进行汇总，建立胶结充填体力学性能数据库。另一组根据力学试验方案制备胶结充填料浆，养护龄期与上一组试样相互对应，进行维卡仪贯入深度标定试验。将两组数据收集导入平台进行分析，建立时间-早期强度-贯入深度数据库，得到贯入深度与胶结充填体早期强度的数学关系式。

平台根据工程需求进行胶结充填体早期强度设计。早期强度设计方法主要采用传统的力学模型分析手段，针对不同的充填开采工艺选择合理的力学模型进行分析求解，从而得到满足性能需求的充填体早期强度指标。

符合早期强度指标的胶结充填体继续由平台进行分析，判断是否符合胶结充填体后期强度指标。首先将采矿地质条件、强度以及充实率数据进行汇总，然后将数据导入该智能化设计平台，采用 Python 内置的 math 模块进行计算。

使用者根据实际需求选择合适的参数条件，并在平台内部调用对应公式，计算得出不同条件下的充实率。控制目标具体分为三种情况，即基于顶板下沉控制、基于导水裂隙带控制以及基于地表沉陷控制。

　　基于顶板下沉控制场景时，针对给定的许用顶板下沉量$[y]$，通过第 5 章中给出的对应关系式，可得到胶结充填控制顶板下沉的目标充实率 φ_x。基于导水裂隙带控制场景时，平台需要根据使用者所选择的上覆岩层岩性来选择不同导水裂隙带的高度预计公式，得出煤矿胶结充填采矿条件下的预计导水裂隙带高度。针对给定的许用导水裂隙带高度 $[H_i]$，可得到胶结充填控制导水裂隙带的目标充实率 φ_d。基于地表沉陷控制场景时，针对给定的许用地表下沉量 $[w(x,y)]$，可得胶结充填控制地表沉陷的目标充实率 φ_s。

　　在得到目标充实率后，需要继续输入埋深、顶板提前下沉量、充填体欠接顶量等参数，平台根据输入的相关参数，自动得出目标胶结充填体强度，并以此为基础给出材料配比设计方案。

6.3.2　智能化设计平台编写与实现工具

1. Python 概述

　　煤矿胶结充填体性能与配比智能化设计平台基于 Python3.12 开发。Python 由荷兰数学和计算机科学研究学会的 Guido van Rossum 创造，发布于 1991 年，它是 ABC 语言的后继者，也可以视为一种使用传统中缀表达式的 LISP 方言，是一种广泛使用的解释型、高级和通用的编程语言。Python 提供了高效的高级数据结构，还能简单有效地面向对象编程。Python 语法和动态类型，以及解释型语言的本质，使它成为众多平台上写脚本和快速开发应用的编程语言。

　　另外，Python 支持多种编程范型，包括函数式、指令式、结构化、面向对象和反射式编程。Python 解释器易于扩展，可以使用 C 语言或 C++语言，或者其他可以通过 C 语言调用的语言，扩展新的功能和数据类型。Python 也可用于可定制化软件中的扩展程序语言。Python 拥有动态类型系统和垃圾回收功能，能够自动管理内存使用，并且其本身拥有一个巨大而广泛的标准库，提供了适用于各个主要系统平台的源码或机器码。

2. 代码展示

　　以下展示煤矿胶结充填体性能与配比智能化设计平台的部分核心代码。

　　"查找数据文件，并将数据输入平台"核心代码，即读取 Excel 表格功能，代码如下。

```
def fit_data():
    global a, b, c, d
```

```
        path = filedialog.askopenfilename() #打开文件对话框选择 Excel
文件
        if not path:
            return
        try:
            df = pd.read_excel(path, header=None, skiprows=1)
            df.dropna(inplace=True)
            x_0 = int(entry_x.get()) - 1
            y_0 = int(entry_y.get()) - 1
            z_0 = int(entry_z.get()) - 1
            x = df.iloc[:, x_0]
            y = df.iloc[:, y_0]
            z = df.iloc[:, z_0]
            params, pcov = curve_fit(fitting_function, (x, y), z)
            a, b, c = params
            d = 1
            residuals = z - fitting_function((x, y), a, b, c)
            ss_res = np.sum(residuals ** 2)
            ss_tot = np.sum((z - np.mean(z)) ** 2)
            r_squared = 1 - (ss_res / ss_tot)

            result_label.config(text=f"a = {a}\nb = {b}\nc = {c}\nd
= {d}\n\nR-squared = {r_squared}")
            #创建下一步按钮
            next_button = tk.Button(window, text="下一步", command=
next_step,bg="orange", fg="white")
            next_button.pack(pady=10)
        except Exception as e:
            result_label.config(text=f"数据处理出错: {str(e)}")
```

　　"针对不同场景对所需目标充实率进行计算"核心代码，这里以"控制顶板下沉场景"为例进行展示。

```
def calculate():
    #清空结果显示区域
    result_label.config(text="")
    result1_label.config(text="")
```

```
# 获取下拉列表选项的值
selected_option = option_var.get()
try:
    # 根据不同选项，获取对应的输入框值
    if selected_option == "控制顶板下沉":
        Buried_depth_of_filling_body = float(Buried_depth_
of_filling_body_entry.get())
        Actual_mining_height = float(Actual_mining_height_
entry.get())
        preroof_subsidence = float(preroof_subsidence_
entry.get())
        Under_roofing_amount_of_filling_body = float(Under_
roofing_amount_of_filling_body_entry.get())
        y_x = float(y_x_entry.get())
        Filling_rate = 1 - ((y_x) / Actual_mining_height)
        Z = 1 / b
        Uniaxial_compressive_strength_of_cemented_filling_
material = ((1 - (Actual_mining_height * Filling_ rate)/(Actual_mining_
height - preroof_subsidence - Under_roofing_amount_of_filling_body)) /
(a * math.log(c * Buried_depth_of_filling_body + d))) ** Z # 充填体强度
计算公式
        # 显示计算结果
        result_label.config(text=f"目标充实率为：{Filling_
rate}")
        result1_label.config(text=f"目标胶结体强度为：
{Uniaxial_compressive_strength_of_cemented_filling_material}")
```

3. 智能化平台展示

煤矿胶结充填体性能与配比智能化设计平台已获得计算机软件著作权
（2024SR0635882），平台一级界面如图 6-6 所示。

该智能化平台主要功能如下。

（1）读取用户的关键输入参数。

（2）根据输入参数进行相关参数的拟合与计算，并显示计算结果以及对应的相
关系数。

（3）根据输入参数，计算充实率和胶结充填体强度。

（4）快速清除用户输入的参数和计算结果，快速进入下一批数据的输入计算。

图 6-6　煤矿胶结充填体性能与配比智能化设计平台界面

6.3.3　智能化设计平台实例

需要说明的是，当前智能化设计平台的设计仍处于初级阶段，所需功能以及界面仍在进一步完善优化，以下展示"控制导水裂隙带高度"场景下的应用实例。

（1）双击打开目标软件，成功初始化和配置用户环境后，会显示平台一级界面，如图 6-6 所示。

（2）输入所需数据在表格中所处的列数，单击"导入"按钮，导入 Excel 文档数据进行拟合。拟合后得到所需参数。

（3）拟合获得参数后，进入二级界面。

（4）选择应用场景与岩性后在下方的各个参数输入框对应输入相应的各个参数。这里选择计算控制导水裂隙带的目标充实率，上覆岩层岩性为坚硬岩石，充填体埋深在 800m，采高 3m，顶底板提前下沉量与充填体欠接顶量为 0.15m，许用导水裂隙带高度为 10m。

（5）完成所有参数的输入后，单击操作按钮下的"计算"，平台会自动计算出对应场景所求数据。得到控制导水裂隙带的目标充实率为 84%，目标胶结充填体强度为 4.12MPa，如图 6-7 所示。

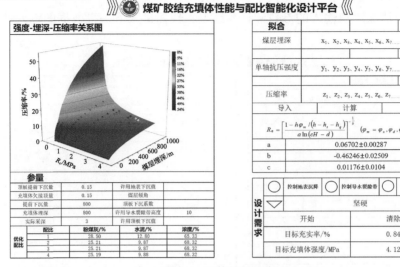

图 6-7　运算结果示意图

参 考 文 献

[1] 王树帅, 徐斌, 李杨, 等. 基于 RSM-BBD 法胶结充填材料配比优化及工程应用[J]. 煤田地质与勘探, 2023, 51（3）: 73-84.

[2] Qi C, Chen Q, Sonny S. Integrated and intelligent design framework for cemented paste backfill: A combination of robust machine learning modelling and multi-objective optimization[J]. Minerals Engineering, 2020, 155: 106422.

[3] Zhou N, Zhang J, Ouyang S, et al. Feasibility study and performance optimization of sand-based cemented paste backfill materials[J]. Journal of Cleaner Production, 2020, 259: 120798.

[4] Yu Z, Shi X Z, Chen X, et al. Artificial intelligence model for studying unconfined compressive performance of fiber-reinforced cemented paste backfill[J]. Transactions of Nonferrous Metals Society of China, 2021, 31（4）: 1087-1102.

[5] Golafshani E M, Behnood A, Arashpour M. Predicting the compressive strength of normal and high-performance concretes using ANN and ANFIS hybridized with grey wolf optimizer[J]. Construction and Building Materials, 2020, 232: 117266.

[6] 温震江, 高谦, 王忠红, 等. 基于 RSM-DF 的矿渣胶凝材料复合激发剂配比优化[J]. 岩石力学与工程学报, 2020, 39（S1）: 3103-3113.

[7] 杨晓炳, 闫泽鹏, 尹升华, 等. 基于 GA-SVM 的钢渣基胶凝材料开发及料浆配比优化[J]. 工程科学学报, 2022, 44（11）: 1897-1908.

[8] 吴浩, 赵国彦, 陈英, 等. 基于 RSM-DF 的矿山充填材料配比优化[J]. 应用基础与工程科学学报, 2019, 27（2）: 453-461.

[9] Liu Y, You K, Jiang Y, et al. Multi-objective optimal scheduling of automated construction equipment using non-dominated sorting genetic algorithm（NSGA-Ⅲ）[J]. Automation in Construction, 2022, 143: 104587.

[10] Amiri M K, Zaferani S P G, Emami M R S, et al. Multi-objective optimization of thermophysical properties GO

powders-DW/EG Nf by RSM, NSGA- Ⅱ, ANN, MLP and ML[J]. Energy, 2023, 280: 128176.

[11] 姚宁平, 魏宏超, 张金宝, 等. 基于钻柱状态估计的坑道回转钻进智能优化方法[J]. 煤田地质与勘探, 2023, 51(11): 141-148.

[12] 肖双双, 马力, 丁小华. 基于多目标规划的抛掷爆破台阶参数优化[J]. 煤炭学报, 2018, 43(9): 2422-2431.

[13] Li X, Parrott L. An improved Genetic Algorithm for spatial optimization of multi-objective and multi-site land use allocation[J]. Computers, Environment and Urban Systems, 2016, 59: 184-194.

[14] Srinivas N, Deb K. Multiobjective optimization using nondominated sorting in genetic algorithms[J]. Evolutionary Computation, 1994, 2(3): 221-248.

[15] Deb K, Pratap A, Agarwal S, et al. A fast and elitist multiobjective genetic algorithm: NSGA-Ⅱ[J]. IEEE Transactions on Evolutionary Computation, 2002, 6(2): 182-197.

[16] Deb K, Jain H. An evolutionary many-objective optimization algorithm using reference-point-based nondominated sorting approach, part Ⅰ: Solving problems with box constraints[J]. IEEE Transactions on Evolutionary Computation, 2014, 18(4): 577-601.

[17] Gu Z M, Wang G G. Improving NSGA-Ⅲ algorithms with information feedback models for large-scale many-objective optimization[J]. Future Generation Computer Systems, 2020, 107: 49-69.

[18] Tian Y, Cheng R, Zhang X, et al. PlatEMO: A MATLAB platform for evolutionary multi-objective optimization [Educational Forum][J]. IEEE Computational Intelligence Magazine, 2017, 12(4): 73-87.

[19] 邓雪杰, 刘浩, 卢迪, 等. 一种煤矿充实率导向的胶结充填体强度需求表征模型及设计方法: 中国, CN112948991A[P]. 2021-01-28.

[20] 邓雪杰, 刘浩, 王家臣, 等. 煤矿采空区充实率控制导向的胶结充填体强度需求[J]. 煤炭学报, 2022, 47(12): 4250-4264.

第7章 工程实例

7.1 综采长壁胶结充填全周期性能需求设计实例

7.1.1 煤矿综采长壁胶结充填工程背景

1. 矿井概况

河北某矿资源枯竭严重，剩余可采储量不足。矿区走向长约 8.22km，倾向宽 4.0km，矿区面积为 27.8km²。开采深度标高由 49m 至−1200m。矿井开拓采用立井分水平分石门的开拓方式，矿井核定生产能力 120 万 t/a。为了解放矿井呆滞资源，采用胶结充填的开采方式。

2. 采矿地质条件

1）水文地质概况

根据勘探资料，该采区范围内无陷落柱，无封闭不良钻孔，充填区域四邻及上下层采掘资料齐全，经分析，充填区域工作面不受相邻及上下采空区积水威胁，主要受顶板砂岩裂隙水影响，回采过程中遇到断层、裂隙发育处，会出现滴淋水现象，无突水危险性。预计工作面正常涌水量为 0.2m³/min，最大涌水量为 0.4m³/min。

2）瓦斯涌出量、自燃发火倾向性、爆炸指数

全矿井瓦斯风化带深度为−449m，全矿井瓦斯相对涌出量为 5.051m³/t，瓦斯绝对涌出量为 14.356m³/min。矿井二氧化碳相对涌出量为 4.25m³/t，二氧化碳绝对涌出量为 12.08m³/min。

各煤层煤尘爆炸指数为 21.21%～29.78%。9 煤层煤尘不具有爆炸危险性，11 煤层、12 煤层煤尘具有爆炸危险性。

9 煤层自燃发火倾向性为Ⅲ类，为不易自燃煤层，11 煤层、12 煤层自燃发火倾向性为Ⅱ类，为自燃煤层。矿井开采以来从未发生自然发火现象。

矿井地温为 26.7～29.3℃，矿井无热害威胁。

3. 煤层特征

充填工作面所处的 12 煤层煤厚 1.40～3.60m，平均 2.30m，煤层埋深 630～900m，倾角 15°～36°，平均 22°，煤层顶底板岩性见表 7-1。充填工作面长 80m，

走向长 720m。

表 7-1　12 煤层顶底板特征

类别	岩石名称		厚度/m	主要岩性特征
顶板	老顶	细砂岩	2.87~9.97 4.30	浅灰色，泥质胶结，含粉砂岩团块，含植物化石
	直接顶	炭质泥岩	4.38~6.70 5.19	黑色，贝壳状断口，黑褐色条痕，节理发育
底板	直接底	泥岩	0~0.60 0.40	黑色，结构致密，易碎，含少量植物根化石
	老底	细砂岩	2.40~3.60 3.00	黑色，结构致密，泥质胶结，含少量根化石

4. 生产系统

矿井当前充填开采区域为 11 水平东充填采区，充填开采工作面平面布置如图 7-1 所示。

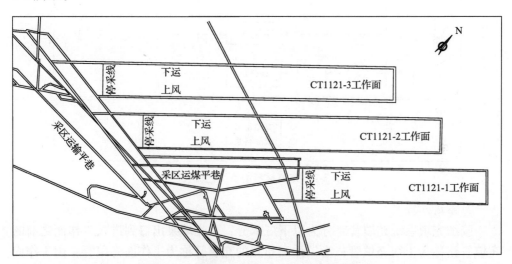

图 7-1　12 煤层充填开采工作面平面布置图

5. 充填材料制备与输送系统

1) 充填材料制备工艺流程

充填材料制备工艺[1-3]主要包括干料准备、配料混合、加水搅拌、制备完成四个步骤。

(1) 干料准备。将煤矸石从煤矸石仓运至充填车间，另外将水泥、粉煤灰储至料仓备用。

(2)配料混合。按照设计的胶结充填材料配比,通过计量配料装置将各干料成分按照比例混合,充填材料中需添加剂改善料浆状态。

(3)加水搅拌。将混合好的干料成分加入搅拌机,按照设计的胶结充填材料浓度加水进行充分搅拌,使各种成分混合均衡,确保料浆均匀性良好。

(4)制备完成。将充分搅拌后制成的成品料浆放入泵送料浆斗内等待泵送,一个胶结充填材料制备循环完成。具体充填材料制备工艺流程如图 7-2 所示。

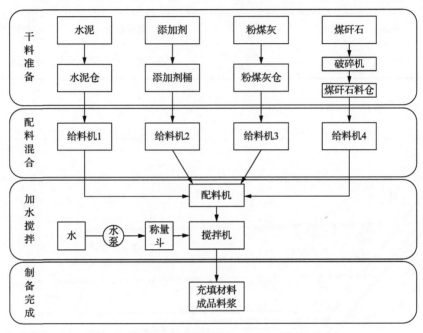

图 7-2　充填材料制备工艺流程图

2)输送系统

胶结充填系统充填管路分为以下三部分:从充填泵出口到进入工作面之前的充填管路称为干线充填管;沿工作面布置的充填管称为工作面充填管;由工作面充填管向采空区布置的充填管称为布料管。

管路路线及长度:地面充填站(40m)→充填钻孔(496.7m)→8-10 斜巷(1140m)→采区回风平巷(40m)→0123 正眼(118m)→1121 正眼(82m)→1121-1 补下运(393m)→下运小正眼(25m)→1121-1 下运(476m)→工作面(90m)。布料管:1.8m×5=9m。

充填料浆输送系统合计全部管路长度为2909.7m,充填管路立管垂深达497m,累计垂深达 781m。

充填管路布置如图 7-3 所示。

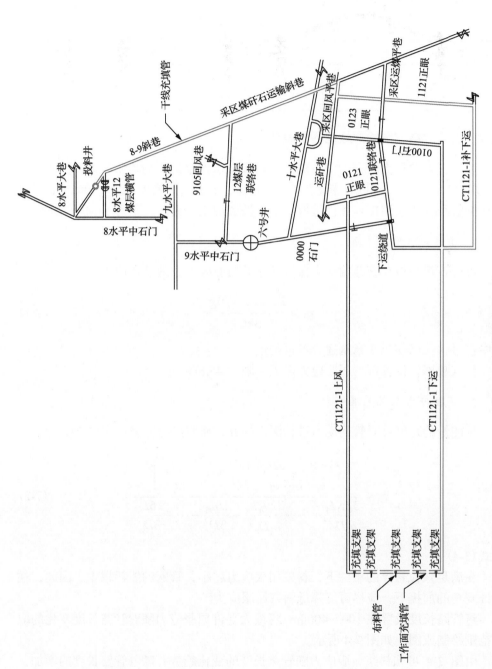

图 7-3　充填管路布置图

管路路线管径及长度见表 7-2。

表 7-2　管路主要参数表

参数	立管	主管道	下运管路	工作面管路
管长/m	496.7	1773	501	90
内径/mm	140	179	150	125

7.1.2　长壁胶结充填输送性能需求设计

煤矸石颗粒最大粒径约为 15mm，粉煤灰水泥浆液视为均质浆液，其密度测得约为 1500kg/m³，煤矸石密度为 2218kg/m³，混合料浆密度取为 1900kg/m³。管道根据管径分段按照工程条件选取，泵压按照理论最大泵送压力 14MPa 选取。

1. 屈服应力需求下限

煤矸石粗颗粒在管路输送中保持悬浮的屈服应力应满足式(7-1)。

$$\tau_0 \geqslant \frac{2d(2\rho_{\mathrm{p}} - \rho)g}{3\pi C'} \tag{7-1}$$

式中符号含义已在第 3 章阐述，不再赘述。

代入数据，计算可得屈服应力需求下限为 45.8Pa。

2. 屈服应力需求上限

从能量的角度针对管网动力进行深入探究，屈服应力应满足式(7-2)。

$$\tau_0 \leqslant \frac{\dfrac{P_{\mathrm{e}} + P_{\mathrm{g}}}{K} + \dfrac{32b_1}{a_1}\left(\dfrac{v_1 L_1}{D_1{}^2} + \cdots + \dfrac{v_n L_n}{D_n{}^2}\right)}{\dfrac{32v_1 L_1}{a_1 D_1{}^2} + \cdots + \dfrac{32v_n L_n}{a_1 D_n{}^2} + \dfrac{16L_1}{3D_1} + \cdots + \dfrac{16L_n}{3D_n}} \tag{7-2}$$

即式(3-4)。

在满足颗粒悬浮的条件下，料浆屈服应力越小，管网的能耗越少。因此，在保证安全的前提下，应尽可能降低料浆屈服应力。

将管路长度设置在 100～4000m，将最大允许屈服应力随着管路长度变化的取值范围绘制成图，如图 7-4 所示。

由图 7-4 可知料浆屈服应力随管路长度的变化趋势，随着管路长度的增加，料浆最大允许屈服应力降低。由于管路长度越大，沿程阻力越大，能量需求就越高。由于屈服应力越高，其所对应的能量耗散越严重。因此，随着管路长度的增

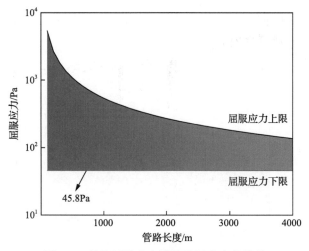

图 7-4　料浆屈服应力随管路长度变化趋势

大，最大允许屈服应力越小。当管路长度为 100m 时，最大屈服应力允许达到 5403Pa，随着管路的延伸，当管路长度为 4000m 时，最大允许屈服应力仅为 136Pa。

将充填管路的管径设置在 0.05~0.5m 的范围内，屈服应力随着充填管路管径变化的取值范围如图 7-5 所示。

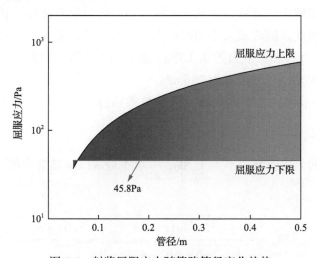

图 7-5　料浆屈服应力随管路管径变化趋势

由图 7-5 可知，料浆允许屈服应力随管径的增大而增大。管径越大，沿程阻力越小，导致系统输入能量需求降低。屈服应力越大，其所对应的能量耗散越严重。因此，随着管径的增大，最大允许屈服应力越大。当管径为 0.05m 时，最大允许屈服应力仅为 37Pa，此时料浆离析严重。随着管径的增大，当管径达到 0.5m 时，最大允许屈服应力达到 597.7Pa。

将充填管路最大垂深设置为 0~2000m,屈服应力随着充填管路最大垂深变化的取值范围如图 7-6 所示。

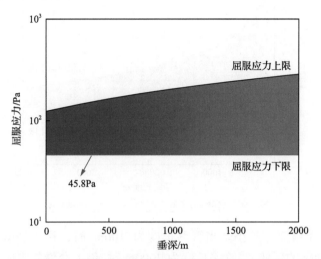

图 7-6 料浆屈服应力随管路最大垂深变化趋势

由图 7-6 可知,随着最大垂深增大,料浆最大允许屈服应力增大。最大垂深越大,重力势能越大,导致输送系统功能增加。屈服应力越高,其所对应的能量耗散越严重。因此,随着最大垂深的增大,最大允许屈服应力越大。当最大垂深为 0m 时,最大允许屈服应力为 123.7Pa,随着最大垂深的增大,当最大垂深达到 2000m 时,最大允许屈服应力为 286.6Pa。

根据工程实际矿井管路与料浆条件计算得到的屈服应力为 45.8~187.6Pa。

3. 分层指数需求

充填料浆的分层指数应不大于 SI_0,方可不造成沉降堵管现象,其中 SI_0 可表示为

$$SI_0 = \frac{-b + \sqrt{b^2 - 4a(c - \ln\tau_{wmax})} - 2a(m+n)}{-b + \sqrt{b^2 - 4a(c - \ln\tau_0)}} \tag{7-3}$$

$$\tau_{wmax} = \left(\frac{4}{3} + \frac{0.040976v}{D}\right)\tau_0 - \frac{0.267704v}{D} \tag{7-4}$$

将数据代入式(7-3)和式(7-4),解得,τ_{wmax} 为 313.05Pa,SI_0 为 0.162,即胶结充填料浆的分层指数应不大于 0.162。

4. 初凝时间需求

本节采用的充填料浆配比，在初凝时间上均可满足管输性能需求，暂不考虑。

综上所述，胶结充填料浆输送性能需求为：屈服应力介于 45.8～187.6Pa，分层指数不大于 0.162。

7.1.3 长壁胶结充填体强度性能需求设计

1. 长壁胶结充填体早期强度需求

根据现场条件，采用 Mitchell 模型[4-8]计算胶结充填体强度，如图 4-1 所示，胶结充填体宽度 $W = 1.8m$，长度 $L = 18m$，高度 $H = 2.5m$。充填体倾斜角度 $\beta = 20°$，$\alpha = 45° + \dfrac{\varphi}{2}$，容重 $\gamma = \rho g = 17.01 \text{N/m}^3$，代入式 (7-5)。

$$\sigma_F = 2c = \frac{2H'\gamma L \cos\alpha \sin\beta}{L + H'\sin 2\beta \cos\alpha} \tag{7-5}$$

考虑到安全系数，计算求得 $\sigma_F = 0.127 \sim 0.25 \text{MPa}$。

同理，采用 Thomas 模型[9,10]计算胶结充填体强度，胶结充填体高度 $H = 2.5m$，宽度 $W = 1.8m$，容重 $\gamma = \rho g = 17.01 \text{N/m}^3$，代入式 (7-6)。

$$\sigma_F = \frac{\gamma H}{1 + (H/W)} \tag{7-6}$$

计算得 $\sigma_F = 0.017 \text{MPa}$。考虑一定的安全系数，最终长壁胶结充填体早期强度需求确定为 0.25MPa。

2. 长壁充填体后期强度需求

1) 长壁充填区域采矿地质条件

胶结充填试验区可采煤层 12 煤层，煤层分布特征如图 7-7 所示。此处结合实际需要给出 12 煤层煤厚分布进行动态强度设计。12 煤层煤厚 1.40～3.60m，平均2.30m，煤层埋深 630～900m，平均埋深 745m，倾角 15°～36°，平均 22°。充填区采用上述胶结充填材料作为充填原料，形成的胶结充填体欠接顶量 h_q=0.15m，顶底板提前下沉量 h_t 为 0.1m。

2) 目标充实率与平均强度设计

长壁充填试验区充填开采控制目标为：顶板下沉量不超过 460mm，导水裂隙带高度不超过 16m，地表最大下沉量不超过 130mm。将煤层厚度和埋深等参数的

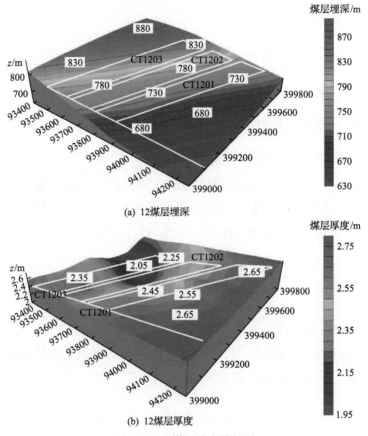

(a) 12煤层埋深

(b) 12煤层厚度

图 7-7   12 煤层分布特征图

平均值代入充实率导向的充填体强度需求设计模型[11,12]，可得出充填开采控制目标值与充填体强度需求的关系，如图 7-8 所示。结合该区域充填开采控制目标，即可得到针对不同控制对象该充填区域胶结充填体 28d 龄期平均强度需求，见表 7-3。

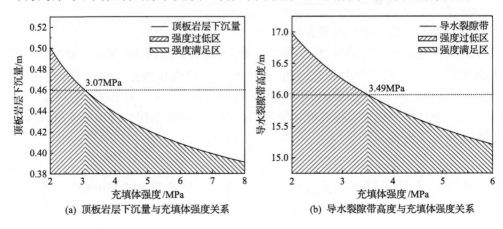

(a) 顶板岩层下沉量与充填体强度关系

(b) 导水裂隙带高度与充填体强度关系

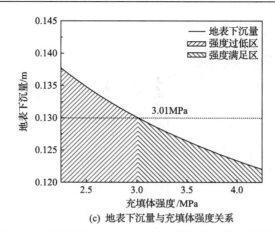

(c) 地表下沉量与充填体强度关系

图 7-8　不同控制对象的胶结充填体平均强度需求设计

表 7-3　12 煤层胶结充填体平均强度需求

控制对象	需求指标	目标充实率/%	胶结充填体 平均强度需求/MPa
顶板岩层下沉量	≤460mm	≥80.00	≥3.07
导水裂隙	≤16m	≥80.47	≥3.49
地表下沉量	≤130mm	≥80.21	≥3.01

由图 7-8 和表 7-3 可知, CT1121-1 工作面采空区满足顶板岩层最大下沉量要求的充填体目标单轴抗压强度为 3.07MPa; 满足导水裂隙带高度控制要求的充填体强度需求为 3.49MPa; 满足地表沉陷控制要求的充填体强度需求为 3.01MPa。如果只考虑地表沉陷控制目标,可采用 $R_c \geqslant 3.01$MPa 作为 12 煤层采空区充填体强度需求指标。

3) 动态强度设计

以 CT1121-1 工作面充填体动态强度需求为例, 说明动态强度设计方法。根据 CT1121-1 充填工作面煤层条件的动态变化, 进一步对充填工作面各区域的充填体强度需求进行研究。由充填体平均强度需求可知, 该充填区域以控制导水裂隙为目标时对充填体强度的需求最高, 基于充填区域内煤层分布特征, 对充填区域胶结充填体强度需求进行精细化设计, 结果如图 7-9(a) 所示。同时结合充填工作面的布置和工程现场的实际需求, 在考虑充填工艺和充填成本的基础上, 对设计结果进行优化分区, 结果如图 7-9(b) 所示, 各工作面充填体强度需求关键参数见表 7-4。

由图 7-9 和表 7-4 可知, CT1121-3 工作面中部对充填体的强度需求较低, CT1121-1 工作面和 CT1121-2 工作面对充填体的强度需求从开切眼沿推进方向逐渐降低。根据动态设计结果, 可采取动态充填材料配比, 在满足岩层控制需求的

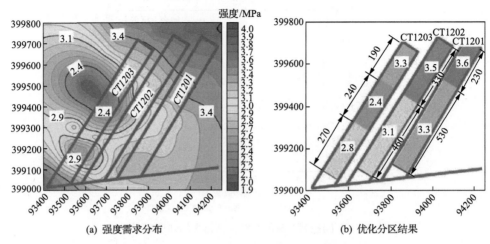

(a) 强度需求分布　　　　　　　　　　(b) 优化分区结果

图 7-9　充填区域胶结充填体动态强度需求

表 7-4　充填工作面充填体动态强度需求设计方案

工作面	推进距离/m	充填体 28d 龄期动态强度需求/MPa	对应充实率/%
CT1121-1	0～230	3.6	80.59
	230～760	3.3	80.27
CT1121-2	0～330	3.5	80.49
	330～790	3.1	80.04
CT1121-3	0～190	3.3	80.27
	190～430	2.4	79.01
	430～700	2.8	79.64

基础上实现了充填体强度的分区动态管理，科学地降低了充填开采材料成本。

7.1.4　长壁胶结充填材料配比优化设计

根据胶结充填体强度设计理论和管道输送性能设计理论，12 煤层工作面胶结充填开采的性能指标分别为：早期强度不小于 0.25MPa，后期强度不小于 3.01MPa，分层指数不大于 0.162，胶结充填料浆屈服应力介于 45.9～187.6Pa。利用超目标配比优化方法[13,14]得出的 12 煤层胶结充填材料 NSGA-Ⅲ 计算结果如图 7-10 所示，具体配比和成本如表 7-5 所示。

由表 7-5 可知，12 煤层胶结充填工作面最终设计的材料配比为：粉煤灰掺量 25.21%，水泥掺量 9.87%，料浆浓度 68.32%，添加剂浓度 1.33%。采用该配比胶结充填材料可达到的性能指标为：早期强度 0.36MPa，后期强度 3.11MPa，屈服应力 60.42Pa，分层指数 0.07。

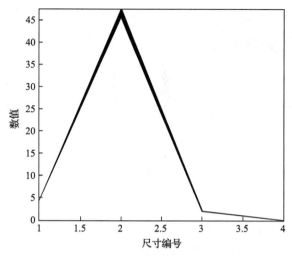

图 7-10　12 煤层胶结充填材料 NSGA-Ⅲ 计算结果

表 7-5　12 煤层 NSGA-Ⅲ 优化配比解集

配比	粉煤灰掺量/%	水泥掺量/%	料浆浓度/%	添加剂浓度/%	早期强度/MPa	后期强度/MPa	屈服应力/Pa	分层指数
1	25.21	9.87	68.32	1.33	0.36	3.11	60.42	0.07
2	25.21	9.87	68.32	1.34	0.35	3.11	60.82	0.07
3	25.19	9.88	68.32	1.34	0.36	3.11	60.75	0.07
4	25.21	10.12	68.33	1.28	0.41	3.15	60.01	0.07
5	24.35	10.41	68.55	1.28	0.44	3.27	60.06	0.11
…	…	…	…	…	…	…	…	…

由于地质采矿条件的变化，12 煤层胶结充填工作面不同推进阶段的强度性能需求并不一样，根据 12 煤层动态强度设计结果，对 12 煤层胶结充填工作面进行动态配比设计，不同推进阶段的性能需求指标见表 7-6。

表 7-6　12 煤层胶结充填工作面动态性能需求

工作面	推进距离/m	早期强度/MPa	后期强度/MPa	屈服应力/Pa	分层指数
CT1121-1	0～230	≥0.25	≥3.6	60～215	0～0.162
	230～760	≥0.25	≥3.3	60～215	0～0.162
CT1121-2	0～330	≥0.25	≥3.5	60～215	0～0.162
	330～790	≥0.25	≥3.1	60～215	0～0.162
CT1121-3	0～190	≥0.25	≥3.3	60～215	0～0.162
	190～430	≥0.25	≥2.4	60～215	0～0.162
	430～700	≥0.25	≥2.8	60～215	0～0.162

利用多目标配比优化方法得到满足所有性能指标的配比解集，并计算配比解

集的充填材料成本，选取成本最低的配比为最终配比，具体配比见表 7-7。其中
1-1 和 1-2 分别代表 CT1121-1 工作面的 0～230m 和 230～760m 阶段，其他编号以
此类推。

表 7-7　　12 煤层动态配比解集

配比	粉煤灰掺量/%	水泥掺量/%	料浆浓度/%	添加剂浓度/%	早期强度/MPa	后期强度/MPa	屈服应力/Pa	分层指数
1-1	26.29	10.57	69.48	0.28	1.73	3.61	60.01	0
1-2	27.34	9.62	69.34	0.38	1.58	3.31	60.04	0
2-1	27.64	10.31	69.02	0.07	1.72	3.54	65.13	0
2-2	25.13	9.25	70.31	0.24	1.51	3.10	60.05	0
3-1	27.34	9.62	69.34	0.38	1.58	3.31	60.04	0
3-2	23.05	7.95	70.31	1.16	1.10	2.45	77.14	0.08
3-3	28.22	8.68	68.03	0.86	1.30	2.83	60.62	0

注：由于分层指数回归模型误差，将分层指数小于 0 时记为分层指数等 0。

7.1.5　综采长壁胶结充填实例应用效果

1. 现场应用评价

CT1121-1 胶结充填工作面现已回采结束。由现场反馈数据可知，胶结充填工作面平均每月进尺 27m，每月煤矸石消耗 3000t，水泥消耗 1500t，粉煤灰消耗 3200t，共生产 12.56 万 t 煤炭，固废处理量达到 11.91 万 t，增加了建筑物下压煤资源的回收，提高了矿井产能。

为了验证工程应用效果，在 CT1121-1 胶结充填工作面地表布置了 4 个局部移动观测站，以观测井下胶结充填开采对地表造成的影响，监测结果如图 7-11 所示。

由图 7-11 可知，测点 3 地表下沉量最大为 5.5mm，测点 4 地表最大下沉量为 13.5mm，测点 1 和 2 监测的地表未表现出明显下沉现象。根据地表移动观测站的观测结果，分析观测数据，地面建筑物没有观察到裂缝产生的迹象，说明工作面的充实率满足设计要求，进而说明充填材料性能设计满足工程需求。

2. 经济效应分析

根据综采长壁胶结充填材料强度需求，对胶结充填材料进行配比优化，设计的 12 煤层的充填配比方案，在满足输送性能和力学性能的需求前提下降低充填材料成本。12 煤层充填材料吨煤成本为 109.28 元/t，优化配比后吨煤成本为 88.78 元/t，成本降低 20.50 元/t，降幅 18.76%。该项技术的成果应用解决了某矿固废处理费用、原有充填材料成本高等问题，实现了针对不同煤层条件下胶结充填材料

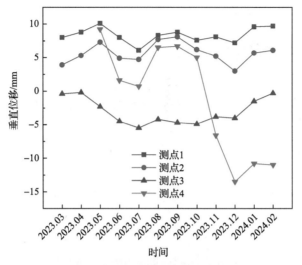

图 7-11 地表移动监测站监测数据

配比动态调控和煤炭资源经济效益的提升，也为类似条件下矿井的胶结充填开采提供了技术借鉴。

7.2 巷式胶结充填全周期性能需求设计实例

7.2.1 煤矿巷式胶结充填工程背景

1. 矿井概况

内蒙古自治区赤峰某煤矿[15]，矿井井田面积 0.42km²，地质储量 1278.59 万 t，原设计可采储量 501.33 万 t，设计生产能力为 45 万 t/a。矿井采用立井单水平开拓方式，主井采用双箕斗提升，副井采用罐笼提升。矿井瓦斯相对涌出量为 1.78m³/t，绝对涌出量为 0.99m³/min，属于低瓦斯矿井[2]。

2. 采矿地质条件

1）地层特征

（1）侏罗系杏园组（J_3^4）。该段地层主要由灰白色砂岩、灰黑色泥、粉砂岩及砂砾组成局部夹薄煤层泥岩中含有动物化石，细水平层理明显，最大厚度达 336m。

（2）侏罗系元宝山组（J_3^5）。元宝山区地层分为上下两段，下段含煤，上段为砂岩，总厚度 70~200m。

①元宝山组下段（J_3^{5-1}）。

该段由灰色沙质泥岩、砂砾岩、灰黑色泥岩及煤层组成。含两个煤组，三个煤层，即 5、6-1、6-2 煤层。

②元宝山组上段(J_3^{5-2})。

岩性以灰、灰白色砂岩为主，间夹灰绿色砂岩及紫红色泥岩和沙质泥岩，多为厚层状、泥质胶结，较松散。

(3)第四系(Q)。下部为砂砾岩，局部夹流沙层，局部夹有玄武岩、砾岩及棕红色砂质黏土层、钙质结核，厚度为 10~50m，一般为 30m，不整合接触于下伏地层之上。

2)地质构造特征

该区地层为一向、背斜褶曲构造，地层倾角 5°左右，井田范围内共有 5 条断层，皆为正断层。

3)煤层特征

井田中煤层赋存地质上分为两组，即 5#组煤和 6#组煤。其中，5#组煤是局部可采，6#组煤是全部可采。6#组煤属于侏罗系元宝山组，包含 6-1 和 6-2 两个煤层。6-2 煤层是矿井的主采煤层，其厚度为 19~24m，平均厚度为 21m；6-1 煤层平均厚度为 8.3m；6-2 煤层位于 6-1 煤层之下 24.5m 处。目前，矿井所有的开采活动均针对 6-2 煤层。6-2 煤层平均倾角为 5°，埋深约为 104m。第四系松散层的厚度 25.7m，其中包含一层 21.7m 厚的含水砂砾层，且下方赋存一层厚度为 5m 的含水砂岩层。含水层最大单位涌水量为 3.154L/(s·m)，平均渗透系数为 17.34m/d，6-2 煤层的顶板与含水层底板的距离为 52.3m。6-2 煤层顶板为中砂岩，直接顶和基本顶合二为一，平均厚度为 24.5m；底板为砂页岩，平均厚度为 16m。矿井综合柱状如图 7-12 所示。

另外，辽河的主要源头之一老哈河流经煤田上方，老哈河河床之下的含水砂层覆盖于煤系地层之上，直接为含水层补水，造成煤田内复杂的水文地质条件和开采过程中极大的水害危险。

3. 生产系统

1)巷道布置

矿井 0622 工作面为巷式胶结充填开采的试验开采区域。此区域位于井田的西南部，走向长度为 108m，倾向长度为 200m。煤层厚度为 21m，煤层倾角约为 5°。厚度为 21m 的煤层划分为 6 个分层进行开采，每个分层的厚度为 3.5m。充填采煤联络巷的宽度为 5m，前后相邻开采的两条充填采煤联络巷之间的距离为 15m，0622 工作面巷道与生产系统布置如图 7-13 所示。

图 7-13 所示的 0622 工作面为第二分层开采时的工作面，按照前文所述的巷式胶结充填开采工艺回采。0622 工作面形成区段基本的运输和通风系统后，从

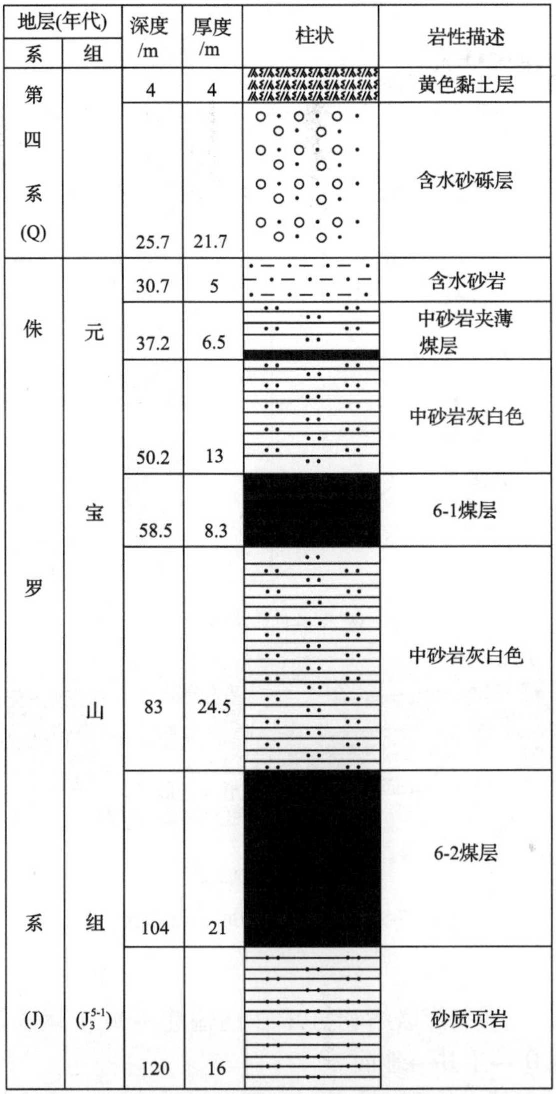

地层(年代)		深度/m	厚度/m	柱状	岩性描述
系	组				
第四系(Q)		4	4		黄色黏土层
		25.7	21.7		含水砂砾层
侏罗系(J)	元宝山组(J₃⁵⁻¹)	30.7	5		含水砂岩
		37.2	6.5		中砂岩夹薄煤层
		50.2	13		中砂岩灰白色
		58.5	8.3		6-1煤层
		83	24.5		中砂岩灰白色
		104	21		6-2煤层
		120	16		砂质页岩

图 7-12　内蒙古某矿井综合柱状图

0622 运输巷开始向 0622 回风巷掘进充填采煤联络巷(图 7-13 中 7、8 所示的巷道)进行采煤,充填采煤联络巷与回风巷贯通后进行巷内充填(图 7-13 中 8),同时紧贴已稳定的充填体(图 7-13 中 9)进行下一条巷道的开掘(图 7-13 中 7)。总体而言,开采顺序为"开采 8—充填 8 开采 7—充填 7—紧贴 8 开采下一条巷道—紧贴 7 开采下一条巷道—……",实现"掘进成巷,逐巷充填"依次循环的技术工艺[16,17]。

2) 主要生产系统

工作面生产系统主要包括运煤系统、通风系统、运料系统和充填系统,分别

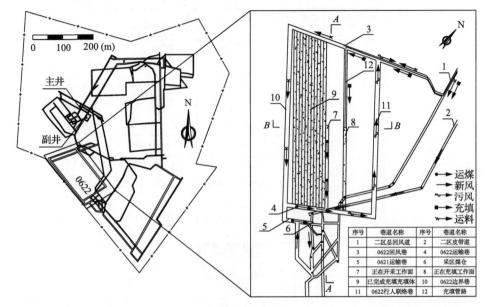

(a) 巷道布置平面图

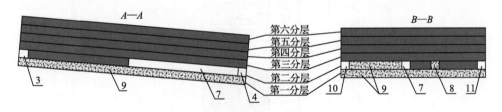

(b) 巷道布置剖面图

图 7-13　0622 工作面巷道布置

详述如下。

(1)运煤系统。充填采煤联络巷→0622 运输巷→0621 运输巷→采区煤仓→二区皮带道→井底煤仓→主井→地面。

(2)通风系统。新风：地面→主井→二区皮带道→0621 运输巷→0622 运输巷→工作面；污风：工作面→0622 运输巷→0622 行人联络巷→0622 回风巷→二区总回风道→+380 总回风巷→副井。

(3)运料系统。副井→+380 总回风巷→二区总回风道→0622 回风巷→0622 边界巷→0622 运输巷→工作面。

(4)充填系统。地面充填站→+380 总回风巷→二区总回风道→0622 回风巷→工作面。

3)工作面生产能力

工作面设计采用"三八"制作业循环，两班生产，一班检修。布置两台掘锚机，每班循环进尺平均 9.3m，回采联络巷断面为 3.5m×5m。矿井每年生产 330d，煤的密度为 1.44t/m³。工作面每天生产能力为 937t，每年生产能力为 30.9 万 t。

4）工作面关键设备

工作面关键设备主要包括掘锚一体机、大摆角转运一体机和自移液压挡墙，采用的掘锚一体机主要参数见表 7-8。采用的大摆角转运一体机的摆动角度达到 150°，二运卸载部摆动高度为 800～1800mm，带宽为 650mm 或 800mm，运输能力为 300～450t/h；自移液压挡墙支撑强度为 0.6MPa，长度为 3.0～5.6m，高度为 2.5～3.5m，行走液压马达为 BMR-D400。

表 7-8　掘锚一体机主要参数

外形尺寸/(m×m×m)	截割范围/(m×m)	总重/t	卧底深度/mm
8.7×2.8×1.48	4.63(高)×5.3(宽)	28	200
截割电机/kW	液压马达/kW	星轮转数/(r/min)	装载能力/(m³/min)
100	55	34	4.5
爬坡能力/(°)	截割硬度/MPa	接地比压力/MPa	截割头转速/(r/min)
±18	≤60	0.127	46
一运链速/(m/min)	行走速度/(m/min)	龙门高度/mm	油箱容量/L
4.5	3/7.8	360	395

4. 胶结充填材料制备运输系统

1）胶结充填材料制备运输系统设计

胶结充填材料制备运输系统布置于工业广场内，主要由充填料场、储料仓、皮带走廊、充填车间等部分构成，具体设计如图 7-14 所示，部分设施现场实拍如图 7-15

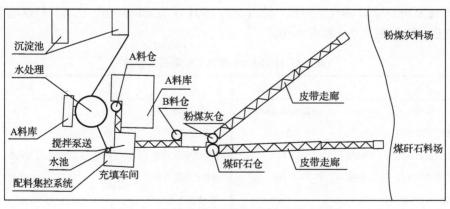

图 7-14　胶结充填材料制备运输系统示意图

(a) 充填料场实拍

(b) 储料仓及上部胶带输送机

(c) 充填车间外部

(d) 配料集控系统

图 7-15　胶结充填材料制备运输系统部分设施现场实拍

所示。胶结充填料浆输送管路长度 565m，立管高度 120m，管道外径 ϕ159mm，内径 ϕ139mm，充填管路从地面到充填工作面共有 4 处弯管。

2) 充填材料运输系统关键设备

巷式胶结充填开采技术关键设备主要包括充填泵、充填管路、煤矸石破碎机、胶带输送机、搅拌机、配料机及充填材料储料仓等。充填泵型号为 HGBS200 工业柱塞泵；破碎机为 2PF-1010 双转子反击式破碎机；搅拌机型号为 MJD-3000D；配料机为 PLD3200 四仓配料机；储料仓为 100T 螺旋式储料仓。充填材料运输系统关键设备参数见表 7-9 和表 7-10。

表 7-9　HGBS200 充填工业泵技术参数

项目	单位	参数	项目	单位	参数
型号	—	HGBS200-14-800S	换向形式	—	S 管阀
理论充填能力	m³/h	193	泵出口通径	mm	200
最大泵送压力	MPa	14	电动机额定功率	kW	2×400
正常泵送压力	MPa	10	电动机额定电压	V	660/380
输送缸内径	mm	300	工作装置外形尺寸	mm×mm×mm	9055×2100×1560
输送缸行程	mm	3100	工作装置重量	kg	10500

表 7-10 2PF-1010 双转子反击式破碎机技术参数

项目	参数	项目	参数	项目	参数
锤旋直径/mm	1000	生产能力/(t/h)	120	电机型号	YBK2-315S-4
给料颗粒粒径/mm	≤500	装机功率/kW	220	电压/V	660/1140
转子长度/mm	1000	锤旋转速/(r/min)	850	功率/kW	110
出料颗粒粒径/mm	≤20mm	允许物料含水率/%	<25	转数/(r/min)	1485
三角带规格	MVSPC	传动比	1:1.5	外形尺寸/(mm×mm×mm)	4400×1620×1960
破碎强度/MPa	≤150	皮带轮直径/mm	600/400		

7.2.2 巷式胶结充填输送性能需求设计

根据矿井实际管路与材料配比条件设计充填性能需求。

1. 屈服应力下限

屈服应力下限只与料浆有关，与前文相同，$\tau_0 \geqslant 45.8\text{Pa}$。

2. 屈服应力上限

将管路长度范围设置在 100～4000m,最大允许屈服应力随着管路长度变化的取值范围如图 7-16 所示。

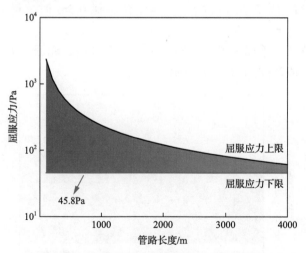

图 7-16 料浆屈服应力随管路长度变化趋势

由图 7-16 可知，随着管路长度的增加，料浆最大允许屈服应力降低。管路长度越大，沿程阻力越大，导致系统输入能量需求越高。屈服应力越高，其所对应的能量耗散越严重。因此，随着管路长度的增大，最大允许屈服应力越小。当管路长度为 100m 时，最大允许屈服应力达到 2365.4Pa，随着管路的延伸，当管路长度为 4000m 时，最大允许屈服应力仅为 61.5Pa。

将充填管路的管径设置在 0.05～0.5m 的范围内，屈服应力随着充填管路管径变化的取值范围，如图 7-17 所示。

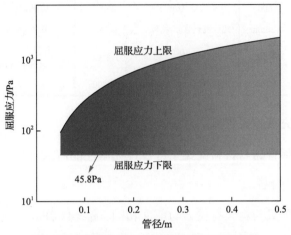

图 7-17　料浆屈服应力随管路管径变化趋势

由图 7-17 可知，随着管径的增大，料浆最大允许屈服应力增大。管径越大，沿程阻力越小，系统输入能量需求降低。当管径为 0.05m 时，最大允许屈服应力为 94.7Pa，随着管径的增大，当管径达到 0.5m 时，最大允许屈服应力可达 2054.3Pa。

将充填管路最大垂深设置在 0～2000m 的范围内，屈服应力随着充填管路最大垂深变化的取值范围如图 7-18 所示。

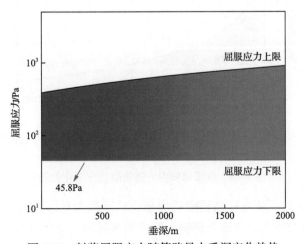

图 7-18　料浆屈服应力随管路最大垂深变化趋势

由图 7-18 可知，随着最大垂深增加，料浆最大允许屈服应力增大。由于最大垂深越大，重力势能越大，泵送能量需求降低。屈服应力越高，其所对应的能量耗散越严重。因此，随着最大垂深的增大，最大允许屈服应力越大。当最大垂深为 0m 时，最大允许屈服应力达到 389.7Pa，随着最大垂深增大，当管径达到 2000m 时，最大允许屈服应力为 905.3Pa。

根据矿井管路与料浆条件计算得到屈服应力应为 45.8～420.6Pa。

3. 分层指数需求

SI_0 可表示为

$$SI_0 = \frac{-b + \sqrt{b^2 - 4a(c - \ln\tau_{wmax})} - 2a(m+n)}{-b + \sqrt{b^2 - 4a(c - \ln\tau_0)}}$$

根据料浆屈服应力与边界剪切应力的转换关系

$$\tau_{wmax} = \left(\frac{4}{3} + \frac{0.040976v}{D}\right)\tau_0 - \frac{0.267704v}{D}$$

将数据代入以上两式，解得 τ_{wmax} 为 885.47Pa，SI_0 为 0.153。即胶结充填料浆的分层指数不大于 0.153。

4. 初凝时间需求

本节采用的充填料浆配比，在初凝时间上均可满足管输性能需求，暂不考虑。

根据上述条件，可得胶结充填料浆输送性能需求为：屈服应力介于 45.8～420.6Pa，分层指数不大于 0.153。

7.2.3 巷式胶结充填体强度性能需求设计

1. 巷式胶结充填体早期强度需求

各分层开采过程中的顶板条件不同，因此顶板许用拉应力及许用弯矩不同。按照之前给出的岩层破断判定条件来确定各分层开采对应的顶板许用弯矩[15,16,18]，见表 7-11。

表 7-11　各分层开采时顶板许用弯矩

开采分层	1	2	3	4	5	6
顶板许用拉应力/MPa	2.2	2.2	2.2	2.2	2.2	4
顶板许用弯矩/(N·m)	1.12×10^8	7.19×10^7	4.04×10^7	1.80×10^7	4.50×10^6	4.00×10^8

　　将不同的充填材料弹性模量代入力学模型进行计算，可以得出各分层开采过程中不同充填材料性质对应的顶板最大弯矩，将所得的数据进行非线性回归，可得到不同分层开采时充填材料弹性模量与顶板最大弯矩的定量关系，结合各分层顶板的许用弯矩，可得出保证顶板不发生破断时对充填材料弹性模量的要求。再通过顶板达到临界破坏状态时对应的挠度，计算出各分层保证顶板不发生破断时对充填材料抗压强度的要求。充填材料性能要求的计算结果如图 7-19 所示。

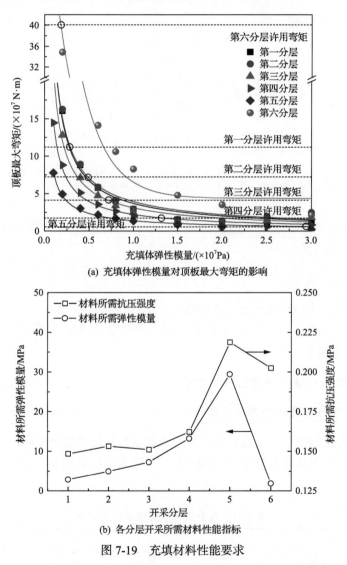

(a) 充填体弹性模量对顶板最大弯矩的影响

(b) 各分层开采所需材料性能指标

图 7-19　充填材料性能要求

　　由图 7-19(a) 可知，各分层开采时顶板最大弯矩与充填材料弹性模量之间的定量关系可以由幂函数很好地描述；随着充填材料弹性模量的增加，顶板最大弯矩呈现先急剧下降后缓慢下降的变化特征；由于顶板条件的不同，在相同充填材料作用下，第六分层开采时其顶板最大弯矩明显大于其余分层开采时顶板最大弯矩。

由图 7-19(b)可知，前五个分层开采时，保证顶板不发生破断对充填材料弹性模量的要求随着开采分层数的增加从 2.84MPa 增加到 29.44MPa，但开采第六分层时对充填材料弹性模量的要求仅为 1.86MPa。前三个分层开采时，保证顶板不发生破断对充填材料抗压强度的要求在 0.148~0.153MPa 区间波动，变化不大。第四分层和第五分层开采时，对充填材料抗压强度的要求迅速增加至 0.219MPa，但是第六分层开采时下降到 0.202MPa，计算结果中展示出的第六分层开采对材料性能需求的突变是由于该分层开采时顶板条件与其他分层有明显区别。特厚煤层开采过程中，与其他分层相比，第五分层开采时保证顶板不破断对材料的强度要求最高。因此，巷式充填体早期强度最终确定为 0.219MPa，根据煤矿巷式胶结充填体早期强度的定义，结合矿井实际生产工艺，此早期强度设计可以认为是充填体 7d 龄期的强度。

2. 巷式胶结充填后期强度需求

某矿巷式胶结充填试验区煤层厚度为 21m，分 6 个分层开采，每个分层厚度为 3.5m，充填采煤联络巷宽度为 5m，根据煤层埋深 104m，平均倾角为 5°。由于巷式充填工艺的特殊性，胶结充填体欠接顶量和顶底板提前下沉量按每分层 0.25m 计算。

结合矿井矿山水文地质条件和实际工程需求，该区域充填开采控制目标为：导水裂隙带高度不超过 35.2m。将煤层厚度和埋深等参数的平均值代入充实率导向的充填体强度需求设计模型，可得出充填开采控制目标值与充填体强度需求的关系，如图 7-20 所示。结合该区域充填开采控制目标，即可得到该充填区域胶结

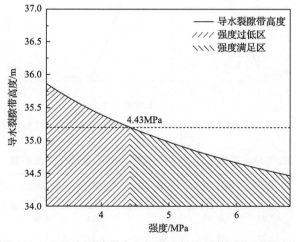

图 7-20 以导水裂隙带为目标的胶结充填体平均强度需求

充填体 28d 龄期平均强度需求，见表 7-12。

表 7-12　胶结充填体平均强度需求

控制对象	需求指标	目标充实率/%	胶结充填体平均强度需求/MPa
导水裂隙	≤35.2m	≥90.36	≥4.43

由图 7-20 和表 7-12 可知，满足导水裂隙带高度控制要求的充填体强度需求为 4.43MPa，可采用 $R_c \geq 4.43$MPa 作为采空区胶结充填体后期强度需求指标。

7.2.4　巷式胶结充填材料配比优化设计

根据胶结充填体强度设计理论和管道输送性能设计理论分析，赤峰某煤矿胶结充填工作面开采的充填材料性能需求为：早期强度不小于 0.219MPa，后期强度不小于 4.43MPa，胶结充填料浆屈服应力介于 45.8～420.6Pa，分层指数不大于 0.153。利用超目标配比优化方法得出巷式充填工作面胶结充填材料 NSGA-Ⅲ 计算结果如图 7-21 所示，具体配比见表 7-13。

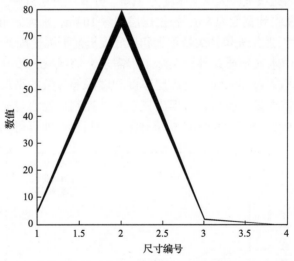

图 7-21　巷式充填工作面胶结充填材料 NSGA-Ⅲ 计算结果

表 7-13　巷式胶结充填工作面 NSGA-Ⅲ 优化配比解集

配比	粉煤灰掺量/%	水泥掺量/%	料浆浓度/%	添加剂浓度/%	早期强度/MPa	后期强度/MPa	屈服应力/Pa	分层指数
1	26.28	12.95	69.57	0.82	2.11	4.64	173.44	0.03
2	28.20	12.93	68.59	0.55	2.13	4.63	171.48	0.00
3	28.20	12.93	68.54	0.55	2.13	4.62	170.25	0.00

续表

配比	粉煤灰掺量/%	水泥掺量/%	料浆浓度/%	添加剂浓度/%	早期强度/MPa	后期强度/MPa	屈服应力/Pa	分层指数
4	28.35	12.93	68.59	0.57	2.14	4.64	178.30	0.00
5	28.20	12.97	68.61	0.55	2.14	4.65	173.48	0.00
6	26.32	13	69.57	0.18	2.18	4.60	143.40	0.03
7	26.32	13	69.57	0.18	2.18	4.60	143.40	0.03
8	26.32	13	69.57	0.44	2.15	4.63	152.14	0.03
9	27.99	12.94	68.89	0.41	2.16	4.65	166.47	0.00
10	27.83	12.94	68.85	0.44	2.15	4.63	160.72	0.00
…	…	…	…	…	…	…	…	…

由表 7-13 可知，巷式胶结充填工作面最终设计为：粉煤灰掺量 26.28%，水泥掺量 12.95%，料浆浓度 69.57%，添加剂浓度 0.82%。采用该配比胶结充填材料可达到的性能指标为：早期强度 2.11MPa，后期强度 4.64MPa，屈服应力 173.44Pa，分层指数 0.03。

7.2.5 巷式胶结充填实例应用效果

1. 顶板移动特征监测结果分析

采用在充填体内埋设的顶板位移监测仪监测本分层内开采过程中顶板下沉过程，以 1#、2# 和 4# 测点监测结果为例进行分析，如图 7-22 所示。

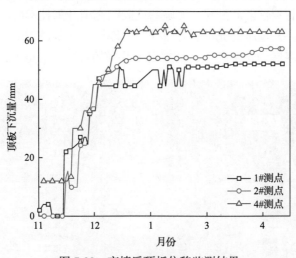

图 7-22 充填后顶板位移监测结果

由图 7-22 可知，充填后的巷道顶板在充填体的支撑下呈现缓慢下沉的状态，且初期下沉速度较大，随着充填体支撑力的逐渐增大，顶板下沉速度逐渐减小，最终趋于稳定。顶板变形较连续，没有出现突然大幅度的变化，说明顶板下沉过程中呈现连续的状态，开采过程中顶板没有发生突然断裂。1#、2#和4#测点监测到的顶板最大下沉量分别为 52.0mm、57.2mm 和 63.0mm，平均值为 57.4mm，监测结果与理论分析结果吻合。

2. 矿井涌水量监测结果分析

搜集了采用充填开采之前和充填开采之后的矿井涌水量数据，整理后得到矿井涌水量变化趋势。

采用充填开采技术之前，矿井采用分层垮落法采煤，虽然是限厚 2m 开采，造成了大量的资源浪费，但还是无法控制覆岩移动和破坏，工作面涌水量较大，达到 245m³/h，给矿井生产带来了极大的困难。开始使用巷式胶结充填开采技术开采特厚煤层以后，工作面涌水量逐渐降低至 120m³/h，之后基本稳定在 110～120m³/h，在雨季(3 月至 9 月)接近大值，枯水季节(12 月至次年 3 月)接近小值。

由涌水量监测结果可知，采用巷式胶结充填开采技术可以明显减少工作面涌水量，可以控制采动导水裂隙带的发育高度，将其限制在上覆含水层以下，可以实现含水层下特厚煤层的安全开采，一定程度上说明了胶结充填材料性能需求设计的合理性。

3. 应用效果分析

巷式胶结充填开采技术实施过程中的充填效果现场实拍如图 7-23 所示。基于设计的胶结充填材料性能和配比，实施巷式胶结充填开采技术后，实现了厚煤层高采出率的回采和高充填率的充填，有效控制了厚煤层开采过程中对覆岩的破坏，实现了含水层下厚煤层的安全高效、高采出率开采的目标。取得了良好的应用效果。

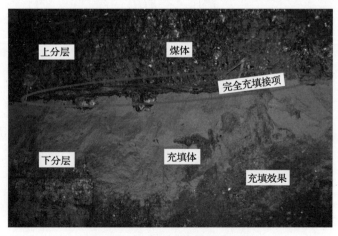

图 7-23　巷式胶结充填效果实拍

参 考 文 献

[1] 张吉雄, 张强, 周楠, 等. 煤基固废充填开采技术研究进展与展望[J]. 煤炭学报, 2022, 47 (12): 4167-4181.

[2] 吴爱祥, 杨莹, 程海勇, 等. 中国膏体技术发展现状与趋势[J]. 工程科学学报, 2018, 40 (5): 517-525.

[3] 周华强, 侯朝炯, 孙希奎, 等. 固体废物膏体充填不迁村采煤[J]. 中国矿业大学学报, 2004, (2): 30-34, 53.

[4] 郭利杰, 刘光生, 马青海, 等. 金属矿山充填采矿技术应用研究进展[J]. 煤炭学报, 2022, 47 (12): 4182-4200.

[5] 魏晓明, 郭利杰, 周小龙, 等. 高阶段胶结充填体全时序应力演化规律及预测模型研究[J]. 岩土力学, 2020, 41 (11): 3613-3620.

[6] 杨磊, 邱景平, 孙晓刚, 等. 阶段嗣后胶结充填体矿柱强度模型研究与应用[J]. 中南大学学报 (自然科学版), 2018, 49 (9): 2316-2322.

[7] Li L, Aubertin M. An improved method to assess the required strength of cemented backfill in underground stopes with an open face[J]. International Journal of Mining Science and Technology, 2014, 24 (4): 549-558.

[8] 张常光, 蔡明航, 祁航, 等. 考虑充填顺序与后壁黏结力的采场充填计算统一解[J]. 岩石力学与工程学报, 2019, 38 (2): 226-236.

[9] 吴顺川, 李天龙, 程海勇, 等. 高应力环境水平矿柱尺寸演变过程力学响应及稳定性[J]. 中南大学学报 (自然科学版), 2021, 52 (3): 1027-1039.

[10] 常宝孟, 杜翠凤, 魏丁一, 等. 基于库仑摩擦原理的充填体强度力学模型[J]. 中南大学学报 (自然科学版), 2020, 51 (3): 777-782.

[11] 邓雪杰, 刘浩, 卢迪, 等. 一种煤矿充实率导向的胶结充填体强度需求表征模型及设计方法: 中国, CN112948991A[P]. 2021-01-28.

[12] 邓雪杰, 刘浩, 王家臣, 等. 煤矿采空区充实率控制导向的胶结充填体强度需求[J]. 煤炭学报, 2022, 47 (12): 4250-4264.

[13] Gu Z M, Wang G G. Improving NSGA-III algorithms with information feedback models for large-scale many-objective optimization[J]. Future Generation Computer Systems, 2020, 107: 49-69.

[14] Tian Y, Cheng R, Zhang X, et al. PlatEMO: A MATLAB platform for evolutionary multi-objective optimization [Educational Forum][J]. IEEE Computational Intelligence Magazine, 2017, 12 (4): 73-87.

[15] 邓雪杰. 特厚煤层上向分层长壁逐巷胶结充填开采覆岩移动控制机理研究[D]. 徐州: 中国矿业大学, 2017.

[16] 邓雪杰, 张吉雄, 黄鹏, 等. 特厚煤层上向分层充填开采顶板移动特征分析[J]. 煤炭学报, 2015, 40 (5): 994-1000.

[17] 马立强, 王烁康, 余伊河, 等. 壁式连采连充保水采煤技术及实践[J]. 采矿与安全工程学报, 2021, 38 (5): 902-910, 987.

[18] 黄艳利. 固体密实充填采煤的矿压控制理论与应用研究[D]. 徐州: 中国矿业大学, 2012.

编 后 记

    "博士后文库"是汇集自然科学领域博士后研究人员优秀学术成果的系列丛书。"博士后文库"致力于打造专属于博士后学术创新的旗舰品牌，营造博士后百花齐放的学术氛围，提升博士后优秀成果的学术影响力和社会影响力。

    "博士后文库"出版资助工作开展以来，得到了全国博士后管委会办公室、中国博士后科学基金会、中国科学院、科学出版社等有关单位的大力支持，众多热心博士后事业的专家学者给予积极的建议，工作人员做了大量艰苦细致的工作。在此，我们一并表示感谢！

"博士后文库"编委会